"十三五"国家重点图书

数学与人文·第三十辑

Mathematics & Humanities

数学随想

SHUXUE SUIXIANG

主　编　丘成桐　刘克峰　杨　乐　季理真

副主编　王善平

高等教育出版社·北京

International Press

内 容 简 介

《数学与人文》丛书第三十辑将继续着力贯彻"让数学成为国人文化的一部分"的宗旨，展示数学丰富多彩的方面。

本辑共分 5 个栏目，包含了 20 多篇文章。"专稿"栏目收录了丘成桐先生的"我做学问的经验"和"体育和做学问的关系"两篇演讲，以及杰出物理学家张首晟教授的文章"宇宙的灿烂，文明的辉煌"。"数学星空"栏目继续刊载数学大师格罗滕迪克生平的下半部分，以及两篇纪念德国著名代数学家 Wilhelm Killing 的文章。"中国数学"栏目包括了殷慰萍教授回顾中国多复变学科创建历史的文章、夏道行先生关于在浙江大学的学习经历的演讲、方建勇先生回忆陈省身先生的文章以及古代数学史大家郭书春先生的两篇介绍性短文。"数学杂谈"栏目刊载了 7 篇有趣的文章，分别讨论或介绍了数学的基本元素、搜索引擎中的线性代数、概率论的妙用、生物形态发生、算法与人工智能、指南车和微分几何学、4 维流形。"数学与物理"栏目的 3 篇文章的主题分别为：曲面几何与广义相对论、Maxim Kontsevich 访谈录以及微分方程。

我们期望本丛书能受到广大学生、教师和学者的关注和欢迎，期待读者对办好本丛书提出建议，更希望丛书能成为大家的良师益友。

丛书编委会

《数学与人文》丛书序言

丘成桐

《数学与人文》是一套国际化的数学普及丛书，我们将邀请当代第一流的中外科学家谈他们的研究经历和成功经验。活跃在研究前沿的数学家们将会用轻松的文笔，通俗地介绍数学各领域激动人心的最新进展、某个数学专题精彩曲折的发展历史以及数学在现代科学技术中的广泛应用。

数学是一门很有意义、很美丽、同时也很重要的科学。从实用来讲，数学遍及物理、工程、生物、化学和经济，甚至与社会科学有很密切的关系，数学为这些学科的发展提供了必不可少的工具；同时数学对于解释自然界的纷繁现象也具有基本的重要性；可是数学也兼具诗歌与散文的内在气质，所以数学是一门很特殊的学科。它既有文学性的方面，也有应用性的方面，也可以对于认识大自然做出贡献，我本人对这几方面都很感兴趣，探讨它们之间妙趣横生的关系，让我真正享受到了研究数学的乐趣。

我想不只数学家能够体会到这种美，作为一种基础理论，物理学家和工程师也可以体会到数学的美。用一种很简单的语言解释很繁复、很自然的现象，这是数学享有“科学皇后”地位的重要原因之一。我们在中学念过最简单的平面几何，由几个简单的公理能够推出很复杂的定理，同时每一步的推理又是完全没有错误的，这是一个很美妙的现象。进一步，我们可以用现代微积分甚至更高深的数学方法来描述大自然里面的所有现象。比如，面部表情或者衣服飘动等现象，我们可以用数学来描述；还有密码的问题、计算机的各种各样的问题都可以用数学来解释。以简驭繁，这是一种很美好的感觉，就好像我们能够从朴素的外在表现，得到美的感受。这是与文化艺术共通的语言，不单是数学才有的。一幅张大千或者齐白石的国画，寥寥几笔，栩栩如生的美景便跃然纸上。

很明显，我们国家领导人早已欣赏到数学的美和数学的重要性，在 2000 年，江泽民先生在澳门濠江中学提出一个几何命题：五角星的五角套上五个环后，环环相交的五个点必定共圆。此命题意义深远，海内外的数学家都极为欣赏这个高雅的几何命题，经过媒体的传播后，大大地激励了国人对数学的热情。我希望这套丛书也能够达到同样的效果，让数学成为我们国人文化的一部分，让我们的年轻人在中学念书时就懂得欣赏大自然的真和美。

前　言

王善平

19 世纪伟大的挪威数学家阿贝尔（Niels Henrik Abel，1802—1829）说：要想在数学中取得进步，你应该研读数学大师而不是他们的学生。[1]当然，要登入数学的殿堂，不仅应研读大师们的经典论著，倘有机缘，最好能聆听他们亲授治学经验。数学大师丘成桐先生于 2018 年 5 月期间在清华大学附属中学与南京外国语学校的演讲“我做学问的经验”，以诗文并茂的形式传授“如何在学术上‘学万人敌’”。紧接着在 6 月，他又在清华大学 101 教室侃侃而谈“体育和做学问的关系”，其中结合个人经历和体验以及中外历史典故，论述了体育不单给予我们健康的身体，也培养我们的恒心、毅力、纪律和合群的能力，因而对学习和做研究有很好的帮助。本专辑有幸登载丘先生的这两个演讲，以飨广大读者。

张首晟教授（1963—2018）是当代杰出物理学家，不幸英年早逝，令人扼腕！张教授为吴军博士的著作《文明之光》（第一册）（人民邮电出版社，2014）所写的序言“大数据时代感受人文和科技的跨界之美”，显示他具有广博的文理和中外历史知识以及对事物的深刻洞察力，读之令人耳目一新。在丘成桐先生的推荐下，季理真教授向作者提出在《数学与人文》丛书转载的请求，慨然获准。作者对原文做了适当修改并换用题名“宇宙的灿烂，文明的辉煌”。本专辑予以登载，以此纪念张首晟教授。

“数学星空”栏目登载了“宛如来自空无的召唤——数学大师格罗滕迪克的生平（下）”，以及两篇纪念德国著名代数学家 Wilhelm Killing（1847—1923）的文章“数学中的千古一文”和“一百周年纪念：Wilhelm Killing 和例外群”。

在“中国数学”栏目中，殷慰萍的文章“中国多复变学科的创建”，记叙了华罗庚先生如何把多复变函数论的研究带到中国，并在艰苦的环境中带领一批学生努力攻关，使得这门重要的现代数学学科在中国从无到有、发展壮

---

[1]It appears to me that if one wants to make progress in mathematics one should study the masters and not the pupils. — Quoted from an unpublished source by O. Ore in Niels Henrik Abel, Mathematician Extraordinary, p. 138.

大的历史。夏道行先生的“我在浙大的学习经历——暨回忆陈建功先生及其弟子们”，留下了关于 20 世纪 50 年代作为中国现代数学中心之一的浙江大学开展数学研究和人才培养的一段珍贵历史。方建勇的“我与陈省身先生的浙大情缘”，生动描述了一名浙大学生眼中数学大师的音容笑貌以及所留下的终生难忘印象。本栏目还登载了古代数学史大家郭书春先生的两篇介绍性短文“论中国古代数学家·序”和“关于《中华大典·数学典》”。

“数学杂谈”栏目有 7 篇文章：美国数学家 P. R. Halmos 写的“数学有基本元素吗?”把数学中的一些基本概念比作物理化学世界中的元素，颇有妙趣。M. Ram Murty 的“How Google Works——搜索引擎中的线性代数”，帮助我们从数学的角度出发，理解当今最重要的搜索引擎 Google 的工作原理。香港大学数学系教授程玮琪和张海愉写的“趣谈妙用概率论”，以通俗的语言讲述了概率论的简史以及概率论在人类各个活动领域中种种有趣的应用。英国传奇数学家图灵在计算机、人工智能和密码破解领域的开创性贡献已广为人知；较少为人所知的是，他还开创了一门用数学方法描述生物界各种结构与图案的形成的重要学科——生物形态发生学。Thomas Woolley 的“不可思议的生物形态发生”，介绍了图灵这一开创性工作。Cédric Villani 是法国庞加莱研究所所长、2010 年菲尔兹奖得主，他所写的“算法与人工智能：数据背后的信息”显示，他的研究领域远不止于纯粹数学本身。指南车是中国古代发明的一种有趣装置，它能够在任意的道路上行驶时始终指向一个确定的方向；谁知道对于它的研究竟导致高斯发明了微分几何学! Stephen Sawin 的“指南车：来自微分几何学的邀请”，给我们讲述了这个故事。Clifford H. Taubes 的通俗演讲“4 维流形的已知和未知”，用日常生活中的例子介绍了关于 4 维流形的基本知识。

“数学与物理”栏目登载了三篇文章：王慕道教授的“曲面几何与广义相对论”讲述了三维曲面空间中的两个经典定理及其推广如何与广义相对论中一些基本问题紧密相关。Maxim Kontsevich 是俄裔法籍数学物理学家，1998 年菲尔兹奖得主。此处登载了他在日本东京大学 IPMU 研究所接受采访的记录，其中谈到他的学习和研究的经历，以及数学与物理之间的关系。叶高翔教授的“解开宇宙之谜的钥匙——微分方程”从科学发展史的角度阐述了微分方程对于认识物理世界的重要意义。

目 录

数学杂谈

数学与物理

专稿

我做学问的经验

丘成桐

丘成桐，当代数学大师，现任哈佛大学讲座教授，1971 年师从陈省身先生在加州大学伯克利分校获得博士学位。发展了强有力的偏微分方程技巧，使得微分几何学产生了深刻的变革。解决了卡拉比（Calabi）猜想、正质量猜想等众多难题，影响遍及理论物理和几乎所有核心数学分支。年仅 33 岁就获得代表数学界最高荣誉的菲尔兹奖（1982），此后获得 MacArthur 天才奖（1985）、瑞典皇家科学院 Crafoord 奖（1994）、美国国家科学奖（1997）、沃尔夫奖（2010）等众多大奖。现为美国科学院院士、中国科学院和俄罗斯科学院的外籍院士。筹资成立浙江大学数学科学研究中心、香港中文大学数学研究所、北京晨兴数学中心和清华大学数学科学中心四大学术机构，担任主任，不取报酬。培养的 60 余位博士中多数是中国人，其中许多已经成为国际上杰出的数学家。由于对中国数学发展的突出贡献，获得 2003 年度中华人民共和国科学技术合作奖。

今日想谈谈，五十多年来我做学问的经验。

项羽号称西楚霸王，战役几无不胜。《史记・项羽本纪》记载他幼时学剑于叔父项梁，他说："剑一人敌，不足学，学万人敌。"

今天要讲的是：如何在学术上"学万人敌"！

我从小受父亲的教诲，喜爱背诵诗词，也对历史有偏嗜。久而久之受到感染，文史对我做学问的态度和观点影响颇大。

诗经、楚辞、两汉魏晋南北朝之五言诗、骈赋、唐七言诗、元曲、宋词，以至明清戏曲、章回小说都是动人心弦的文学。

南北朝时有位学者钟嵘，他写下《诗品》这本书，第一次有系统地评价历朝诗人，他在序中开宗明义地说：

> 气之动物，物之感人。故摇荡性情，行诸舞咏。照烛三才，

出生不久，与父亲合影，摄于汕头

> 晖丽万有。灵祇待之以致飨，幽微藉之以昭告。动天地，感鬼神，莫近于诗。

可见文以气为主，这一点和儒家的经学相似。孟子说：我善养吾浩然之气也。

我为什么总喜欢谈这个事情，因为做大学问必须要有激荡性情的种子，才能够看得远，够持久，不怕失败！

只有具开创性的学者，才能窥探大自然深藏的真和美。如何去发掘这种真和美？这有如撞钟，叩之小者则小鸣，叩之大者则大鸣。

十三年前我写了一篇文章讨论数学和中国文学的关系（编注："数学与中国文学的比较"，收录于"数学与人文"第 16 辑：《数学与生活》），用意是启发我的学生如何做出留名青史的工作。可惜的是，有部分人却认为文章牵强附会，有个北大毕业的甚至在网上取笑我，无知之余又复可笑，完全不懂做学问的精髓。

当今中国的学者都以诺贝尔奖为终生奋斗目标，其次者则以国际大奖为荣，论文发表在 *Science* 或 *Nature* 就异常兴奋，奔走相告。此外，成为院士也是另一努力的方向，毕竟院士可以通过不同的手段获得，一登龙门，名动公卿，更可教而优则仕。

坦白说，上述的想法都无可厚非。但是纵观历史，最伟大的学术成就不是这样产生的。

回顾阿基米德、伽利略、牛顿、高斯、黎曼、麦克斯韦、爱因斯坦、狄拉克等伟大科学家，成就乃是人类文明进程的标记，他们工作的出发点都非为名利。

举例来说，屈原作《离骚》，司马迁作《史记》，曹雪芹写《红楼梦》，都是意有所郁结，要将一生的理念，一生的情怀，向后世倾诉。我年少时，父亲教导我《文心雕龙》中一段说：

身与时舛，志共道申，标心于万古之上，而送怀于千载之下。

这是什么意思呢？人生一世，有时而尽，但是我们的理念和学说，却可以不受时间的限制，我们可以和古人神交，也可以将我们的想法传到后世。

纵观古今学问上的大成就，都是站在巨人的肩膀上完成的。首先，我们要问，为什么要这样做？正如清华大学四大导师之一的王国维曾经说，学问第一境界可以用下面的宋词句子来描述：

昨夜西风凋碧树，独上高楼，望尽天涯路。

为什么要望远？因为望得远才能够做出传世的工作，传世的工作才称得上重要。获得奖项或成为院士的学者，其作品未必足以传世。事实上，学术研究亦有一定程度的市场规律，学者对大自然认识愈深，作品愈通达完美，则愈多后继者研习其论文，并沿着相同的路径走下去，征引既多，开拓愈广，文章便传世了。

做大学问不但要目光远大，同时也要胸襟广阔，愿意接受不同的意见，是以百川汇河，有容乃大。如何才能培养广阔的胸怀呢？

这要从“巨人”的身上着眼，巨人之所以能够创造传世的学问，自然有他们独特的理由。无论他们生长的环境，文化的氛围，对学问的看法，做研究的态度，尤其是他们屡败屡战、反复改进而事竟成的过程，都值得我们去揣摩学习。

人类对于大自然的了解是一个累积的过程，知识日夕更新，挑战不断涌现，久而久之，我们往往会忘记了那些开天辟地巨匠深刻的原意。

举个例子来说，我学习黎曼几何差不多五十年了。但是黎曼一八五四年那篇开创性的著名论文，直到七年前我才仔细读了。这让我感到很惊讶，即使在百多年后的今天，它深刻的内容仍如一个宝藏，埋藏着尚待发掘的东西。

我发现一百六十多年来，几何学家都没有将这篇伟大的论文彻底弄清楚。这事情值得现代的几何学家深思，我们必须探究前贤在研究学问时，想法从原始发展到成熟的过程。所以，对学者而言，标心于万古之上是很重要的。

为什么在科学上，要细读重要的论文？因为古人（如黎曼）在创造一门学科的时候，他们对于这学科曾有过通盘的考虑。而在其后这门学问发展的过程中，后来者往往只看到他们感到有趣的部分，却忘记了奠基者全局的深意。

大体而言，一门学科草创之初，大方向是非常清晰的，不会在繁琐的细节中忘本逐末。在文学中，我们会以古朴来衡量文章，唐朝韩愈文起八代之衰，他就主张“文必秦汉，诗必盛唐”，古朴就是不要违背原来的大方向。

至于送怀于千载之下，这是说要着眼于文章能否传世。就如《离骚》《史记》《诗品》《文心雕龙》等，传世何止千载，今日读之，犹凛凛有生气，使人不觉掩卷叹息。在科学上，我们看牛顿三大定律、爱因斯坦的相对论、毕达哥拉斯证明 2 的开方根不是有理数、欧几里得证明有无穷多个素数等，都是扣人心弦，历久不衰的伟大创作！

清中叶以降，无论科学、技术或文学，都不如往昔，科学更远逊于西方。为何会如此？大家都问过这问题。我认为其中一个重要的因素是中国的学子，读书只为当官，从而征逐名利，缺乏求真求美的激情。如何培养这种激情，是当今教育的一个重要课题。

且看古人如何诱发创作的激情。钟嵘的《诗品》序说：

> 若乃春风春鸟，秋月秋蝉，夏云暑雨，冬月祁寒，斯四候之感诸诗者也。嘉会寄诗以亲，离群托诗以怨。至于楚臣去境，汉妾辞宫。或骨横朔野，或魂逐飞蓬，或负戈外戍，杀气雄边，塞客衣单，孀闺泪尽，或士有解佩出朝，一去忘返。女有扬蛾入宠，再盼倾国。凡斯种种，感荡心灵，非陈诗何以展其义，非长歌何以骋其情。

我喜欢古典文学，诗品说的，于我心有戚戚焉。无论在高兴或心情不好的时候，诵读古人佳作，感受四季景色，细味历史上惊天动地的事迹，都能摇动荡涤我的心灵。因研究苦思而绷紧的心情不单会放松，而且会重拾动力，看得更远。

在读司马迁的伟大作品《史记》时，往往使我情不能自已。太史公写书的决心和毅力令人佩服。他十多岁时，就有写《史记》的构想，于是周游天下，寻故问老，求证史实。受到腐刑以后，仍强怀悲愤完成这巨著，藏诸名山大川，流传后世。他宏观的看法以及研究历史的方式，至今仍在影响我做学问的态度。

除了诗词历史外，清华四大导师之一的梁启超写过一篇叫“论小说与群治之关系”的文章。他提出以下的观点：

> 第一、小说者，常导人游于他境界，而变换其常触常受之空气者也。

> 第二、人之恒情，往往有行之不知，习矣不察者。……有人焉，和盘托出，彻底而发露之，……夫子言之，于我心有戚戚焉！感人之深，莫此为甚。
>
> 此二者，实文章之真谛，笔舌之能事。

这两点和做科学研究极为类似。我们必须旁及其他学科，听名家演讲，读古今名著，变换我们常触常受之空气，这对研究的方向会有极大的帮助，因为只有这样，才能兼收并蓄，待用无遗。

想研究一个问题，却发现已有人焉，捷足先登，把问题彻底解决了，这不是罕见的事。往往却是受到人家的工作激励，反而更进一步，解决其他同样重要的问题。

记得一九七六年我和 Richard Schoen 想证明极小子球的存在，却发现 J. Sacks 和 K. Uhlenbeck 已经先行一步解决了这个问题。我极为欣赏，两年内即发奋和 William Meeks 完成了三维拓扑中的一个难题，也和肖荫堂解决了 Frenkel 猜想！这都是因为 Sacks-Uhlenbeck 的文章太漂亮了，于我心有戚戚焉，受到感动而完成的工作。

梁启超又说，小说之支配人道也，复有四种力：

> 一曰熏，熏也者，如入云烟中而为其所烘，如近墨朱处而为其所染。……一切器世间，有情世间之所以成，所以住，皆此为因缘也。

我们年轻时阅世未深，很容易受到环境和同伴的熏陶。假如身边的朋友都是鼠辈狗偷，久而久之我也会对盗窃无动于衷。假如身边的朋友都能吟咏，自己也会尝试作诗填词。假如身边的朋友都是学者，埋首探究，矻矻穷年，自己也会努力学习，锐意创新，不以沿袭沾沾自喜。是故在学术有所成就的人，所处的环境必须要有浓厚的学术气氛。一般来说，杰出的学者大都出身于名校，这并不是偶然的。

> 二曰浸，熏以空间言，故其力之大小，存其界之广狭。浸以时间言，故其力之大小，存其界之长短。浸也者，入而与之俱化者也。

熏和浸之于做学问，正如同王国维在人间词话中引柳永的词句：衣带渐宽终不悔，为伊消得人憔悴。

浸淫日久四个字委实是做学问的不二法门。对某些学问，尤其不是自己专攻的，必须浸淫在其中，久而久之，这些学科才会变成你的知识的一部分。

我学习物理学，就去参加物理系的讨论班，逐渐熟悉他们的语言，了解他们看重的方向。这些事情都需要时间，不是一蹴即可的。浸淫对年轻人来说更加重要，所以我不大赞成学生跳班。

> 三曰刺，刺也者，刺激之义也。熏、浸之力，利用渐。刺之力，利用顿。熏、浸之力，在使感受者不觉。刺之力，在使感受者骤觉。

至于刺和提的感觉就是：蓦然回首，那人却在灯火阑珊处。

顿悟是佛教禅宗修行用的方法。做研究时亦会出现，但是往往被人误会，以为灵感会从天上掉下来，让你豁然贯通！事实上，学问的进步是一个累积的过程，通过前人和今人的努力，融会贯通，立地成佛！

当事人自己看来，似是天赐灵感。打个比方，在瀑布上游，几乎看不到下游的瀑布。但是，当上面的水流逐渐积蓄，到达悬崖时，就会下泻千丈，形成宏伟澎湃的瀑布。没有上游的积蓄，下泻的水量就不够，瀑布就无从产生了。

> 四曰提，前三者之力，自外而灌之使入。提之力，自内而脱之使出。……读《石头记》者，必自拟贾宝玉。……夫既化其身而入书中矣。则当其读此书，此身已非我所有，截然去此界而入于彼界。……文字移人，至此而极。

学者在深入研究一门学问时，往往化身而入其中，自内而挥发其感受，此所谓提也。

做大学问必须要有激情，十年辛苦不寻常！没有激情，没有强烈的好奇心，不可能上下求索，更不能持久。现在举几个自身的经历，和大家分享。

我所解决的几个难题中，有些是四十多年前的工作了，无论是结果或是所用的方法，到现在都还有人在引用。当初选择解决 Calabi 猜想时，虽然不知道如何入手，但却极为兴奋，以为数学上的重要问题莫过于此了。完成了这个猜想后，有相当长的时间里，身心都浸淫在复几何中，不可脱矣。

虽然每个难题都花了颇长时间，甚至多年才能完成，期间我从不气馁，我深信目标的真和美，只是不知如何达到彼岸而已。

我的工作跟理论物理有密切的关系。我坚信理论物理会对数学提供重要的资讯，我经常参加物理系的讨论班，接受熏和浸，在遇到重大的突破时，又有刺的感觉。

完成 Calabi 猜想时，深深有“落花人独立，微雨燕双飞”的感觉，花落果成，人和猜想融为一体，此中真意，不足为外人道。

梁启超先生认为最能影响人生的是小说，这或许是事实。但是，我认为最能影响做学问的是历史。面对苍茫大地，看着前人走过的路和做过的事，无论是有益的或是有害的经验，都会深深地影响着我们的学习。更何况伟大的史家在描述历史时气势磅礴，岂能没有摇荡性情的感觉？对我个人而言，历史的经验既真实、又使我迸发做学问的激情。

去年我到甘肃旅游十天，目睹历史上发生过重要事件的诸多遗址，深受感动。这半年来，每日花半个钟头，写了一篇很长的赋，岂有他故，赤子之心而已！现在节录如下。

中华赋

序

仲夏日之赤热兮何以解忧？
浩浩乎携诸生以遨游，
郁郁乎探百代之荣休，
纵余目以游观兮叹先贤之可任，
览史册之所载兮慕古圣之流芳，
出玉门以远眺兮觅汉唐之遗踪，
叹黄沙之无尽兮掩千古之恩雠，
倚阳关之颓垣兮望远处之高岑，
背祁连之积雪兮临弱水之支流，
岂日曛千里兮实王化起乎河州，
惟月照古今兮东西之故迹长留，
戈壁遍野兮商旅难筹，
平沙无垠兮田陇谁耕？
马腾大漠兮驼越沙丘，
枯草难牧兮兽铤亡群，
大漠茫茫兮骸骨谁收？
长路绵绵兮过客频仍，
冰封祁连兮水泽沙州，
大地湾开兮文化始由。

评：茫茫大漠，驼队慢行。月牙泉上，夕阳斜照。敦煌窟中，壁画辉煌。西域几千年历史，就在眼前。从前读史记汉书，都在故纸堆中，寻找故事，究不如目睹为妙！掩卷思量，激情尚在！学者能够发挥激情，最重要的是有根，有根的激情必须建立在文化历史的基础上。

历史无论中外，都有惊人的相似！我十四岁时父亲去世，悲痛不已，期间最能感动我的一首诗是英国诗人拜伦的作品。他在旅游希腊时见到波斯的古墓有感而发，写下了这首激情澎湃的诗。这诗能够激动人心，和西方的历史背景有关。

两汉风华

西汉

1. 汉初匈奴争战

秦筑陶砖兮往迹难寻，
汉留片土兮茀草为墙，
匈奴坐大兮秦汉交错，
猛将如云兮高祖伐胡，
冒顿入北兮围我白登，
将帅不敌兮雨雪无饷，
士出奇谋兮阏氏纵归，
雾浓人静兮矢弩外向，
四海一统兮边方未定，
大风起兮云飞扬，
安得猛士兮守四方。

评：从汉高祖和匈奴的战争中，我们学到一件重要的事情，就是凡事不能勉强，打不过匈奴，就要先充实自己，利用和亲来缓和形势，待条件成熟时再出击。这一等就是几十年，终于在曾孙武帝时驱逐匈奴，完成了守护边疆的大计。

2. 武帝拓边

五世其休兮生民倍增，
太仓多粟兮陈陈相因，
国富兵强兮遂谋西疆，
祖母无为兮黄老是依，
罢黜百家兮儒术独尊，
选贤与能兮政法惟刚，
羞遣公主兮孝武逐北，
太后崩殂兮始城朔方，
利诱匈奴兮王恢用策，
三十万众兮马邑伏军，

单于逃逸兮遂断和亲，
济济多士兮竞霸河西，
雄关似铁兮商旅万方，
五十四载兮承秦启后，
协音律兮定历数，
兴太学兮改正朔，
起察举兮选贤能，
千古一帝兮人怀厥德。

评：汉武帝的文治武功，历代君主难以比拟。班固评武帝云：中国用人，于斯为盛。武帝博览群书，重用儒者，然而立法至严，为百世表率。武帝《秋风辞》《天马歌》《李夫人赋》等，与高祖贾谊等开汉代文学之先河。

现代科研往往牵涉很大的团队，如何用人和处理人事并不是简单的事情，值得向汉高祖和汉武帝学习。

3. 张骞通西域

断匈奴右臂兮博望月氏之行以求！
历艰苦犹持汉节兮岂被掳之可羞，
去岁十三兮二人得还，
径国卅六兮西域始通，
酒泉初置兮复设武威，
既破楼兰兮又破车师，
得马大宛兮蜀布何由？
蒲陶苜蓿兮植之离宫，
将军识途兮知虏之可倾，
大帝思远兮征伐乎边方。

评：中国通西域，对于世界文明的贡献，超过哥伦布之发现新大陆。虽然周代、春秋战国以来，中国跟西域已有一定的来往，但是大规模的、由皇帝主导的外交活动由张骞开始。张骞出使所经历的挫折，远非哥伦布的海航可以比拟，他不屈不挠的精神，亦不逊于被困北海的苏武。

张骞在西域十三年，几乎葬身于大漠，百人出使，二人回归。两汉的官员，为了使命，拼力前进，危然后安，使人钦佩。我们做学问，有这样的情怀吗？

记得一九六七年，我在香港中文大学读书，为了听别的大学的一门课，我每星期坐火车坐船坐公车，跋涉两个小时，值得吗？我说值得！

一九七六年，我刚刚完成 Calabi 猜想的证明，大家还不知道这个猜想的重要性。当时我在加州大学洛杉矶分校，住得很远。听说哈佛大学的大教授 David Mumford 在尔湾分校演讲。他是代数几何学家，对于很多微分几何学家来说，这两门学科风马牛不相及，但是我还是开了三个钟头车去听演讲。他在演讲中提到了一个问题，我回家后就用 Calabi 猜想的结果将这个问题解决了，这是我一生中首个引起轰动的结果。

为什么我愿意走这么远去听一节课？就如探险家一样，我想知道不同领域的大师能够提供什么新的想法。

4. 贰师降虏

绝世佳人兮延年颂歌，
倾国倾城兮殁留帝恩，
谋善马兮外戚远攻，
士卒物故兮孝武怒遮玉门，
涉流沙兮天马归，
承灵威兮降外国，
破大宛兮广利侯封，
汉立张掖兮敦煌始雄，
祝诅天子兮忧惧愁慌，
虏入五原兮陷我名城，
将两万众兮深入要功，
军败燕然兮贰师辱降。

5. 卫青破虏

出车彭彭兮长平始击匈奴，
万骑出塞兮黄沙击我矢弓，
风嘶嘶兮马鸣，
奇兵出兮虏惊，
赵信城崩兮汉胡相搏，
利镞穿骨兮杀气凌空，
单于遁逃兮右王逆谋，
漠南无胡迹兮大将封！

6. 李广难封，苏武南归

龙城将飞兮威振天涯，
力敌万骑兮马急胡走，

勇冠三军兮矢贯深岩，
将军失道兮漠表刭首，
木讷少言兮天下涕流，
长子复仇兮骠骁射杀，
孙字少卿兮气冲斗牛，
都尉少壮兮兵出居延，
单于临阵兮众寡悬殊，
力尽矢穷兮李陵降虏，
武帝震怒兮阖家被戳，
不蒙明察兮史迁腐刑，
河梁送别兮苏武南归，
老母终堂兮生妻去帷，
流离辛苦兮几死朔北，
雁飞云边兮陇上烟寒，
官典属国兮汉宣记功。

7. 霍去病平定南匈奴

汉设四郡兮断绝南羌，
匈奴未灭兮何以家为？
骠骑奔逐兮寄身刃锋，
势崩雷电兮地动天摇，
径绝大幕兮封狼居婿，
临翰海兮胡虏移，
禅姑衍兮月明中，
大将夭折兮茂陵立祠。

评：汉武帝用人唯才，不避亲疏。出征大将中有三个以上是外戚，却都能征善战。至于李广父子都能尽忠，牵制匈奴大军，才有卫青霍去病的成就，武帝知人善任，值得我们学校和学术机构的领导注意！

每次读史记卫青、霍去病和李广的事迹，都使我热血沸腾，有大丈夫当如是的感觉。在大漠上冲锋，追击贻害中原几百年的匈奴骑士，完成祖先几百年来的心愿，何其快哉！

8. 武帝轮台罪己

日光冷兮矢尽弓藏，
月色苦兮孤雁飞高，

五分一存兮汉马亡，
虽得阴山兮血满沟，
轮台罪己兮百姓复农，
禁苛止赋兮与民息休，
六畜蕃息兮黍稷复盈，
日磾辅政兮西风吹襟。

评：武帝虽然雄霸天下，却能放下身段，轮台罪己，历史少见！西汉在打败匈奴后，能够很快复兴，和武帝的胸襟有关。

9. 昭君出塞

明妃失意兮汉家楼阁，
高山峨峨兮河水泱泱，
手挥琵琶兮平沙雁落，
中心恻伤兮远渡西羌，
白日西匿兮关山萧索，
芜绝异域兮肠断泪乾，
饮咽无声兮故乡永隔，
胡鼙鼓喧兮胡姬侍安，
单于宠爱兮边城未拓，
三世无警兮少见干戈，
和乐且闲兮穆穆棣棣，
胡族汉化兮泽被边疆。

评：昭君出塞，对于汉胡和平有莫大贡献，终胜于一生孤独，老死汉宫！历代以来的文人，都同情王昭君，认为她个人生活不如意，其实未必如此。

我们在做学问时，往往与别人竞争，如果慢了一步，这个时候怎么办？有人会放弃，有人赶快去抄袭，这都是不对的事情！仔细想想，假如这个问题重要的话，必有后续的进展。不如继续努力，焉知非福！

东汉

1. 光武中兴

以寡敌众兮昆阳大捷，
将相和睦兮光武中兴，
郭氏为后兮河北民悦，

铜马毁败兮兵容始盛，
大军入蜀兮公孙覆灭，
力平愧嚣兮陇右得暇，
东都洛阳兮丽华如愿，
息肩中土兮克克竞竞，
收弓矢兮散马牛，
退功臣兮进文吏。

评：光武不如武帝，创意不足也。然而创业艰辛，临危不惧，军心始安，秀亦非常之人也！

2. 明帝继位暨佛学东来

孝明承治兮仓廪实，
抑制豪强兮严宗室，
倡儒学兮重刑名，
尊先师兮正礼乐，
尚气节兮崇廉耻，
赐公田兮兴水利，
征北匈奴兮开疆拓土，
云台图画兮二十八将，
黄河得治兮户口滋殖，
民安其业兮明章盛世，
金人显梦兮天子求问，
西渡葱岭兮月氏觅佛，
永平十年兮汉使圆梦，
天竺沙门兮终生弘法，
径千万里兮白马驮经，
寺建洛阳兮佛像远来。

评：明帝承光武之余绪，萧规曹随，开疆拓土，文化交流，秉承父业，毫不逊色，亦可谓英主矣。父子两人为东汉的辉煌打下基础，岂图政绩而已。值得今天初为领导者注意。

3. 窦固班超复定西域

伐北匈奴兮扶风窦固，

屯兵凉州兮出兵酒泉，
击呼延王兮天山旋归，
于阗骄横兮几并西疆，
都护西指兮众才四九，
风雪交加兮笳音清扬，
定国五十兮强虏消逝，
远索大秦兮遣使甘英，
几穷西海兮止于条支，
延首东望兮惨切凄伤，
大漠经年兮顾瞻故乡，
胡杨蒿黄兮枝枯叶干，
沙场白骨兮刀痕箭般，
妹昭上书兮班侯得归，
窦宪欺罔兮权倾当世，
远出大漠兮燕然勒石，
匈奴败北兮鲜卑始大。

评：班氏一家建功立业，至为难得。父彪、兄固、妹昭著汉书传世，人称良史，弟超则投笔从戎，威震绝域，名垂史册，值得钦佩。

班超出使时三十六人，在极端危险的时候，当机立断，激励同袍，真是有胆有识！我们做学问面临竞争，在最重要的时刻，能够把握机会，入虎穴、得虎子吗？

魏晋南北朝

1. 曹氏篡汉

窦氏消亡兮宦官用事，
既诛陈蕃兮复杀窦武，
汉儒党争兮佞臣执政，
天下大饥兮常侍得宠，
张角崛起兮西羌复乱，
招兵凉州兮何进授首，
烝民涂炭兮王室板荡，
野无鸡鸣兮白骨千里，
董卓乘衅兮袁绍构难，
官渡大胜兮曹操无君，
北征乌桓兮蹋顿败亡，

东临碣石兮沧海扬鞭，
乌鹊南飞兮败军赤壁，
西伏陇右兮魏武远征，
马腾流窜兮韩遂败亡，
匈奴日疏兮杂胡始壮，
三分天下兮曹丕篡位。

评：东汉之末，生灵涂炭。献帝荒淫无能，势必有变，民始得安！曹孟德弭平诸袁，北征乌桓匈奴，安定中原，功莫大焉！及其自度功比周召，大业可以速成，遂至兵败赤壁，旋师北归，奚足叹息。然而西平汉中，迅即恢复，可见其得人心及坚毅之志也。得陇而未敢望蜀，抑年老而志气渐衰乎。功成而不骄，兵败而再起，此亦做学问之道也。

2. 建安文学

都尉送别兮五言之始，
古诗温丽兮清音远浩，
文起建安兮俊才云涌，
蔡邕飞白兮饮马琴操，
聚贤邺下兮魏武沉雄，
子桓清越兮陈思独步，
洛神淑美兮词采华茂，
辞赋凄沧兮五言腾踊，
亡家失身兮文姬悲愤，
典论论文兮七子并縦，
仲宣登楼兮陈琳饮马，
公干高风兮应璩雅深，
阮瑀章表兮伟长室思，
陈寿撰述兮三国叙事，
刘徽割圆兮专注九章，
两汉朱华兮邺水为盛，
中原板荡兮西凉稍安，
豪杰远行兮山川形胜，
大漠苍茫兮丹霞璀璨，
磊落使才兮慷慨任气。

评：两汉朱华，文风绮丽，汉赋为盛，汉武贾谊，辞赋传世，然而五言抒情，始于李都尉河梁送别。至于古诗十九，三祖七子，建安文学，彬彬大盛矣。

汉末中原大乱，豪杰西征，饱览山川形胜，所以磊落使才，慷慨任气！对于做学问的学者，影响一样重要。看见一代大师的言行，才会觉得：曾经沧海难为水，除却巫山不是云。

3. 西晋

邓艾西征兮偷渡阴平，
钟会侵功兮司马独大，
楼船顺流兮铁锁沉江，
旗落石头兮王濬灭吴，
定都洛阳兮改元泰始，
世族复兴兮汲汲求利，
承魏举才兮九品取士，
唯能是用兮名节渐丧，
空谈节俭兮晋武斗富，
去州郡兵兮八王乱政，
胡族内迁兮强敌环伺，
晋议徒戎兮江统先导，
鲜卑不臣兮河西入侵，
匈奴复出兮并州崛起，
妄称宗室兮伪刘遍阡，
永嘉大乱兮石勒横行，
刘曜掳帝兮青衣行酒，
黎民不堪兮五胡乱华。

评：西晋社会动荡，胡族大量入侵，中原士族南迁，结果是各方民族文化的大融合。对于中华传统文化，确是一大冲击，出现了前所未有的火花，一直到隋唐盛世。

4. 东晋

士族南迁兮建康称帝，
党同伐异兮抑压吴地，
朱张顾陆兮王谢为大，
权倾天下兮琅琊王氏，

谱牒为则兮门阀士宦，
祖逖澄清兮渡江击楫，
攻灭成汉兮桓温北伐，
灞水旋师兮洛阳暂驻，
骄而恃众兮丧军慕容，
退守建业兮前秦灭燕，
篡位不果兮王谢护晋，
北府兵威兮大胜苻坚，
观棋不语兮淝水谢安，
气吞万里兮寄奴如虎，
讨灭桓玄兮兴复晋室，
北擒慕容兮南枭卢循，
经略西北兮不果南归，
西执姚泓兮灭绝后秦，
恭帝禅让兮刘裕弑君。

5. 前秦苻坚

坊头入关兮符氏崛起，
攻占长安兮遂霸陇蜀，
氐族汉化兮任用汉臣，
既灭前燕兮又灭仇池，
西达葱岭兮东极大海，
北至大漠兮南控江淮，
忠言逆耳兮期吞江南，
百万军散兮关中辱国。

6. 北魏

鲜卑代兴兮拓跋坐大，
定都平城兮攻掠后燕，
对峙刘宋兮西灭鄯善，
亡夏燕凉兮太武北统，
摩崖石窟兮雕塑遍野，
云岗龙门兮陇西敦煌，
天水麦积兮永靖炳灵，
中西交融兮地理文学，

洛阳伽蓝兮道元水经，
孝文汉化兮迁都洛阳，
根基未固兮六镇民变。

评：北魏乃鲜卑族汉化的一个朝代，草原文化逐渐融入中原文化，功莫大焉。

7. 魏晋清谈

士求悦己兮唯美修容，
无为清净兮道法自然，
骈赋协韵兮和声天成，
梵音远来兮经读感怀，
黄老得尊兮儒学式微，
丽辞缤纷兮镂心敷藻，
典雅擅长兮英华迈俗，
正始玄学兮何晏王弼，
无名无誉兮佛道交融。

8. 两晋风流

才兼文墨兮右军雄逸，
步兵咏怀兮情寄八方，
叔夜赋琴兮托喻清远，
刘伶酒德兮向秀思旧，
披沙简金兮陆机浮云，
波澜宏阔兮西征潘岳，
博物藏书兮清畅张华，
郭璞江赋兮彪炳磅礴，
靖节归去兮自然超迈，
乐天知命兮葛洪抱朴，
化学得传兮炼丹罗浮。

评：魏晋南北朝的清谈和佛教的兴盛，引发佛道的交融，以及儒家的反省。这个时代可以说是中国文艺复兴，中国基本科学，于斯为盛，延至盛唐，而毁于安史之乱。

9. 佛法东来

流沙万里兮震旦远来，
敦煌菩萨兮月氏高僧，
大乘得译兮般若法留，
龟兹苦读兮母子修道，
罗什东来兮释风渐行，
一十七载兮弘法凉州，
前秦遣将兮吕光夺佛，
后秦力邀兮鸠摩入京，
远涉长安兮翻译诸经，
法华金刚兮维摩三论，
子弟传宗兮什门四圣，
译本未全兮宏义未功，
法显西游兮留学天竺，
峦叠葱岭兮木簇鹫峰，
朝行雪山兮夜渡冰川，
顾寻所经兮心动汗流，
去国十三兮终得戒律，
译经建业兮摩诃僧祇。

10. 刘宋萧齐

七分天下兮刘宋四分，
中原未定兮拓跋争雄，
元嘉伐魏兮仓惶北顾，
儒玄文史兮宋帝立馆，
义庆新语兮言简俊秀，
著书后汉兮范晔留名，
松之注述兮三国史成，
剩余有理兮孙子经算，
筹学骤兴兮二祖缀术，
跌宕起伏兮恨别江淹，
文典以怨兮咏史左思，
三都十年兮洛阳纸贵，
芜城有赋兮鲍照妻怆，
灵运五言兮芙蓉出水，

延年白马兮错彩镂金。

11. 萧梁南陈

梁武佞佛兮舍身四度，
民穷财尽兮侯景作乱，
千里绝烟兮白骨成聚，
僧辩降敌兮北齐入境，
霸先篡位兮诛杀大将，
叔宝荒淫兮河山日下，
杨广灭陈兮丽华匿井，
昭明集述兮始评文学，
刘勰文心兮钟嵘诗品，
沉约四声兮八咏传世，
撰述宋史兮作赋丽人，
玉台新咏兮徐陵宫体，
哀赋江南兮庾信凄怨，
达摩东渡兮建业暂驻，
法救迷情兮一花五叶，
一苇渡江兮长芦久住，
面壁九年兮禅宗始兴，
玄佛交融兮隋唐延续。

评：佛教东来，冲击中华本土文化和儒道交流，无论科学和文学都受到影响。

12. 敦煌麦积石窟

高窟嵯峨兮千载经营，
壁画塑像兮魏齐始盛，
飞天伎乐兮佛门史迹，
菩萨左右兮释迦侧卧，
玄黄色杂兮罗汉迭壁，
画图焕绮兮吐曜含章，
龙凤呈瑞兮虎豹凝姿，
俯仰顾眄兮彤彩之饰，
流离烂漫兮霞驳云蔚，

丹青并饰兮金玉同镌，
神仪内莹兮宝相外宣，
归诚妙觉兮标志上玄。

评：敦煌麦积，壁画藏书，人类之瑰宝也，岂止中华而已。宝物屡为英法俄所盗，使人扼腕！

我们从历史中汲取做学问的经验，从文学和现实生活中寻求做学问的意境和激情。学者走的道路有别，但是要做好学问，缺乏激情却是万万不能！

编者按：本文为丘成桐教授 2018 年 5 月于清华大学附属中学与南京外国语学校的演讲稿。

体育和做学问的关系

丘成桐

我的体育运动从少时到如今都不如人，所以我今天谈这个题目是绝对没有资格的，但是那树森老师在我每次游泳时都敦促我做这件事，我只能够硬着头皮来解释自己不成熟的看法。

我每天一大清早都到大学游泳池游泳，因为我游得很慢，往往阻碍了你们正式的游泳训练，在此道歉！

我游泳没有受过正式训练，所以姿势并不正确，因此也游得很慢。每一次那老师总要指点，去矫正我不正确的姿势。但是江山易改，姿势难移。我很羡慕你们的青春，在年轻的时候，要学习，要改正自己，都比年长时容易得多。你们要把握青春岁月提供给你们的良好机会！

花开堪折直须折，莫待无花空折枝！

我父亲身体不好，很早就去世了。我在中学时，体育课有时不及格，常常使我难为情。考试分三项，短跑五十米，我跑 9.5 秒。引体上升顶多两次。仰卧起坐大约是三十多次。

当时学校每年都会颁发所谓优异生的奖励，但是不能有任何科目有红分，所以我虽然各项科目的成绩都很好，但是体育科带红，因此没有拿到过优异生这个荣誉。(我中学毕业时，好像是全年级第四名。)

不过我不大在乎，因为这些分数对我影响不大。同时我自己给出很多理由：我家的遗传因子不好，父亲早年逝世。家境又不好，营养不良。但是回想起来，这些都是推搪，年轻时，没有把握机会，将身体健康搞得很好，影响还是不少。

由于我住在乡村，中学在都市里，除了学校规定的运动课程外，步行时间也不算少。乡村中又有黄狗看守农田和房舍，往往提心吊胆，快步而行，所以也不算完全没有运动。至于游泳，我家住在香港沙田，离海岸很近。天气炎热时，总会到海边游泳，没有人训练，乱游一通，不过乐也融融。中学大学都没有游泳池，没有定时去游泳，也没有学好。

对于去海边游泳的问题，我父亲不放心，有一年小学六年班毕业旅行，我到大屿山海湾梅窝游泳。我父亲写了张纸条，叫我到达目的地后交给老师。原来纸条写的是：禁止小儿成桐游泳。所以我去海边游泳，必须要有熟悉游泳的成年人带领下才行，结果是只有我的三舅带着他的女朋友来我家时，我们才有游泳的机会。海湾上的动植物不少，我们也学习到不少自然的生态。

家长对于年轻的小孩学习体育的鼓励和管教，其实极为重要，我有两个小孩，四岁时找老师教导他们游泳。但是他们极度不合作，每个礼拜六上游泳课时，两个小家伙手抓住车门，拼命不上车。要和他们比拼力气，才勉强去学游泳。总算学好了，姿势当然比我的正确得多。有趣的是，过了几年，我带一家人去台湾清华大学访问一年，他们读实验小学。期终学校体育比赛时，我的小儿子参加游泳比赛，居然一马当先，比其他学生快出很多！

过了几年，我们住的小镇安排交通，带孩子们去滑雪，我自己不懂滑雪，将他们两个放在大巴士，跟着其他同学一起，我则开车紧跟。到达目的地后，两个小孩太紧张，不肯尝试。我抱着他们上短冈试验好几次，跌倒的次数不少。到第二次再度坐巴士时，有点成绩，兴趣盎然了，就好办了。

这么多年来的经验是：体育能够强健体魄，也可以使得心理健康，有了健康的身体，才有能力去积极进取，争取丰富、完美和充实的生活。

一个很重要的经验是在二十年前，南开大学一个学生叫崔波，他被哈佛大学录取做研究生，他来跟我读书，他读得很好，全班最好，但是很快出现了严重的问题，常常头痛，无法睡眠，以至于放弃学业，我很失望，我总觉得是他运动不够造成的。

运动也可以陶冶性情，使人情绪得到宣泄，对于生命会有更深刻的领会，做事坚忍而不轻易动摇，因此不会冒险躁进，意气用事。

我在大学念书时，学习太极拳，也学习瑜珈，但是总觉得运动量不够，慢慢也放弃了。但是我的体育老师安排我去教导一些教授太极拳，赚取了一些外快。

在研究院时，自己以为工作很忙，没有好好地锻炼身体。所谓工作忙，其实都是找的借口，因为我们躲在房间里聊天，一聊就是三个钟头！做运动绰绰有余！毕业以后由做博士后到做教授，都还年轻，没有想到运动的重要性。

运动不足，产生出来很多毛病，很早就对花粉过敏，因此呼吸有问题，影响睡眠，又因尿酸过多产生关节阵痛，同时讲课不到一个钟头，就觉得中气不足。三十出头，血压开始有点高。到了四十岁，才开始决定做多一点运动。

但是运动时间都很短，游泳也就二百米，用途不大。

但是发现血压开始向上提升，医生认为与过敏和呼吸不顺有关，因此开始多做一些运动，买了一部跑步机放在家里，有空去跑步，但是还是不能持之以恒。

直到大约十五年前，痛下决心，开始每天去游泳，可幸哈佛大学的室内游泳池不错，又蒙清华大学书记特别容许我一早到游泳池游泳。

每天见到牌子“无体育，不清华”，觉得很有意思。

这十五年尽量做到每天早上游泳一千米到二千米。看当天工作时间如何。从二百米增加到一千米，花了不少时间的训练。但是到了一千米以后，发觉身心都比以前愉快，每天游完泳后，精神比较能够集中，也不觉得累了。比较遗憾的是游泳以后，食欲增加，减不了肥。所以现在晚上也在跑步机上跑步，身体确是比以前健康了。

运动给我一个很好的纪律的训练，每日有一定时间的作息，早上游泳，晚上跑步，久而久之，习惯了有纪律的生活，对我做研究很有帮助。我现在运动比从前多，却没有影响到我做研究的时间，因为做完运动后，睡眠质量更好，又能够集中注意力。

据说运动会增加大脑皮层的厚度，但是无论如何，它让神经放松，消除大脑疲劳。

到现在才搞清楚为什么中国三千年前，西周时期讲究贵族必须要有六艺的训练。六艺是礼、乐、射、御、书、数。周礼：养国子之道，乃教之六艺。其中射御就是体育！

射御当然和狩猎、运输打仗和保卫国家有关，但是以后逐渐变成锻炼身体的一个重要方法。孔子在论语说：君子无所争，必也射乎？揖让而升，下而饮，其争也君子。所以射更变成是修身养性的运动。

御就是驾驶，除了交通工具的驾驶学以外，也包括政治、领导和管理的驾驭学。如下是两个典故。

赵襄王学御于王子期。这是战国时期赵王学跑马的故事：赵襄王向善于驾驭车马的王子期学习，学习不久之后就与王子期进行比赛，赵襄王换了三次马，三次都落后了。赵襄王说："你教我驾驭车马，没有把本领全教完啊？"王子期回答说："本领全都教给你了，只是你使用得不恰当。但凡驾驭马的动作协调，这样才可以加快速度，达到目的。现在国君在落后时就一心想追上我，跑在前面时又怕我赶上。其实驾车比赛这件事，不是跑在前面就是掉在后面。而您不管是领先还是落后，您的心思都在我这里，您还有什么心思去调整马呢？这就是您落后的原因了。"

田忌赛马。田忌常与齐国的贵族们赛马，并下很大的赌注。孙膑看见他们的马分为上中下三等，同时马的脚力相差不远。于是孙膑对田忌说："你若要和他们赛赌重金，我有办法可以使你取胜。"田忌听信孙膑的意见，和齐威王及贵族们下了千金的赌注进行比赛。等到临场比赛的时候，孙膑对田忌说："现在用你的下等马和他们的上等马比，用你的上等马和他们的中等马比，用你的中等马和他们的下等马比。"三等马比赛的结果，田忌以一败两胜，终于拿到了齐威王下的千金赌注。

所以御不单是斗勇，也是斗智，用到运筹学、驾驭学等。

古代体育除了骑术以外，因为打仗还需要冲锋，所以讲究用茅、用枪、用斧、用剑等武艺。荆轲、聂让等都是战国时代有名的剑侠，唐朝武则天时期，则成立了武举人这个考试科目来考查学生的这些能力。剑击在近代的体育比赛上还是一个重要的项目。

拳击跑步则不需要用到武器，又可防身，在偏远或荒山野岭都极为有用。出名的中医如李时珍等都认为学习飞禽走兽，尤其是猿猴的活动有益身体健康，所以都推崇拳术跑步剑击这些运动。

我们现在看看古代的希腊人怎么看体育，他们很注意身与心的调和。希腊的大政治家伯里克利（Pericles）说：

> 我们是美之爱好者，但我们的趣味是淡雅的；我们陶冶性灵，但是我们也不让失却丈夫气。（We are lovers of the beautiful, yet simple in our tastes; and we cultivate the mind without loss of manliness.）

这即是说：美的灵魂寓于美的体魄。（A beautiful soul is housed in a

beautiful body.）

希腊人是艺术和音乐的爱好者，同时也是体育的爱好者。宗教为希腊人戏剧和体育的动力，本源于娱神。

奥林匹克竞技，在宙斯神殿前于祭神后举行，每四年一次（从公元前776年到公元393年，共历经293届）。现在世界奥运即起源于希腊，第一届在1896年希腊雅典召开。

柏拉图于理想国中所论希腊的教育，即分体育与音乐两种。前者养身，后者修心。可见注重身心的调和为希腊普遍的现象。

近代西方的高校，远至几百年前的英国到今天美国的高校如哈佛大学等都是身心并重！很多中国的高中生，想进入哈佛大学读本科，假如体育完全不行，是不可能的事。

群众一齐参加的体育，例如排球、篮球、足球、帆船等运动可以培养团队精神，就是群的教育。群策群力，集思广益，乃是做学术和做领导的基本精神。必须讲求领导统御，沟通协调，才能达到团队的精神。

我记得十多年前看过一部电影，讲述一个教练训练篮球队的事：其中一个明星球员进了几个三分球，球队也赢了。但是教练不高兴，完场后惩罚了这个明星球员，因为他没有和其他队员配合进攻和防守。可见体育在群的教育的重要性。

总的来说，我发现体育不单给予我们健康的身体，也培养我们的恒心、毅力、纪律和合群的能力。

所以无体育，不清华！

谢谢！

编者注：本文为丘成桐教授于2018年6月2日在清华大学101教室做的演讲。

宇宙的灿烂，文明的辉煌

张首晟

张首晟（1963 年 2 月 15 日—2018 年 12 月 1 日），当代杰出华人物理学家，斯坦福大学 J. G. Jackson 和 C. J. Wood 讲座教授，清华大学访问教授，上海科技大学特聘教授；美国文理科学院院士、美国科学院院士、中国科学院外籍院士；在拓扑绝缘体等领域做出重要贡献，获得欧洲物理奖、美国物理学会巴克莱奖、国际理论物理学中心狄拉克奖、尤里基础物理学奖等。

从小我就酷爱读历史，那些可歌可泣的故事深深地打动我的心灵，历史似乎就是一盘棋，命运时时在那些伟人的掌控之中。然而，我也经常会问一些可笑的问题，例如：当年如果荆轲刺秦王成功，中国的历史将会如何演化？如果布鲁图刺杀凯撒大帝不成功，欧洲的历史又会怎样？如果普鲁士军队来到拿破仑与威灵顿打得不可开交的滑铁卢战场迟了两小时，世界又将转向哪个方向？如果，如果……人类的历史好像就被那些偶然的因素牵着走。

学习物理把我带进了另一个世界，牛顿方程下的宇宙，就像一个瑞士手表，每分每秒都在精密地运转。小到树上的苹果，大到太阳系的行星，都被一个简单而优美的万有引力定律所描写。这两个截然不同的世界都神秘地吸引了我，但是物理世界的必然与历史世界的偶然却深深困惑了我。

当我深入学习到统计物理学，才开始慢慢看到了两者的相似之处。牛顿方程之所以能精密描述行星的运动，是因为这是个简单体系，仅有几个少量的自由度。当我们观察气体中的分子，液体中的小颗粒，它们的运动是杂乱无章的，似乎也被偶然的因素所左右。而统计物理把这些杂乱无章的个体运动提高到整个系统的行为，那些偶然的因素在统计平均中消失了，提炼出了能量守恒与熵增的普适规律，偶然走向了必然。爱因斯坦曾经说过，在知识的未来，牛顿力学、相对论、量子力学都会被修改，而统计力学的定律却是永恒的。

所以我要问，能否用同样的眼光来看历史呢？历史的浩瀚章节，戏剧式的人物故事，尽管偶然，就像液体中的小颗粒一样难以预测，但是，我们把时空尺度渐渐放大，这些偶然因素是否会在大数平均下相互抵消而消失，从而提炼出真理呢？

正当我在深思这些问题的时候，受到我好友吴军的邀请，读他的大作《文明之光》，并为书写序言。我在欣喜中一口气把书读完，深受启发。书中写的不是人们已知的帝王将相，英雄美人，而是一部光辉灿烂的文明史。这部书帮助我从噪声中寻找信号，深思主宰人类历史的真理。

每当我们读历史之时，往往会问，在这之前发生了什么？历史的起源是有人以来最常问的深刻问题，不同的民族，不同的宗教，不同的文化都有自己的传说，自己的“创世纪”。人类文明数千年，直到我们这时代，才真正了解了时间的原点。今天，我们知道，宇宙是在大爆炸中产生的，宇宙的年龄为 137.98 ± 0.37 亿年，地球的年龄约为 45.4 亿年，恐龙是在 6500 万年前消失的，现代智人的年龄约为 20 万年，人类有文字的历史约为 5500 年，正如《文明之光》引言中所提，如将地球的年龄缩短成一年，人类出现仅在最后的半小时。所以，我们要读懂人类文明史，更需要从宇宙形成的原点出发，用大历史的眼光来看一切。在大历史的尺度下，更能把那些偶然因素在统计平均的意义下去掉，留下宇宙演化与文明进步的真理。

因为人类是由原子和分子组成的奇妙物种，我们要找到普适于宇宙与人类的第一性原理，必须从最基本的概念出发，那就是能量、信息与时空。它们的结合，产生了能量密度与信息密度的概念。（值得注意的一点是，物理学家引进了熵的概念，后来发现熵的统计意义就是信息，两者是等价的。）

宇宙大爆炸后，刚开始，宇宙中充满着基本均匀的微小尘埃，随着时间推移，尘埃的密度也开始发生涨落，有些密度比较高的地方，通过万有引力的作用，把别处尘埃逐渐吸引过来，尘埃间的距离会非常靠近，能量和质量的密度也会大大提高，超过临界值之后，有一种新的力会起更大的作用，即强相互作用力，它使得原子核在碰撞时产生核聚变反应，聚变反应成为新能量的来源，通过这个机制，形成了恒星和星系，从此恒星点燃了宇宙之光。

相似地，人类刚刚起源的时候，分散在地球表面，通过狩猎和采集维持生存，此时人类的能源更多来自于狩猎的动物，由于动物资源有限，所以人口密度不会达到临界状态，直到一万年前，人类发现了农业，开始了耕种，农作物通过光合作用带来能量，维持人类的生存，可以说人类利用了一个新的能源，即太阳能。这一新能源导致能量密度极大提高，造成人口密度也极大提高，形成了村庄。由于能量密度的提高，为人们更紧密的信息交流提供了机会和条件，因而产生了语言和文字，从此点燃了文明之光。

由此可以看出，整个宇宙复杂性的产生，无论是恒星的产生，还是人类文明的产生，都需要能量密度达到一定高度。

我也在思考，我们经常提到文明，那么什么是文明？文明的定义是什么？生物世界通常只有一个传播信息的办法，就是通过基因。而人类创造了一个平行于基因的信息体系，就是通过语言和文字，代代相传，称之为文明。所以我将文明简单定义为：平行于生物基因，可以代代相传的一个信息系统。在《文明之光》中，很多章节都提到了新能源的发现，人类每次新能源的革命，都带来了巨大的文明革命，例如蒸汽机、电力和核能的发明，都为人类文明带来巨大的变革。

在经典的史书中，对帝王战争的记述占据了绝大的篇幅，在战争中，秦始皇、亚历山大大帝、凯撒大帝得到了他们个人至高的荣耀，却给百姓带来了兵荒马乱、妻离子散的残酷悲剧。而在人类的文明史中，战争占有什么样的地位？在我看来，战争最大的遗产是颠覆性地打开了信息交流的新渠道。

亚历山大大帝戎马一生，英名盖世，征服了当时他所知的世界，但他英年早逝，还没建立起自己的皇朝，他的帝国就崩溃了，他给人类文明留下了什么呢？是一个图书馆！亚历山大大帝有两位老师，一位是他的父亲，教他用武力征服世界，另一位则是亚里士多德，教他汲取世界知识，“文明之光”中提到，在亚里士多德的影响下，亚历山大始终对科学十分热心，对知识十分尊重，并提供人力和财力支持，使得古希腊文明广泛传播。当他征服埃及之后，建立了海边的港口城市，命名为亚历山大城。亚历山大一生的大目标是征服一切已知的世界，而他建立的图书馆的大目标是收藏人类一切的书籍与知识。当时每只船进入亚历山大港口时，都要被搜查，若找到一本图书馆里没有的书，就会被“充公”一年，等图书馆工作人员抄写完毕，重赏后才物归原主，这样年复一年，亚历山大图书馆收集了当时人类几乎所有的书籍，声名远扬，成了古代信息密度最高的地方，也吸引了古代最杰出的学者。信息密度超过了临界值，加上杰出学者的智慧，导致了一场古代社会的“知识大爆炸”。图书馆馆长埃拉托斯特尼（公元前 276—前 193）在一本书上读到埃及西厄这个地方，在夏至那天的正午，立竿而不见影，于是他出了一个奇妙的办法，通过亚历山大城的竿影便能测出整个地球的周长。当时人类对数学已有了许多碎片化的知识，但是没有一个完整系统，欧几里得在图书馆里阅读万卷书之后，写出了千古奇书《几何原本》，用公理化的体系，不但奠定了整个几何学的基础，也制定了整个科学研究的方法。“文明之光”中提到大科学家阿基米德与托勒密都曾在亚历山大图书馆里学习与工作，分别创立了物理学与天文学的基础。

亚历山大大帝通过战争打通了古代世界的交流，而亚历山大图书馆，则空前地汇聚了人类的知识与处理人类知识的大学者，达到了信息与信息处理的超高密度，创造了古代世界知识大爆炸的奇迹。由此看来，能使亚历山大大帝流芳千古的，并不是他在战场上的丰功伟绩，而是他留下的这个图书馆。

凯撒大帝被视为古罗马帝国的无冕之皇，现在人们每次提起他，大多讲的是他在战场上的丰功伟绩，和他与埃及艳后的浪漫史，以及他最后被自己钟爱的养子布鲁图刺杀。但我更想知道，他对人类文明起了什么作用？作为古罗马帝国的缔造者，凯撒大帝为了征服别的民族和国家，开始修建罗马大道。西方古语有云，条条大路通罗马，可以想见罗马大道的规模。罗马大道修建时是为了军事目的，用于运输军队和军事供给。道路的延伸带来了罗马版图和权力的扩张，加强了罗马帝国对被征服地区的统治。渐渐地，这个军事网络逐渐发展为金融、文明交流网络，起到了原先修建罗马大道时意想不到的作用。经济上，罗马大道使得罗马帝国征税非常方便，并极大地促进了商业的发展。文化上，罗马大道促进了非罗马地区的文明化进程，使得罗马的政治制度、法律制度、经济模式、生活方式等得到了广泛普及。但出人意料的一个例子便是基督教的传播。基督教起源于犹太国，犹太国当时是一个很小的国家，根本无法与罗马帝国在世界上的地位相提并论，耶稣基督和他的十二门徒就是来自这个小国。通过罗马大道，门徒们非常有效地传播了他们的宗教信仰，基督教从一个小小犹太国的信仰，发展为现在世界的三大宗教之一，是一个传奇的历史，可以说是人类网络效应第一个例子。从古罗马皇帝尼罗（公元 37—68）压迫基督教徒，到君士坦丁大帝（公元 272—337）把基督教定为古罗马国教，当中只有短短不到三百年时间。基督教在整个罗马帝国的传播，也是一个网络效应的传奇。最终，古罗马帝国逐渐衰亡，但基督教却流传下来，对世界文明造成了深刻影响。

令人叹息的是，在亚历山大大帝修图书馆的年代，秦始皇下令焚书坑儒，春秋战国百家争鸣的盛况成为历史绝唱；在凯撒大帝修建罗马大道的年代，秦始皇修建了万里长城，抵抗外敌的同时，却也禁锢了文化的传播。

公元 476 年西罗马帝国没落，欧洲进入了黑暗的中世纪，古希腊罗马光辉的文明在当时的欧洲几乎完全被遗忘。出于宗教狂热，罗马教皇乌尔班二世下令进行十字军东征，要从穆斯林教徒手中重新占领耶路撒冷。十字军东征总体上是失败的，使东西方各国生灵涂炭，但很多人不知道的是，十字军东征也在无意中搭建了西方世界与穆斯林文化的桥梁，对欧洲文化产生了长远的影响。当时穆斯林世界的文明发展远远超过了欧洲，阿拉伯的化学、天文、数字等知识便被带回了欧洲，尤其重要的是，阿拉伯保存了古希腊古罗马的文明，十字军东征把这些起源于欧洲，但又在欧洲丢失了的文明，重新带回了家乡，最终导致了西方文艺复兴的革命。十字军东征带回的书籍中就包括古希腊天文学家托勒密的著作，他的思想便是通过阿拉伯学者之手重为欧洲所知。文艺复兴所要恢复的，便是古希腊古罗马的光辉，但这个光辉，却是通过阿拉伯世界保留并传播过来的，十字军东征无意中打开了这道文化大门。

战争有时会带来意外的效果，颠覆性地打通了文明交流的新渠道，而技术的发展带来了航海、铁路、飞机与网络，相当于缩短了地球的周长，提高了文明的交流，有效增加了信息的密度。这些都是物理层次的渠道，然而还有更神奇的渠道，打开了人类知识不同领域之间的交流。欧几里得的《几何原本》，奠定了几何学的基础，本是数学领域的大作，然而，这里面有来自于数学却高于数学的思想方式，可以广泛地应用到整个人类的知识。丰富多彩的几何学，根基于五条不言自明的公理，每条几何定理都可以从这五条公理推导出来。希腊人的几何学被罗马人加以应用。今天我们来到罗马的万神庙，处处可以看出这个千年前的建筑是来自几何学的奇迹。当我们仰望万神庙的天窗时，似乎可以看到欧几里得在天堂的笑容。这是几何学在工程学的直接应用，比较容易理解。但罗马人不仅把欧几里得几何学用于建筑，更把几何公理的思想用于法律，引入了自然法的概念。法律既然要让万民遵守，必须建筑在几条简单且人人都认为不言而喻的自然法上。法律保护个人财物，视为神圣而不可侵犯。罗马法是在当年历史条件下最理性的法典。由于对个人财产的保护，每个罗马公民都发愤图强，使得罗马繁荣昌盛。一千多年之后，欧几里得的思想主导着美国建国的独立宣言，把人人平等的思想，提为不言而喻的建国公理。林肯总统为了解放黑奴，提出了宪法第十三条修正案，就在议会争论最为激烈的时候，他手中时时紧握着欧几里得的《几何原本》。几何五大公理之一，说所有直角都是相等的，更使林肯总统深信人人平等才是建国最核心的基础。古代罗马的强大，今日美国的繁荣，是因为那些建国元勋，真正接受了来自于欧几里得的灵感，理解并提炼了科学的精神，活学活用，悟出了治国之道。由此可见，人类文明跨领域的交流可以创造新的奇迹。

回顾大历史，我们发现文明的主线，是能量与信息。帝王将相，英雄豪杰，不过是为能量与信息的交流铺路，有效提高了信息的密度。用这样的眼光看大历史与人类文明，我们能对未来有何展望呢？在人类历史的滚滚长河中，我们这代人可以说是历史的幸运儿。前面提到，我们这代人，首次找到了时间的原点，历史的起点，这是人类文明史上唯一的。而更重要的是，我们迎来了信息大爆炸的网络时代，整个人类的知识，只要轻轻一点鼠标，就会立刻呈现在我们的眼前。然而，今天不论是个人的发展，还是研究领域的推进，都越深越窄，看到的只是树而不是林，很少有人能像文艺复兴时代的大师达·芬奇一样，一个人的脑袋里能装进当时整个人类的知识精华，包括艺术、医学、工程、科学等，从而爆发出惊人的创意。前面也提起，当先人把来自于科学的公理思想用于法律的精神与治国之道，带来了罗马的强大与美国的繁荣。在今天的世界，用铁路与航海来建立地理的联络已不是那么重要，而建立知识的桥梁，连接不同领域的孤岛，才是推进文明的动力。知识跨领域的连接能有效提高信息的密度，必然导致我们网络时代的文明大爆炸。本着这个意愿，邀请读者们看一位工程师写的文明史，与一位物理学家写的历史序言，也许是在这个方向上迈出的小小的一步。

编者按：张首晟教授具有广博的文理知识，兴趣广泛，目光远大，待人诚恳；不幸英年早逝，令人扼腕！

本文原是张首晟教授为吴军博士的著作《文明之光》(第一册)(人民邮电出版社，2014）所写的序言，题为“大数据时代感受人文和科技的跨界之美”；在丘成桐先生的推荐下，由季理真教授向作者提出在《数学与人文》中转载的请求，慨然获准。与此同时，作者对原文做了适当修改并换用题名“宇宙的灿烂，文明的辉煌”。现登载如下，以志纪念张首晟教授。

数学星空

宛如来自空无的召唤

——数学大师格罗滕迪克的生平（下）

Allyn Jackson
译者：翁秉仁

Allyn Jackson 现任美国数学会会讯 *Notices* 的副主编与总主笔，加州大学柏克利分校数学硕士。

重点摘要

格罗滕迪克在 20 世纪 70 年代初离开数学界，长期投入生态、反战、反核之异议政治，几经波折，1988 年从蒙彼利埃大学退休，最后遗世隐居于庇里牛斯山区。

格罗滕迪克后期著述颇丰，他撰写半自传之《收获与播种》，以惊才绝艳的笔法直抒胸臆，既批评法国数学界之人事，责难试图埋葬其成就，也反映其精神状态不稳的征兆，令读者惊愕、赞叹、感伤或愤怒。

格罗滕迪克离开数学界后，仍继续开拓新数学视野。但一反前期之严格、完备之基础倾向，独钟直观与童稚般的创造力，其清新之观点，仍有莫大的影响力。

迥异的思路

在发现的过程中，这种强烈的专注与热切的挂念是最本质的力量。就像太阳能温暖沃壤内等待发芽的种子，让植物谦逊而奇迹般地在日光下绽放花朵。——《收获与播种》第 49 页

格罗滕迪克有个人独具的数学风格。就像麻省理工学院的 Michael Artin 指出的，在 20 世纪 50 年代晚期与 60 年代时，“整个世界必须习惯他，顺应他的抽象能力。”当今的代数几何，格罗滕迪克的观点已经被彻底吸收，成为该领域新研究生的标准学习内容，很多人根本不知道过去曾经颇不相同。当普林斯顿大学的 Nicholas Katz 还是年轻数学家，第一次接触格罗滕迪克的

思考方式时，觉得似乎和传统全然不同而新颖。但要清楚表达差异何在，并非易事。正如 Katz 所说，其中的观点变换是如此基本而深刻，一旦采纳了却又显得完全自然，“你很难再去想象还未这样思考之前的光景。”

虽然格罗滕迪克是从非常普遍的视角思考问题，但他并不是为普遍而普遍，而是以非常丰富的手法来运用普遍性。Katz 说：“这种想法一旦落入庸人之手，就会沦为多数人认为的那种贫乏的普遍性。但他就是知道该挑选哪些普遍的对象。”格罗滕迪克总在寻找精准的抽象层次，足以提供正确的支点，勘破问题的天机。得州大学奥斯汀分校的 John Tate 说：“他似乎掌握了一种诀窍，能够一次又一次地褪去无谓的条件，让剩下的既非特例，却也不是空无一物，简洁利落，没有额外的冗物，一切恰到好处。”

格罗滕迪克

格罗滕迪克的思考模式的惊人特色之一是，他似乎很少依赖实例，这可以从所谓的“格罗滕迪克质数”的传说看出来。在某次讨论数学的场合，有人建议格罗滕迪克应该考虑某个特殊的质数。格罗滕迪克问：“你是说真正的数吗?”对方答是，要找一个真正的质数。格罗滕迪克于是建议：“好啊，那就取 57 吧。”

但是格罗滕迪克应该知道 57 不是质数，对吧？布朗大学的 David Mumford 说绝非如此，“他从不具体思考。”如果以印度数学家 Ramanujan 做对比，Ramanujan 熟谙许多数的性质，其中有些还是很大的数。这种思考方式体现了一种和格罗滕迪克截然对立的世界。Mumford 观察说：“他真的从不研究实例。我只能通过实例来理解，然后再慢慢抽象。我不认为检视实例对格罗滕迪克有任何帮助，他真的只需要通过绝对的、最抽象的可能方式来思考，就能掌握整个情况。真的很奇特，但这就是格罗滕迪克心灵运作的方式。”瑞士巴塞尔大学的 Nobert A’Campo 有次问格罗滕迪克某个和柏拉图物体（Platonic solids）有关的问题，格罗滕迪克建议他要小心，因为柏拉图物体是如此美丽与罕见，我们不能假设在更普遍的情况中还存在这么特殊之美。

格罗滕迪克曾经说过，绝不要试图证明不是几乎自明的东西，当然这并不表示选择研究课题时不应该有野心。相反的，加州大学柏克利分校的 Arthur Ogus 解释说：“如果你研究的课题对你不是几乎自明的，那你就还没准备好从事这项研究。预作准备与铺陈就是他研究数学的方式，要让所有东西看起来十分自然，似乎根本就是显而易见的。”许多数学家选择已经能清楚描述的问题，然后持续对付该问题，但这不是格罗滕迪克偏好的研究方式。在《收获与播种》(*Récoltes et Semailles*) 中有段知名的文字，描述这种方法就像拿槌子和凿子敲开坚果一样。格罗滕迪克喜欢的方法是在水中慢慢把果壳泡软或者任它日晒雨淋，等到适当的时机来临，坚果自然就会打开(第552–553 页)。Ogus 特别说："因此格罗滕迪克的许多工作，看来就像自然的产物，因为它就像自己生长起来的一样。"

格罗滕迪克在 IHÉS 讲课

格罗滕迪克对命名天生敏锐，可以为新概念选择醒目又启发联想的名称。事实上，格罗滕迪克认为替数学概念命名是发现该概念不可或缺的一环，是掌握这个概念的一种方式，有时甚至还在全面理解此概念之前(《收获与播种》第 24 页)。例如 étale 一词，在法文中用来描述平潮时的海水，潮水不流入也不流出。平潮时的海面平滑如镜，召唤出人们对覆盖空间(covering space)的意象。又如格罗滕迪克在《收获与播种》中解释，他之所以选择在希腊文中表示"场所"的 topos，是要指陈一种"能让拓扑直觉运用其上的'**完美客体**'"(object par excellence，第 40–41 页)。配比这样的概念，topos 这个词就描述了最基本、最原初的空间观念。另外像 motif(也就是英文中的 motive)也是要唤起这个词的双重意义——一再出现的主题与触发行动的始因。

格罗滕迪克既然这么在意命名，意味着他也贬斥那些看似不恰当的词汇。在《收获与播种》中，他提到首次听到 perverse sheaf(逆反层)这个词时，他感受到一种"内在的退拒"。他写道："是怎样的心态才会为数学对象取这种名称？就连对其他物事或生命体也不能这样命名。除非是严厉针对某个人，因为在宇宙万'物'中，很显然只有人类才有可能适用这个字眼。"

虽然格罗滕迪克拥有卓越的技术能力，但这些都是次要的，只是他实现更宏大愿景的工具。他的确因为某些成果或发展某些工具而闻名于世，不过他为数学界留下的最伟大的财富，是他为数学创造出一个全新的观点。在这方面，格罗滕迪克和 Evariste Galois 很相似。事实上在《收获与播种》中，他数度表示自己强烈认同 Galois。格罗滕迪克也提过他年轻时曾经读过 Leopold Infeld 写的 Galois 传记 [Infeld]。（第 63 页）

总之，格罗滕迪克的数学成就的源头是种很谦逊的信念：他热爱他研究的数学对象。

蹇滞的灵魂

从 1945 年（我 17 岁）到 1969 年（我已经 42 岁）的这二十五年，我投入全部的精力到数学研究，当然这是过度的投资，付出的代价是长期的精神蹇滞，愈来愈严重的“迟钝”，在写作《收获与播种》的过程中，我曾不止一次察觉这个问题。——《收获与播种》第 17 页

20 世纪 60 年代，哈佛大学的 Barry Mazur 与妻子到法国高等科学研究所（IHÉS）访问。虽然当时格罗滕迪克已成家且有了自己的房子，但他仍然在 Mazur 居住的大楼保留了一间公寓，经常在那里工作到深夜。由于大楼外边的大门在深夜十一点上锁，而公寓房间的钥匙又开不了大门，因此从巴黎夜归的人可能进不了公寓。Mazur 回忆，但是“我记得我们从来没有这种困扰，我们搭最后一班火车，十分确定格罗滕迪克一定还在工作，他的书桌就在窗边，向窗户扔几颗石头，他就会替我们打开大门。”格罗滕迪克的公寓几乎没有家具。Mazur 记得有座山羊模样的线状雕塑，还有一个装满西班牙橄榄的瓮。

一个人在斯巴达式的公寓一直工作到深夜，这份带着几分落寞的形象，捕捉到格罗滕迪克在 20 世纪 60 年代生活的一面。这段时间，他不眠不休地做数学。他和同事交谈、指导学生研究、上课、与法国之外的数学家大量通信，撰写着似乎永无止境的《代数几何原理》（EGA）和《代数几何论丛》（SGA）。说他只手领导世界代数几何研究的一支庞大又繁盛的部门，实在一点都不夸张。除了数学之外，他几乎没有其他兴趣，格罗滕迪克的同事说他从不看报纸。就算在同样专心又高度奉献的数学家中，格罗滕迪克仍然是个极端的案例。他的 IHÉS 同事 David Ruelle 说：“格罗滕迪克当时研究代数几何的基础，每周七天，每天十二小时，持续十年。他完成了第 -1 层，正在研究第 0 层，一共大概有 10 层 …… 到了某个年纪，你就会看清楚，自己永远完成不了这幢建筑。”

格罗滕迪克全神聚焦于数学的极端表现，正是他在《收获与播种》中自

称“精神蹇滞”的理由之一，同时这也局部说明了，1970 年他为何离开他曾经是领导人物的数学界。促使格罗滕迪克离开的一小步，源自 IHÉS 的内部危机，导致他的辞职。从 1969 年末起，格罗滕迪克卷入和 IHÉS 创建者与院长 Léon Motchane 的冲突，导火线则是研究院的军方赞助。根据科学史家 David Aubin 的说明 [Aubin]，IHÉS 在 20 世纪 60 年代的财务状况一直非常不稳定。某些年度里，有一小部分的研究院经费来自法国军方，比率从未超过 5%。IHÉS 的终身研究员都对军方资金有所疑虑。1969 年末，他们坚持 Motchane 不能再接受军方资金，Motchane 表示同意，但 Aubin 说 Motchane 几个月后就食言了，当 IHÉS 的经费越来越吃紧时，他接受了一笔来自国防部长的补助。格罗滕迪克十分愤怒，他试图说服其他研究员与他一同辞职却失败了，没有人同意。不到一年前在格罗滕迪克的大力推荐下，Pierre Deligne 刚加入 IHÉS 成为终身研究员，现在格罗滕迪克却催促这位新聘同事跟他一起辞职，Deligne 也拒绝了。Deligne 回忆说：“由于我在数学上和格罗滕迪克格外亲近，他十分惊讶，也对数学理念的相近却无法延伸到数学以外的事务而失望透顶。”格罗滕迪克辞职函上的日期是 1970 年 5 月 25 日。

格罗滕迪克和 IHÉS 的决裂，是他人生将发生根本转变最明显的征兆。接近 20 世纪 60 年代晚期时，其实还有别的征兆。有些很微小，例如 Mazur 记得他 1968 年访问 IHÉS 时，格罗滕迪克告诉 Mazur 他去看了一场电影，这大概是十年来的第一次。有些征兆比较明显，1966 年格罗滕迪克获得菲尔兹奖，因为当年世界数学家大会（ICM）在莫斯科举行，格罗滕迪克拒绝出席领奖以示对苏维埃政府的抗议。1967 年，格罗滕迪克曾经到越南北方旅行三周，留下鲜明的印象。他的旅行手札里 [Vietnam] 记载着旅程中有许多次空袭警报，炸弹炸死了两名数学教师，还有越南人如何在他们国家培育数学文化的英勇努力事迹。基于和罗马尼亚医师 Mircea Dumitrescu 的友情，格罗滕迪克曾在 20 世纪 60 年代晚期短暂而积极地涉猎过一些生物学。另外，格罗滕迪克还与 Ruelle 讨论过物理学。

1968 年这个非常年代发生的事件，一定也对格罗滕迪克造成冲击。那一年，学生抗议和社会动乱席卷全世界，还发生了苏联镇压“布拉格之春”的血腥事件。在法国，1968 年 5 月，学生反对大学当局和政府的政策，举行了大规模的示威，迅即导致暴动，社会动荡达到沸点。在巴黎，成千上万的学生、教师、工人涌上街头，抗议警察的野蛮暴力。法国政府因为担心发生革命，竟然在巴黎周围环城部署坦克。上百万的工人罢工，整个国家瘫痪了两个星期。Karin Tate 和她当时的丈夫正住在巴黎，她回忆这段混乱充斥的时光说：“当时路上的铺石、棍棒、所有能丢的东西都在空中飞来飞去。突然之间，整个国家陷入停顿，没有汽油（卡车司机罢工）、没有火车（铁路工人罢工）、巴黎的垃圾堆积如山（清洁工人罢工）、商店货架上几乎没有任何食物。”她和先生躲到毕悠（Bures-sur-Yvette）去，因为她弟弟 Artin 正在 IHÉS 访问。当时许多巴黎数学家在冲突中和学生站在同一边。Karin 说示威抗议主导了她认识的数学家的话题，虽然她不记得是否曾和格罗滕迪克讨论过这个话题。

格罗滕迪克从 IHÉS 辞职后不久，一头栽进了对他而言全新的世界，那就是异议政治的世界。1970 年 6 月 26 日，格罗滕迪克在巴黎大学奥赛分校演讲，他不谈数学，只谈核子扩散对人类生存的威胁，他呼吁科学家和数学家不要与军方有任何形式的合作。当时刚到 IHÉS 访问的 Katz 听说格罗滕迪克辞职非常惊讶。Katz 参加了这场演讲，据他说，当时拥挤的演讲厅里，聚集了几百名听众。Katz 记得在演讲中，格罗滕迪克竟然措辞强烈地说，在人类即将受到威胁之际，研究数学其实是“有害的”（nuisible）。

这个演讲的书面版本《今日世界学者的责任：学者与军事机器》（Responsabilité du savant dans le monde d’aujourd’hui: Le savant et l’appareil militaire ）以未出版的文件格式广为流传。在附录中记载着听讲学生的不友善反应，他们散发传单嘲笑格罗滕迪克。有一份传单重印在附录中，上头写着典型的口号：“成功、僵化、自我毁灭：成为由格罗滕迪克遥控的小计划”[1]（Réussissez, ossifiez-vous, détruisez-vous vous-mêmes: devenez un petit schéma télécommandé par Grothendieck）。显然他被视为既有体制中惹人嫌恶的一员。

在这份文件的另一个附录中，格罗滕迪克呼吁成立一个团体，对抗环境恶化与军事冲突的危险，为谋求人类的生存而战。这个名为“生存”（Survival），后改名为“生存与生活”（Survivre et Vivre ）的团体，于 1970 年 7 月在加拿大蒙特利尔大学的代数几何夏季讲习会上成立，格罗滕迪克在那里再次发表奥赛演讲的内容。“生存”的主要活动是发行同名的会讯，第一期会讯由格罗滕迪克执笔，以英文印行，时间是 1970 年 8 月。这份会讯提出一个很有野心的计划，包括出版科学书籍，筹办给大众学习科学的公开课程，并抵制接受军方经费的科学机构。

第一期会讯中，有当时 25 名成员的名单，列出他们的姓名、职业与地址。名单上有好几位数学家、格罗滕迪克的岳母以及他的儿子 Serge。团体的领导人除了格罗滕迪克，还有三位数学家：Claude Chevalley，Denis Guedj 与 Pierre Samuel（《收获与播种》第 758 页）。“生存”是动荡的 20 世纪 60 年代出现的许多左派团体中的一支，类似的团体在美国有“数学行动团”（Mathematics Action Group ）。由于“生存”成员太少又分散，难以集

[1]scheme，计划，也是概形。

中影响力，比起美国与加拿大，这个组织在巴黎最为活跃，这大部分归功于格罗滕迪克。当他 1973 年搬离巴黎后，组织就慢慢解散了。

1970 年 ICM 在法国尼斯举行，格罗滕迪克试图为“生存”招募成员。他写道：“我本来期待会有很多人加入，结果我没记错的话，只有两三人。”(《收获与播种》第 758 页)。然而他的改弦易辙受到许多瞩目，IHÉS 的 Pierre Cartier 也参加了会议，他说：“首先，他是当时世界级的数学明星；同时，你也要记得那段时间的政治氛围。”当时许多数学家都反对越战，并且同情“生存”的反军事立场。Cartier 说开会期间，格罗滕迪克在儿子 Serge 的协助下，偷偷在展示区的两家出版社展位之间放了张桌子，散发“生存”的会讯。这让格罗滕迪克与老同事兼老友 Jean Dieudonné 爆发激烈的口角。Dieudonné 是尼斯大学 1964 年创立时的首任理学院院长，也是这一届 ICM 的负责人。Cartier 说他和其他人试图说服 Dieudonné 容忍这个“非正式的展位”，但都失败了。最后格罗滕迪克将桌子搬到街边，就在大会会场的门口。但是另一个问题来了，大会的筹备委员在会前通过复杂的协商，向尼斯市长承诺会期中不会有街头示威活动。因此警察开始质疑格罗滕迪克，最后警察局长来到现场，要求格罗滕迪克把桌子往回搬几米，不要占用人行道。Cartier 回忆：“格罗滕迪克拒绝，他想进监狱，他是真的想要进监狱!”最后，Cartier 和一些人把桌子往回搬，直到符合警方的要求。

虽然格罗滕迪克跳入政治显得突兀，但他绝不孤单。他的好友 Cartier 是资深的政治运动人士，他和一些数学家曾经以支持 1983 年 ICM 在华沙举行为条件，要求波兰政府释放 150 名政治犯。Cartier 则将自己的政治运动因缘溯及他的良师益友 Laurent Schwartz 所树立的典范。在政治上，Schwartz 是法国最敢言与活跃的学术人士，而 Schwartz 正是格罗滕迪克的指导教授。另一位格罗滕迪克熟识的数学家 Pierre Samuel 则是法国绿党的发起人。在法国之外，也有许多政治上活跃的数学家。例如在北美最知名的有 Chandler Davis 与 Stephen Smale，他们都曾深入参与反越战的抗议活动。

尽管格罗滕迪克拥有坚强的信念，但在政治世界中却根本起不了作用。Cartier 的观察是，“格罗滕迪克的内心永远是个无政府主义者。在许多议题上，我的基本立场和他相去不远，但是他太天真了，要和他一起在政治行动上有所作为毫无可能。”格罗滕迪克也非常无知，Cartier 回想起，1965 年法国总统大选第一轮无人过半数时，报纸的头条说 de Gaulle 没有当选。格罗滕迪克竟然问这是否表示法国从此再也没有总统了，Cartier 只好向他解释何谓二轮选举制（runoff election）。Cartier 说：“格罗滕迪克是个政治文盲。”但他的确想要帮助他人。对格罗滕迪克来说，为流浪汉或其他有需要的人提供几周的住宿是常有的事。Cartier 说：“格罗滕迪克很慷慨，他总是非常慷慨。他记得自己的年少时光，困顿的年少时光，当时他母亲一贫如洗。因此

格罗滕迪克（站着，左）和 Armand Borel（坐着，面向照相机）1968 年于印度塔塔基础研究所国际会议。（照片由塔塔基础研究所提供）

他随时都愿意助人，用一种非政治的方式。”

疯狂的 70 年代

[1970 年] 我离开一个场域，进入另一个，其中充斥着擅于适应“沼泽”的“一流”人士。突然间，我绝大部分的新朋友是一年多前在这个区域里我还沉默以对，既没有姓名、也没有形貌的人。所谓的沼泽就这样突然到处移动、活了起来，席卷了我紧密朋友的脸孔，我们共同冒险，这是另一段冒险。——《收获与播种》第 38 页

“军团勋章！军团勋章！”格罗滕迪克从演讲厅后面大声咆哮，手上挥动着印有法国政府颁授的荣誉军团大十字勋章的纸张。这个场面发生在 1972 年夏天，这是由北大西洋公约组织（NATO）资助，在比利时安特卫普举行的模函数（modular function）夏季讲习会的开幕日。格罗滕迪克的老友，法兰西学院（Collège de France）的 Jean-Pierre Serre 刚获得荣誉军团勋章不久，正在发表大会开幕演讲。格罗滕迪克趋前问 Serre：“你介意我到黑板前讲点话吗？” Serre 回答说：“是的，我介意。”然后就离开演讲厅。于是格罗滕迪克登上讲台，开始他反对 NATO 资助这个会议的演讲。有些数学家很能体谅这个观点，例如 Roger Godement 早在 1971 年 4 月就已发表公开信，解释他拒绝参加会议的理由。

但格罗滕迪克有所不知，Cartier 与一些数学家由于对 NATO 的资助感到不妥，早已通过大量协商，要求 NATO 派出代表到会场举行公开辩论。

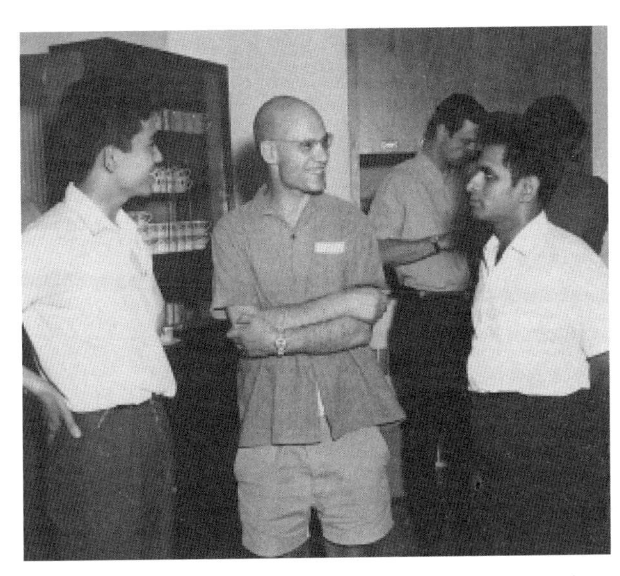

20 世纪 70 年代格罗滕迪克在蒙特利尔大学

Cartier 和其他人劝说格罗滕迪克走下讲台，但是已经造成伤害，Cartier 很快就接到 NATO 代表的愤怒电话，他已经听到会场爆发的争执，认为已经没有理性辩论的空间，因此拒绝与会。Cartier 说："我很感慨，因为就我记忆所及，会场上大部分人的政治立场都和格罗滕迪克相同。但是即使是政治或社会观点与他很接近的人都被他的行为激怒，他的行为就像任性的青少年一样。"

安特卫普会议的时期，格罗滕迪克已经切断许多让他得以正常生活并专注于数学研究的联系，其中之一是他已经没有终身职位。1970 年他离开 IHÉS 之后，Serre 为他在法兰西学院安排了一个两年期的访问职位。这个精英机构的运作方式和法国其他大学（或全世界其他单位）都很不一样。每位学院的教授必须提交一份一年期的演讲计划，并由全体教授组成的委员会认可。Serre 记得格罗滕迪克提了两份演讲计划，一份是数学，另一份是"生存"组织所倡议的政治主题。委员会通过数学的计划，否决了另一个。于是格罗滕迪克进行他的数学演讲，但以一段冗长的政治论述作为前言。两年后，格罗滕迪克申请法兰西学院的终身职位，当时由于 Szolem Mandelbrojt 退休，正好有一席空缺。在格罗滕迪克递交的履历中，他明确声明他想放弃数学，集中精神从事他相信更为紧急的事务："生存的必要，以及在地球上推动稳定与人道的秩序。"法兰西学院怎么可能将数学教席给予一位声称不再做数学的人呢？Serre 说："学院理由充分地回绝了他。"

就在格罗滕迪克离开 IHÉS 的同一段时间里，他的家庭生活破碎，与太太分居了。格罗滕迪克离开 IHÉS 的两年里，花了许多时间在北美的数学系演讲。他到处宣扬“生存”的福音，因为他坚持每做一场数学演讲必须搭配另一场政治演讲。1972 年 5 月，在这样的旅程中，他在罗格斯大学结识了 Justine Bumby（原姓 Skalba），她当时是 Daniel Gorenstein 的博士生。Bumby 着迷于格罗滕迪克的人格魅力，放弃了研究生的学习，决定跟随他，先是伴他走完美国的行程，再跟他回法国，两人在法国住了两年。Bumby 说：“他是我碰到的最有智慧的人，我非常敬畏他。”

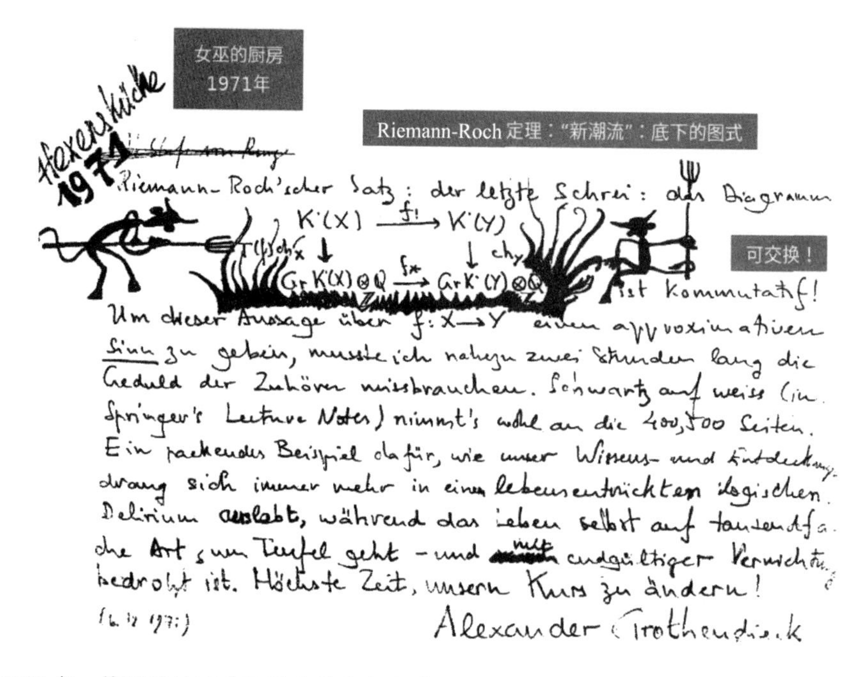

Hexenküche
1971
Riemann-Roch'scher Satz: der letzte Schrei: das Diagramm
$K^\cdot(X) \xrightarrow{f_!} K^\cdot(Y)$
$\downarrow ch_X \qquad \downarrow ch_Y$
$Gr\,K^\cdot(X) \otimes Q \xrightarrow{f_*} Gr\,K^\cdot(Y) \otimes Q$
ist kommutativ!
Um dieser Aussage über $f: X \to Y$ einen approximativen Sinn zu geben, musste ich nahezu zwei Stunden lang die Geduld der Zuhörer missbrauchen. Schwarz auf weiss (in Springer's Lecture Notes) nimmt's wohl an die 400,500 Seiten. Ein packendes Beispiel dafür, wie unser Wissens- und Entdeckungsdrang sich immer mehr in einem lebensentrückten logischen Delirium auslebt, während das Leben selbst auf tausendfache Art zum Teufel geht – und mit endgültiger Vernichtung bedroht ist. Höchste Zeit, unsern Kurs zu ändern!
(6.12.1971)
Alexander Grothendieck

1971 年，格罗滕迪克在比利费德大学演讲时，写下以上内容要放入演讲手册，他的转变与行动倾向已很明显。内容如下：想给出 $f: X \to Y$ 相关叙述近似的意思，我必须花约两个小时折磨听众的耐性；白纸黑字（印在施普林格的《数学讲义丛书》上）约莫需要四五百页。这是个有趣的例子，显示我们对知识和发现的渴求，日益自我沉溺于远离生活的逻辑错乱，而实际的生活则以千百种方式走向地狱，受到最终灭绝的威胁。该是我们转换道路的时候了！

他们两人一起的生活，某种意义上是 20 世纪 70 年代反文化运动的象征。有一次在亚维农（Avignon）举行的和平示威中，警察强行介入，骚扰并推开示威者。当警察开始为难格罗滕迪克时，他生气了，Bumby 回忆：“他是很优秀的拳击手，出拳非常快。当我们见到警察靠近正在害怕时，下一个画面就是两个警察倒在地上了。”格罗滕迪克一人就摆平了两个警察。在其他警察终于制服格罗滕迪克后，Bumby 和他被送上警车带到警察局。当警方由格罗滕迪克的身份证件发现他是法兰西学院的教授时，带他们去见警察局长，由于 Bumby 不会说法文，局长还跟他们说英文。短暂交谈后，警察局长表示他想避免警察和教授之间的纠纷，于是释放他们，不予追究。

在 Bumby 跟格罗滕迪克到法国后不久，他在巴黎南方的沙特奈马拉布里（Chatenay-Malabry）租了一个大房子，两人住在一起，在此开始了公社生活。Bumby 说格罗滕迪克在房子的地下室贩卖有机蔬菜与海盐。公社的生活很嘈杂，她说当格罗滕迪克开会讨论“生存”倡导的议题时，可以吸引近百人来参加，因此也获得媒体的注意，但是因为成员间的私人关系太复杂，公社很快就解散了。大概就在这时，格罗滕迪克在法兰西学院的职位也结束了。1972 年秋天，他在巴黎大学奥赛分校找到一年的短期教职。此后，格罗滕迪克取得名为“个人名义教授”（professeur à titre personnel）的职位，这是属于个人可以在法国各大学任职的职位。于是格罗滕迪克将他的职位带到蒙彼利埃大学（Université de Montpellier），一直到 1988 年退休为止。

1960 年格罗滕迪克与孩子 Serge（左）和 Johanna

1973 年初，格罗滕迪克和 Bumby 搬到法国南部的小农村奥尔默特（Olmet-le-sec）。当时这个地方吸引了许多嬉皮与反文化运动人士，他们希望能回归亲近土地的简约生活。格罗滕迪克再次试图建立公社，但因为个性冲突，结果又失败了。在不同的时间里，格罗滕迪克的三个小孩曾与他住在巴黎与奥尔默特的公社。后者解散后，他又带着 Bumby 与小孩搬到不远的维莱坎（Villecun）。Bumby 说，格罗滕迪克为了适应反文化运动人士的生活方式，那段时间过得很辛苦。她说：“他的数学学生十分严谨，他们都是紧守纪律、工作勤快的人。然而在反文化圈，他遇到的是些整天闲晃听音乐的人。”曾经是数学界毋庸置疑的领袖人物，格罗滕迪克如今发现自己置身于非常不同的文化环境，在这里别人并不都那么在乎他的意见。Bumby 说：“以前他做代数几何，很习惯别人同意他的意见。但当格罗滕迪克转换到政治轨道，所有以前认同他意见的人，突然全都反对 …… 这让他一时难以适应。”

虽然大部分时间格罗滕迪克是个非常温暖亲切的人，但 Bumby 说他有时候会情绪激烈爆发，随后则陷入沉默的孤僻期。格罗滕迪克有些时候也很令人不安，他会发表德语的长篇大论，即使 Bumby 完全不懂德文。她说：“他就当我根本不存在似的继续说下去，这时我多少会感到害怕。”另外，格罗滕迪克很节俭，有时带着强迫性。有次为了不倒掉三夸脱喝剩的咖啡，他硬是全喝了，后果可想而知，他后来觉得很不舒服。Bumby 相信格罗滕迪克的德语独白与极端节俭，都与他坚忍度过的困苦童年有心理的关联，尤其是他和母亲住在集中营的那段时光。

格罗滕迪克或许有过某种程度的心理崩溃，Bumby 现在回想，当时或许应该为他寻求医疗，至于格罗滕迪克是否愿意接受这种治疗就不清楚了。1973 年秋天，在儿子 John 出生后不久两人分手，Bumby 在巴黎待了一段时间后搬回美国，后来和鳏居的罗格斯大学数学家 Richard Bumby 结婚，抚养 John 以及 Richard 的两个女儿长大。John 后来显现出优秀的数学天分，进入哈佛大学数学系，最近他刚拿到罗格斯大学的统计学博士学位。格罗滕迪克从来没有与这个儿子联络过。

20 世纪 70 年代早期，格罗滕迪克的兴趣和被他抛弃的数学世界十分疏远。但在 1973 年夏天，数学忽然又闯入他的生活。当时 Deligne 在英国剑桥大学为表彰 William Hodge 而举办的会议中发表一系列演讲，解说他为解决 Weil 猜想最后也最顽固的部分的证明。格罗滕迪克以前的学生 Luc Illusie 参加了会议，并写信告知格罗滕迪克这个消息。1973 年 7 月，格罗滕迪克为了想知道更多细节，在 Bumby 的陪伴下访问了 IHÉS。

1959 年，Bernard Dwork 用 p 进（p-adic）方法证明了第一个 Weil 猜想，也就是有限体解形（variety over a finite field）的 ζ 函数是有理函数。1964 年，格罗滕迪克对此猜想的 l 进证明更加普遍，并介绍了他的“六项运算的形式系统”。20 世纪 60 年代，格罗滕迪克证出第二个 Weil 猜想，也就是解形的 ζ 函数满足某个泛函方程。找出方法证明最后的 Weil 猜想（有时称为“同余 Riemann 假说”），成了格罗滕迪克研究的主要灵感源头。格罗滕迪克构造了他所谓的“标准猜想”（standard conjectures），如果能证明这些标准猜想，就可以证明整个 Weil 猜想。差不多同一时期，Enrico Bombieri 也独立提出标准猜想的构想。但是直到今天，标准猜想仍未解决。Deligne 则是找出一个聪明的方法，绕过标准猜想，证明了 Weil 的最后猜想。关键概念之一来自 R. A. Rankin 的论文 [Rankin]，其中讨论的是格罗滕迪克不知道的古典模形式（modular form）理论。正如 John Tate 所言：“为了证明最后的 Weil 猜想，你还需要更古典的素材，而这正是格罗滕迪克的盲点。”

Bumby 与格罗滕迪克出现在 IHÉS 的那年夏天，明尼苏达大学的 William Messing 正访问 IHÉS，Messing 第一次见到格罗滕迪克是在 1966 年，当时他还是普林斯顿大学的博士生，参加了格罗滕迪克在宾州哈沃福学院（Haverford College）的系列演讲。这些演讲让 Messing 印象深刻，于是格罗滕迪克成为他非正式的论文指导老师。1970 年当“生存”在蒙特利尔成立时，Messing 也加入组织。来年，当格罗滕迪克访问安大略省的京斯顿大学（Kingston University）时，Messing 和他还曾同车访视印第安运动的活跃份子 Alex Jameson，他住在纽约州水牛城附近的印第安保留区。当时格罗滕迪克有一个不切实际的幻想，希望协助印第安人解决一项土地条约的纷争。

1973 年夏天，Messing 住在奥玛宜（Ormaille）的小套房里，这是 IHÉS 的访客宿舍。当时数学家们为 Deligne 的突破而情绪沸腾。Messing 说：“格罗滕迪克那时和 Justine 一起，他们过来吃晚餐，Katz 和我整晚为格罗滕迪克解释 Deligne 的 Weil 最后猜想的证明，说明其中新颖与不同的主要想法，他非常兴奋。”但同时格罗滕迪克也表示失望，因为这个证明回避了标准猜想正确与否的问题。Katz 说：“我想如果格罗滕迪克能自己证明 [所有 Weil 猜想]，他当然会很高兴。不过在他心里，Weil 猜想之所以重要，是因为它是冰山的一角，反映出他想要发现与发展的基本数学结构。”如果能证明标准猜想，就能更深刻地揭露这层结构。

在这段旅程的后来，格罗滕迪克也和 Deligne 讨论了这项证明。Deligne 回想当时格罗滕迪克对证明本身并不太感兴趣，因为他的证明并没有用到 motive 论。Deligne 说：“如果我用到 motive，格罗滕迪克将会非常感兴趣，因为这表示 motive 论有了进展。但因为我的证明用了讨巧的手法，所以他并不以为意。”格罗滕迪克在发展 motive 论时，遇到很大的技术困难。Deligne 解释说：“最严重的问题是，想要达成格罗滕迪克的 motive 想法，必须要构造出足够多的代数闭链（algebraic cycle），我想这消耗了格罗滕迪克许多心神却依旧失败。而且从那时起，就还没有人成功过。”根据 Deligne 的说法，格罗滕迪克无法证明 Weil 最后猜想的挫折感，可能还远不如他发展 motive 论所遇到的技术瓶颈。

遥远的声音

我 1970 年离开数学的“伟大世界”…… 过了几年反战与生态运动的战斗生活、带着那种“文化大革命”的风格，无疑地你们零零星星听到一些传言，说我即将从潮流中隐逝，失落在某个省城的大学里，上帝才知道是哪里，还有谣言说我整日养羊挖井。但实情是，虽然另有许多事务，我还是像其他人一样，好好地在数学系里教书（这是我原先赖以糊口的方式，现在也

没什么不同）——《收获与播种》第 L3 页

当格罗滕迪克 1973 年来到蒙彼利埃大学时，Yves Ladegaillerie 25 岁，是数学系的讲师（maître des conferences）[2]，他三年前在巴黎的 Poincaré 研究所（Institut Henri Poincaré）拿到博士学位。格罗滕迪克建议 Ladegaillerie 跟他做拓扑方向的特许论文（thèse d'état）[3]，并且花了很多时间启迪这位年轻数学家的眼界与方法能力。在一篇回忆格罗滕迪克的短文中，Ladegaillerie 写道："谈到教授，我在巴黎也曾受教于一些当代的伟大数学家——从 Schwartz 到 Cartan，但是格罗滕迪克完全不一样，他就像是个外星人。格罗滕迪克对现代数学结构的建立贡献极大，他所思所言都直接采用这种结构的语言，而不再转译成另一种语言。" [Ladegaillerie] 。有一次，Ladegaillerie 为了验证一项牵涉辫带（braid）的代数计算，他用绳子和挖洞的木条做了一个辫带的小模型，逗得格罗滕迪克开怀大笑。Ladegaillerie 说："在那一刻，他就像看到巫师表演魔法的小孩，然后他告诉我：'我绝对想不到可以这么做。'"

格罗滕迪克住在离蒙彼利埃约 56 公里的维莱坎，在一间没有电的老房子里过着苦行僧般的生活。Ladegaillerie 记得他在那里见过 Bumby 与她的小婴儿，但不久之后她就离开了。许多朋友、熟人、学生到这里拜访他，其中包括生态运动的人士。1974 年，一位日本佛教僧团的领导人拜访格罗滕迪克，此后也有许多佛教徒曾落脚在他的住处（《收获与播种》第 759 页）。有一次，格罗滕迪克接待了一位旅行证件不齐备的日本和尚，结果格罗滕迪克成为法国以一条 1949 年的模糊法律被起诉的第一人，这条法律反对"在不正常的情境下，无故让陌生人住宿与饮食。"（《收获与播种》第 53 页）。由于格罗滕迪克终身是个无国籍的人，这项指控把他激怒了，于是他想发起运动来抵制，甚至跑到巴黎的布尔巴基（Bourbaki）讨论班宣传，结果这项运动还上了法国全国性报纸的头条。最后他付罚金获得缓刑。

大概在这个时候，格罗滕迪克学会开车，他有一辆古典雪铁龙 2CV，非正式的名称是 deux chevaux（双马力）。格罗滕迪克的学生、现在是蒙彼利埃讲师的 Jean Malgoire，想起有次格罗滕迪克在暴风雨中开车载他的恐怖旅行。Malgoire 说格罗滕迪克不仅开车技术不佳，而且比起注意路况，他更专心和同行者讲话，"我很确定，我们没办法活着到达目的地！在那个时刻，我领悟到格罗滕迪克和真实世界有种很特别的关系……他相信现实世界会适应他，而不是他去适应现实世界。"有次格罗滕迪克骑一辆轻型摩托车迎面撞

---

[2]maître des conferences，法国学制中的讲师，必须通过博士论文考试，终身制，但没有资格指导研究生。虽然大致相当于助理教授/副教授，仍译为原意之讲师。

[3]thèse d'état 暂译"特许论文"，与博士论文不同，在法国通过此论文才有资格申请教授职，也才能指导研究生。现在称为 Habilitation à diriger des recherches，简称 HDR。

上一辆汽车。根据 Ladegaillerie 的说法，他当时根本没有看路，正回过头想拿出背后袋中的杏仁。结果虽然格罗滕迪克大腿严重骨折需要动手术，他竟然要求只用针灸麻醉，而且直到医师说除了截肢别无他法后，他才愿意服用抗生素。

格罗滕迪克在蒙彼利埃大学有一个正常的教职，所有年级他都教。虽然这里的学生比不上巴黎，格罗滕迪克教书还是竭尽精力、热情与耐性。他的教书风格大异于常人，有次考试牵涉多面体，他要求学生交用纸粘贴的模型，这让阅卷期间保管试卷的人苦不堪言。现在任职于斯坦福大学统计系的 Susan Holmes，是格罗滕迪克在蒙彼利埃的大学部学生，她回忆：“我觉得他上课很有启发性，因为他既不羁常规，对学生又和蔼，他们根本不知道他是一位伟大的数学家。”格罗滕迪克上课时是磨破的嬉皮打扮，在班上分发自己种的有机苹果。Holmes 说：“他上课绝不按部就班解释，或许不适合大学生学习，但是内容颇能启发人，给学生一种美妙、神秘、‘全面’的印象。”

格罗滕迪克向来就不是靠阅读来学习和理解数学的人，他主要通过和别人交谈来得知数学的进展。离开 IHÉS 强烈、刺激的学术气氛，格罗滕迪克不能再靠交谈讨论数学，带给他很大的转变。比起他在 20 世纪 60 年代所维持的研究步调，格罗滕迪克后来的数学成果就比较零散。虽然他在蒙彼利埃也有好几名博士生，但格罗滕迪克没有再建立类似他在 IHÉS 所领导的兴旺学派。有一些格罗滕迪克巴黎时期的学生或同事会到蒙彼利埃拜访他，最常到访的人是 Deligne，在 20 世纪 70 年代这段期间，他是让格罗滕迪克还能掌握数学最新发展的主要人物。

在蒙彼利埃，格罗滕迪克没有定期聚会的讨论班，虽然他曾和 Ladegaillerie，Malgoire 以及其他学生组过一个研究小组，但根据 Ladegaillerie 的说法，这个小组从来没有真的启动。在 1980—1981 年，他开了一个成员只有 Malgoire 的讨论班，讨论 Galois 群和基本群之间的关系。这是格罗滕迪克在 1981 年完成、长达 1300 页手稿《Galois 理论的长征》(*La Longue Marche à Travers la Théorie de Galois*，简称《长征》) 的研究主题。格罗滕迪克没有印行这份手稿，直到 1995 年在 Malgoire 的努力下，才由蒙彼利埃大学出版了其中的一部分 [Marche]。另外还有一个小讨论班，由 Ladegaillerie 报告 William Thurston 在 Teichmüller 空间的研究成果，引起了格罗滕迪克对这个主题的兴趣。

到了 20 世纪 80 年代，格罗滕迪克觉得他已竭尽所能，无法再启迪较无学习热情的蒙彼利埃学生，他决定向法国国家科研中心 (Centre National de la Recherche Scientifique, CNRS) 申请研究职位。CNRS 是法国政府的机构，以大学或研究机构为基地，聘用数学家与科学家进行研究，提供通常不需要教书的职位。20 世纪 50 年代在格罗滕迪克还没进入 IHÉS 之前，他就为 CNRS 工作过。20 世纪 70 年代格罗滕迪克曾经申请回到 CNRS，但是被拒绝了。巴黎大学奥赛分校的 Michel Raynaud 是当时数学委员会的委员，负责审查 CNRS 的申请案。Raynaud 说 CNRS 的行政部门很迟疑要不要让格罗滕迪克通过，辩称他们不清楚格罗滕迪克是否还会继续做数学。委员会无法反驳这种论点，所以拒绝了格罗滕迪克的申请。

当格罗滕迪克 1984 年向 CNRS 重提申请时，他的申请案再度引起争议。如今 IHÉS 的院长 Jean-Pierre Bourguignon[4]当时是数学委员会的召集人，按 Bourguignon 的说法，格罗滕迪克在申请的手书信函中列举了好几项他不愿意做的工作，像是指导研究生。因为 CNRS 的契约要求研究员有义务执行其中几项，这封信被 CNRS 行政当局视为格罗滕迪克资格不符的证据。Bourguignon 说他曾试图说服格罗滕迪克修改申请书，不要将他拒绝执行的那些事情写得那么清楚，但是格罗滕迪克不愿让步。结果在一些人的大力奔走下，终于让格罗滕迪克取得某种特殊职位（position asterisquée），可以让他和 CNRS 双方都接受。CNRS 并不真的聘用格罗滕迪克，只负责付他薪水，而他则维持和大学的关系。所以格罗滕迪克留在蒙彼利埃直到 1988 年退休，最后几年他没有再教过书，也越来越少在学校出现。

1984 年格罗滕迪克 CNRS 申请案中的数学部分，就是如今知名的《计划要览》（*Esquisse d'un Programme*，简称《要览》）。在申请案中，格罗滕迪克概述了某种神秘但又具有洞识与远见的崭新数学领域，称为“远交换代数几何”（anabelian algebraic geometry）。格罗滕迪克也深刻反省点集拓扑（general topology 或 point-set topology）的缺失，并提出一种称为“善拓扑”（tame topology）的革新想法。《要览》中也包含了格罗滕迪克对儿童画（dessins d'enfants）的思考，本来这是他为了向学生简单解释某些代数几何观念时所发展的想法，结果繁衍出许多研究。格罗滕迪克将《要览》寄给许多他认为可能有兴趣的数学家，这份文件在未付印的情况下流通了许多年。

巴黎第六大学的 Leila Schneps 在 1991 年读到《要览》，在此之前她将格罗滕迪克与他的基础研究 EGA 和 SGA 视为一体，但她发现《要览》大为不同。她回忆：“这是数学想象的狂野表现。我爱上它，我大为倾倒，我想马上开始研究它。”于是 Schneps 成为推动《要览》数学研究的热情传道士，而且她和其他人在这个方向上有许多研究进展。她说：“其中有些部分，刚看到觉得简直没有道理，但在研究两年之后回顾，你会说：‘他老早知道了。’”Schneps 编辑了一本关于儿童画的书，1994 年出版 [Schneps1]。1995 年，她和同在巴黎第六大学的同事 Pierre Lochak 筹备了一场以《要览》为核心的会议，最后《要览》终于在会议的结集上首次印行面世 [Schneps2]。

[4]Bourguignon 于 2013 年卸职，转任欧洲科学委员会主席。

除了《要览》和《长征》之外，格罗滕迪克在 20 世纪 80 年代至少还写过一部数学著作《寻堆》(*À la Poursuite des Champs*)，篇幅达 1500 页，书的一开头是他写给牛津大学 Daniel Quillen 的书信。《寻堆》完成于 1983 年，描绘了格罗滕迪克对于同伦代数（homotopical algebra）、同调代数（homological algebra）与拓扑范理论（topos theory）的融合愿景。《寻堆》在数学家之间广为流传，但从未印行。虽然《寻堆》的主题是数学，但是写作风格和格罗滕迪克早期的数学作品却风格迥异。《寻堆》是一趟数学发现之旅的某种“日志”，其中包含种种错误的起步、误入的歧途以及突发的灵感，这些都是数学发现的特征，但在既有的数学著作里一向被省略。而在写作时，如果有非数学的事物引起格罗滕迪克的注意，也会被他记录在日志中，例如书中包含了他岔开主题谈到孙子的诞生。20 世纪 90 年代格罗滕迪克又写了一本 2000 页的数学著作，讨论同伦论的基础，名为《导出子》(*Les Dérivateurs*)。格罗滕迪克在 1995 年将文稿给予 Malgoire，如今在网络上可以找到 [Deriv]。

当格罗滕迪克在蒙彼利埃时，他不容妥协的“反体制”倾向变得更明显。当 Ladegaillerie 写完论文后，格罗滕迪克写信给施普林格出版社（Springer-Verlag），建议将 Ladegaillerie 的论文放在《数学讲义丛书》(*Lecture Note in Mathematics*）中出版。出版社回信说，他们已经不在这个系列中出版博士论文，激怒了格罗滕迪克。他还是将论文寄过去，也可预见地被拒绝了。据 Ladegaillerie 说，格罗滕迪克写信给同事告诉他们这件事，试图发起一场反施普林格的运动。Ladegaillerie 觉得与其一体出版，不如将论文分割成几小篇出版，论文的主要部分最后发表在《拓扑》(*Topology*）期刊。格罗滕迪克斥责他将论文分割出版，Ladegaillerie 说格罗滕迪克想要招募他加入“反体制抗争”，但是他没有依从，因为 Ladegaillerie 相信这样的斗争既不合理也没意义。

Ladegaillerie 说：“尽管有这些不合，但我们始终是朋友，只是过程起起伏伏。”至于他和格罗滕迪克一起做的研究，他说：“能够和天才一起工作非常神奇，我并不喜欢天才这个字眼，但对于格罗滕迪克，实在没有其他更适当的措辞 …… 很神奇，但也很吓人，因为他不是凡人。”思及和格罗滕迪克一起研究数学，伴着煤油灯直到深夜，Ladegaillerie 说：“这是我作为数学家最美好的回忆。”

收获与播种

《收获与播种》里谈了很多东西，无疑的，不同的人会看到许多不同的事：一趟探索往昔的发现旅程；对存在的沉思；对一种氛围或时代的道德描绘（或者，描绘从一个时代如何不知不觉又无情地滑落到下一时代）；一次审理（有时几乎是推理小说，有时又近乎数学大都会地下暗流尔虞我诈的间谍小说）；大幅度的数学漫步（会把不少人远抛在后……）；应用心理学的实务专著（或者，你喜欢的话，一本心理分析小说）；自觉的颂歌；《忏悔录》；私人日记；发现与创造的心理学；一段（不留情面但恰如其分的）控诉，甚至是“数学精英界”的旧怨厘清（不附赠任何礼物）。——《收获与播种》第 L2 页

格罗滕迪克在 1983 年 6 月到 1986 年 2 月之间，写作《收获与播种：反思与见证一位数学家的往昔》（*Récoltes et Semailles: Réflexions et témoignage sur un passé de mathématicien*）。这是一部难以分类的作品，书名显示它是回忆录，但是《收获与播种》的内容既比一般回忆录丰富，却也有不足之处。说它更丰富，是因为书中不仅记录生命的事件，还有针对这些事件的道德与心理意义的分析，通常很深刻细密，同时又有格罗滕迪克尝试将这些意义与他对自己以及对世界的观点所做的调解，这些分析引领他走入哲学性的默想，更全面地思考发现和创造力在数学以及生命中的角色。与此同时，《收获与播种》当作回忆录则有所不足，因为其中并未试图系统性与全面性地说明格罗滕迪克生命中发生的事件。他不是为日后传者或史家而写，毋宁是为自己而写。《收获与播种》是格罗滕迪克对自己心里最亲近物事的深刻检视。他赋予这本著作求索的好奇心，想要追根究底的动力，一如他做数学的态度。结果就是这部高密度又多层次的著作，显示了一个伟大有时又令人骇异的心智，如何贯彻试图理解自身与世界的艰难挑战。

不消说，阅读《收获与播种》并不容易，格罗滕迪克对他的读者要求很高。很多地方显得平淡无奇，但有些部分显然是记录下他自身逐日演变的各路思绪。结果单单一页之内，在心境与主题上就可能有很突兀甚至令人困惑的转折。书的组织结构很复杂，主文被分割成编号的章节，分别标上仔细挑选又吸引人的标题。章节之间彼此互引，并附带大量的注释，有些注释篇幅很长也很紧要，有时甚至注释本身还有注释。书的用词博杂，对于母语不是法语的读者构成莫大的挑战，更何况格罗滕迪克喜欢使用俚语，有些甚至十分粗鄙。通篇读来，格罗滕迪克行文用心、充满洞识、思路清晰，文章的风格辛辣又迷人。他尤其擅长描述那些初看觉得无法言喻的事物。

《收获与播种》之所以结构这么复杂，而且具有自发性，部分是因为格罗滕迪克撰写时心中并没有确定的写作计划。格罗滕迪克最初是想要以此作为《寻堆》的导言，该书将标示他的回归，投入许多时间与精力重新研究数学并出版著作。而这篇导言的目的是想解释他研究的新旨趣，他将不再专注于精确且详尽的数学基础建构，一如他早期的著作，而是要带领读者一起走向新数学世界的“发现之旅”。格罗滕迪克的构想是要撰写一系列的

《反思》(*Réflexions*),以表达他对数学与其他事物的思考与反省,《收获与播种》是其中的第一部,《寻堆》是第二部,《长征》与《要览》也将纳入这个系列。

《收获与播种》的内容

主题的呈现——四个乐章的前奏曲
- 以前言的方式(1986 年 1 月:A1–A6 页)
- 作品漫步——孩子与母亲(1986 年 1 月:P1–P65 页)
- 跋与附笔——一场辩论的脉络与先备要件(1986 年 2 月:L44–L156 页)

信与引言
- 一封信(1985 年 5–6 月:L1–L43 页)
- 目录(T1–T10 页)
- 序(1984 年 3 月:1–5 节,i–xi 页)
- 引言(1985 年 5–6 月:6–10 节,xi–xxii 页)

第一部:自满与革新(1983 年 6 月、1984 年 2 月:1–171 页)
第二部:埋葬一——中国皇帝的新衣(1984 年 4–6 月:173–420 页)
第三部:埋葬二——阴阳之钥(1984 年 9 月至 1985 年 1 月:421–774 页)
第四部:埋葬三——四项运算(1985 年 2 月至 1985 年 6 月:775–1252 页)
宇宙之门(阴阳之钥之附录)(1986 年 3–4 月:PU1–PU127 页)

在《收获与播种》的第一部“自满与革新”(Fatuité et Renouvellement)中,格罗滕迪克对他曾相处工作过的数学社群做了许多深刻的反省。当他 1948 年以一个新人身份加入这个社群时,所感受到的那种愉悦氛围已经开始消失,格罗滕迪克说因为数学家开始运用声誉来获取优越的地位。数学成了攫取权力的工具,精英数学家变成沾沾自喜、令人生畏的人物,当事关利益时,不惜运用权力去吓阻或蔑视别人。格罗滕迪克带着悔恨陈述几个自己自负与傲慢的例子,他意识到这些心思最后会结合成一种对数学采取“运动式”或竞争性的态度,妨碍自己对数学之美敞开胸怀。

完成“自满与革新”后,格罗滕迪克突然被一种想法侵袭,“潜藏的事实是有人想要埋葬我的全部著作与我这个人,[1984 年 4 月 19 日] 这个念头合着‘埋葬’这个字眼,突如其来以不可抗拒之势盘踞不去。”(《收获与播种》第 L8 页)。从那天开始,格罗滕迪克开始撰写一系列日后分成三篇的“埋葬”(L'Enterrement),篇幅长达千页。格罗滕迪克强烈谴责他先前的一些学生与同事,相信他们正试图“埋葬”他的研究以及他的数学风格,而且他们还剽窃他的想法,没有给予他适当的学术评誉。格罗滕迪克盛赞 Zoghman Mebkhout 的研究,Mebkhout 在 20 世纪 70 年代发展了格罗滕迪克的一些想法,格罗滕迪克相信这些研究被不公平地忽略与边缘化。在“埋葬”中,格罗滕迪克列出六个数学领域(原书称为“工地”),他认为他的学生应该要继续发展，但这些在 1970 年他离开 IHÉS 后就被抛弃了。在通篇“埋葬”之中，格罗滕迪克细致地分析他与 Deligne 的关系，Deligne 是他所有学生中最聪慧，也是在数学上与他最亲近的人。

“埋葬”系列的第二篇“埋葬二——阴阳之钥”（L’Enterrement (II) ou La Clef du Yin et du Yang）和其他两篇颇为不同，和检视“埋葬”比较无关。格罗滕迪克认为第二篇是《收获与播种》中最私人与最深刻的部分，其中包括了他对各式各样主题的各种沉思，像是原创性、直觉、暴力、冲突、自我等。他使用“阴阳”的辩证去分析做数学的不同风格，归结自己的风格属“阴”或女性的。在“升起的海……”（La mer qui monte···）这个特别动人的篇章里，他描述了这种风格。格罗滕迪克将他做数学的方式比作大海：“大海的推进无声无息，平静无波，水体如此遥远，无从聆听。然而最后大海包围顽固的大地，一点一点地让它成为半岛，成为岛屿，再化为沙诸，大地就此淹没，看来仿佛消融在一望无际的汪洋大海中。”（《收获与播种》第 553 页）

在“埋葬”中，格罗滕迪克也继续探讨一些在“自满与革新”中谈过的主题，像是数学界上层的竞争与势利的态度。譬如，格罗滕迪克指出他的许多数学著作具有“服务态度”的特质。为了服务数学社群，他撰写清晰与完备的作品，让根本与基础的数学概念能广为人知。虽然格罗滕迪克坦承自己也有自满的时刻，因而不免也有精英的态度，但他说自己从未丧失这种自发性的服务意识，“服务所有奋身和我共同探险的人”（《收获与播种》第 630 页注）。但他相信数学社群已经丧失这种服务意识，因为自誉自夸与成为排他精英的态度已经蔚然成风。他也谴责独厚纯熟的技术，贬低洞察力与直观的想法。

除了“自满与革新”以及“埋葬”三篇之外，《收获与播种》还有两篇引言性的篇章，“埋葬二——阴阳之钥”另有一篇附录。写完《收获与播种》后，格罗滕迪克送出两百册给他的数学同僚。尽管格罗滕迪克的本意想要出版，但《收获与播种》的原始法文版从未面世，因为其中包含的强烈攻击可能被视为诽谤。不过这部书流传甚广，可以在全世界数学家（尤其是法国）的研究室书架上见到，也有些出现在大学图书馆或数学研究院。雷恩大学（Université de Rennes）的科学史家 Alain Herreman 则在网站放上《收获与播种》的法文版全文，以及英文、俄文、西班牙文的部分译文 [R&S]。《收获与播种》的大部分内容也出过日文版，由通过“生存”结识格罗滕迪克的辻雄一翻译，并在 1989 年由日本现代数学社出版。巴黎第六大学的 Michel Waldschmidt 在 2001—2004 年间任法国数学学会会长，据他所言，在其任内法国数学学会曾经考虑要出版《收获与播种》。Waldschmidt 说这个提案引起赞成与反对双方非常强烈的意见，最后法国数学学会决定不出版。

许多数学家，尤其是格罗滕迪克先前的学生，对《收获与播种》中的指控感到震惊与受伤。其中之一是巴黎大学奥赛分校的 Luc Illusie，他记得曾和另一个学生 Jean-Louis Verdier 谈过，是不是该试着跟格罗滕迪克讨论他的指控。Illusie 说，1989 年过世的 Verdier 认为格罗滕迪克当时的心理状态并不适合讨论。但是 Illusie 说："我认为'格罗滕迪克不可能已经变成这样，我会试着与他说理与讨论，也许我会同意他的某些论点，但有些则是错的。'结果，我们解决了关键的要点，但是并没有实质的改变，他仍然认定大家都与他作对。"

格罗滕迪克在《收获与播种》中说，1970 年他离开数学界之后，他的数学风格受到蔑视，他开辟的许多道路没有继续发展。这是事实，在那之后代数几何的研究开始转移，将格罗滕迪克研究的特色亦即高度普遍的方法，与特殊问题的检视结合起来。Deligne 的 Weil 猜想证明，在本质上与格罗滕迪克极为一致，但也加入许多新想法，这是 20 世纪 70 年代最伟大的数学进展之一。伴随着 D 模（D-module）与 Deligne 的混合 Hodge 理论的发展，大家开始把更多心力放在特殊的问题，像是解形的分类理论与低维解形的问题。同时，在 1972 年的安特卫普会议之后，代数几何与表现论两个领域也开始结合，导致自守形式论（theory of automorphic form）与 Langlands 纲领的进展。就像 Illusie 说的，所有这些发展显示了"普遍理论与具体特例研究之间非常自然与深刻的平衡发展，让整个理论本身更为丰富。"

《收获与播种》中也指控格罗滕迪克的研究未获得适当的引用评誉。说实在的，格罗滕迪克的研究太广为人知又基本，因此不可能每次都特别提到他的贡献。Serre 评论说："真的，每一个人都知道，举例来说，他发明了 motive 或 l 进上同调群（l-adic cohomology），因此实在不需要每次用到时都要提到他的名字，就是基于这个原因大家很少提他的名字。再说，大家都知道这是他的功劳，没有人会说这是其他人的结果。" Serre 指出格罗滕迪克对缺乏评誉的抱怨，和他 20 世纪 60 年代的作风形成强烈的对比，当时格罗滕迪克非常大方地分享他的想法，某些时候甚至把别人的名字也联系到他自己得到的想法。Serre 说："这就是为什么阅读《收获与播种》令人伤感的原因。"

数学的走向偏离了格罗滕迪克的风格，有时大家没有特别提到他的工作，就算承认这些说法都是事实，但这和格罗滕迪克断言有人蓄意"埋葬"他的研究还是有太大的落差。Illusie 说："现在回顾起来，很少数学家的想法能这么广泛地被人运用，当今任何人研究代数几何或算术几何所使用的都是格罗滕迪克的语言、想法、定理等。根本不用想就知道，他说他被埋葬是何等荒唐的事。" 无疑的，在格罗滕迪克 1970 年突然中止他的研究生涯后，数学界蒙受了极大的损失。但是数学并未停止脚步，其他人继续依照他们自己的想法与兴趣进行研究。1986 年 2 月，当 Serre 收到一本《收获与播种》之后，他写信给格罗滕迪克说："你说你很惊讶、很愤慨，你的学生没有继续研究你所发展并大略完成的工作，但是你却没有问一个最显然的问题，一个所有读者都希望你回答的问题：你，为什么你自己放弃了这项工作？" [Corr]

虽然书中的"埋葬"指控为《收获与播种》招来许多恶名，但这本书并不局限于此。阅读范围不限于这些部分的读者，都会被这部作品的优美与洞识深深感动。格罗滕迪克对数学界高度竞争的气氛导致扼杀原创与革新的批评，赢得许多人的共鸣。在《收获与播种》中，格罗滕迪克给予天真、孩童般的好奇心最高的评价，是足以孕育出创造性的火花，他哀叹这种特质已经被竞争心态以及对权力和名声的欲求所践踏。

Messing 说："我很可能是认为《收获与播种》是部奇书的少数派。当然这不表示书中没有失之偏颇的部分，某种角度还可能被视为是偏执妄想。但是创作出 EGA 和 SGA 的人，竟然能用这样的风格写作，实在非常令人惊叹。书中系统性与自我探索的观点，和他做数学的思路如出一辙。真正读过本书，而非只读了五页负面意见的人，想必会认定这是一部非凡的著作。"

沉落的轻盈

今天我不再像以前，被永无止境的任务所禁锢，因而无法跃入未知的世界，不论是数学世界或是其他世界。我属于任务的时刻已经结束，如果年龄的增长有任何好处，那就是轻盈。——《计划要览》

1988 年 4 月 19 日，在一封致瑞典皇家科学院的信中，格罗滕迪克写道："科学专业（尤其数学家之间）的伦理已经低落到一种程度，同僚之间不折不扣的剽窃（尤其是针对无力保护自己的人）几乎已经成为普通规则，发生任何情况大家都能容忍，就算是明目张胆或恶形恶状的情况也不例外。"他在信中回绝了 1988 年的克拉福德奖（Crafoord Prize），他同时还附上《收获与播种》的引言卷给瑞典皇家科学院。当时科学院正准备颁赠二十万美元的奖金给格罗滕迪克和 Deligne。1988 年 5 月 4 日，格罗滕迪克的信函在法国《世界报》（*Le Monde*）刊登 [LeMonde]，因此广为人知。格罗滕迪克写道，如果他参与得奖沽名的游戏，就等于承认"科学界的这种风潮与演变，我认为这事非常不健康，恨不得它赶紧消失，因为在精神、智识与实质上，这都是一种自杀。"很显然，这样的情怀获得《世界报》许多读者的共鸣。一名报纸编辑告诉 Bourguignon，格罗滕迪克的文章引发的回应远多于先前其他文章，大部分读者回应都表示认同，认为终于有一位科学家承认科学环境已经变得多么腐败。关于这封信的新闻也出现在其他杂志与报纸上，并在数学社群中引起热烈的讨论。英文翻译随后出现在《数学信使》（*Mathematical*

Intelligencer）上 [Intell],《美国数学学会会讯》也做了短幅报道 [Notices]。

在格罗滕迪克回绝克拉福德奖的同一年，他以 60 岁的年龄从蒙彼利埃大学退休。有六位数学家在当年决定编纂一系列的文章结集，作为向格罗滕迪克 60 大寿致意的“纪念文集”[Festschrift]（《K 理论》（*K-Theory*）期刊也推出专刊向格罗滕迪克致敬）。这本纪念文集似乎是修补与格罗滕迪克关系的尝试，显示他并不像《收获与播种》所断言的已被“埋葬”。为这本文集贡献文章的部分作者，正是格罗滕迪克严词批评的对象。纪念文集在 1990 年出版时，编辑者之一的 Illusie 送了一套给格罗滕迪克，但他的回应极为令人难堪。在一封给 Illusie 的信中，他强烈否定文集的简短序言，也谴责他们没有事先告知将有这套书的事实。格罗滕迪克说他的研究被当作“缤纷的彩纸”（confetti），宛如明亮却无价值的小片，抛向天空伪装欢乐和庆祝的气氛，却无视底下的不快。格罗滕迪克将这封信送往法国数学学会的《集刊》（*Bulletin de la Société Mathématique de France*）发表。学会告知他《集刊》只发表纯粹的数学论文，他的信可以改在学会的《数学家报》（*SMF Gazette*）发表，但格罗滕迪克拒绝了，这封信因而从未印行。

格罗滕迪克为何拒绝克拉福德奖

我的教授薪水及 10 月份退休后的退休金足够生活所需，没有金钱上的需要。有关于我过去奠基的工作，我认为唯有时间能确然证明新想法或新见地的涵义。它们是否有深远的影响，应由继起延续的工作来肯定而非由奖誉。

能得到大奖如克拉福德奖的高等科学研究者多半已有很高的社会地位，同时在物质上或研究环境上都已很优裕，为这些人锦上添的“花”，必然是由剥削另一些人之所必需而来，这难道不是很明显吗?

（最主要的原因）这次瑞典皇家科学院是因为我在 25 年前的工作颁奖给我，当时我仍处于科学界中并共享其精神与其价值观。自 1970 年我退出这个圈子，但仍继续研究工作，不过我内心与科学界越离越远。在这 20 年中科学界（至少数学界）的风气江河日下，以至于剽窃他人（尤其是那些没有自卫能力的人）成为一般性的规则。更糟的是这些劣行竟为科学界众人所容忍，即便是最明显卑劣的情形。

在这个情形下，加入奖金授予这种游戏，无疑是表示我对目前科学界的精神与演变的支持，而这种精神与演变，我从内心认为它们是极不健康的、短促的，不仅是精神的自毁，同时也是智性的及物质的自毁。（节译自法国《世界报》原文）

Le mathématicien français Alexandre Grothendieck refuse le prix Crafoord

Le mathématicien français Alexandre Grothendieck, qui obtint en 1966 la médaille Fields, l'équivalent du prix Nobel en mathématiques, vient de refuser le prix Crafoord que l'Académie royale des sciences de Suède avait décidé de lui décerner (*le Monde* daté 17-18 avril). Ce prix, d'une valeur de 270 000 dollars (1,54 millions de francs), qu'il devait partager avec l'un de ses anciens élèves, le Belge Pierre Deligne, récompense depuis 1982 des chercheurs travaillant dans le domaine des mathématiques, des sciences de la Terre, de l'astronomie et de la biologie. Le géophysicien français Claude Allègre en fut le lauréat 1986. Dans le texte qui suit et qui est adressé au secrétaire perpétuel de l'Académie royale des sciences de Suède, M. Alexandre Grothendieck explique les raisons de son refus.

Les dérives de la « science officielle »

Je suis sensible à l'honneur que me fait l'Académie royale des sciences de Suède en décidant d'attribuer le prix Crafoord pour cette année, assorti d'une somme importante, en commun à Pierre Deligne (qui fut mon élève) et à moi-même. Cependant je suis au regret de vous informer que je ne souhaite pas recevoir ce prix (ni d'ailleurs aucun autre), et ceci pour les raisons suivantes.

1) Mon salaire de professeur, et même ma retraite à partir du mois d'octobre prochain, est beaucoup plus que suffisant pour mes besoins matériels et pour ceux dont j'ai la charge ; donc je n'ai aucun besoin d'argent. Pour ce qui est de la distinction accordée à certains de mes travaux de fondements, je suis persuadé que la seule épreuve décisive pour la fécondité d'idées ou d'une vision nouvelles est celle du temps. La fécondité se reconnaît par la progéniture, et non par les honneurs.

2) Je constate par ailleurs que les

tion, dans le monde scientifique, que je reconnais comme profondément malsains, et d'ailleurs condamnés à disparaître à brève échéance tant ils sont suicidaires spirituellement, et même intellectuellement et matériellement.

3) C'est cette troisième raison qui est pour moi, et de loin, la plus sérieuse. Si j'en fais état, ce n'est nullement dans le but de critiquer les intentions de l'Académie royale dans l'administration des fonds qui lui sont confiés. Je ne doute pas qu'avant la fin du siècle des bouleversements entièrement imprévus vont transformer de fond en comble la notion même que nous avons de la « science », ses grands objectifs et l'esprit dans lequel s'accomplit le travail scientifique. Nul doute que l'Académie royale fera alors partie des institutions et des personnages qui auront un rôle utile à jouer dans un renouveau sans précédent, après une fin de civilisation également sans précédent...

格罗滕迪克声明《世界报》原文影本

格罗滕迪克退休后很少在蒙彼利埃大学出现，但继续住在邻近的小村勒奥美地（Les Aumettes）。Ladegaillerie 说，这段期间格罗滕迪克似乎正陷入严重的精神危机并写些奇怪的信，“让我们很担心他的情况已经走到最坏的地步。”在 1987—1988 年间，格罗滕迪克撰写《梦之要旨，或与上帝的对话》(*La Clef des Songes ou Dialogue avec le Bon Dieu*)，表示他确信上帝存在，而且祂在人们的梦中对他们说话，书中也包括格罗滕迪克早年生活的许多素材。这部作品篇幅有 300 页，另外附上 500 页的注释。根据德国明斯特大学的 Winfried Scharlau 2004 年夏天的演讲，格罗滕迪克将这本著作纳入一套称为《沉思集》(*Méditations*) 的作品。其中不但包括构成《反思》的材料，还有另一部充满诗意的作品《乱伦悼词》(Eloge de l'Inceste)。这些作品很少流传。

在收到格罗滕迪克写于 1990 年 1 月 26 日的"佳音书"(La Lettre de la Bonne Nouvelle) 后，他的许多朋友与同僚才开始意识到他已经日益沉浸于宗教性的事物。格罗滕迪克将这封信寄给大约 250 人。信中说："你隶属于我个人所认识的两千至三千人的群体，上帝指定我执行一项伟大的任务，宣告并为'新时代'(或解放时代……) 的到来做准备，时间是从 1996 年 10 月 14 日的'真理之日'开始。"他说上帝在 1986 年第一次对他示现，并在梦中和他交谈。格罗滕迪克也描述他遇见女神 Flora，她传授格罗滕迪克上天的启示，但也残忍地试炼他的信仰。虽然这封信的内容令人费解，但是文笔却十分流畅。三个月后，格罗滕迪克又送出一封"更正函"，说他不再确定"佳音书"中的启示是否为真。他写道："我是被一个或更多'精灵'戏弄的受害者 (我有限的能力无法辨别)，他们被授予巨大的威能，掌握了我的肉体与心灵。现在我确定绝对是这样。"总而言之，这两封信令人感受到作者陷于深层精神障碍和折磨。

1990 年 7 月，格罗滕迪克要求 Malgoire 保有他的数学论文，包括书籍、预印本、通信，还有完成度不一的各种手稿。Malgoire 说，格罗滕迪克想要让自己从诸多事务中脱身，可以"轻松"一点。格罗滕迪克烧掉大量的材料，大部分是非数学的东西，其中包括他父母在 20 世纪 30 年代的信件。他带 Malgoire 看一个 200 公升的油桶，里面满满的灰烬，估计销毁了总共约 25000 页的文件。格罗滕迪克也将许多文章与物品，包括他母亲的死亡面具，赠送给一位近十年很亲密的朋友 Yolande Levine，然后就消失在比利牛斯山区，过着完全离群索居的生活。只有很少数人知道他的行踪，格罗滕迪克要求他们不要将送到大学的信件转给他。Malgoire 说即使是今天，在格罗滕迪克隐居大概十五年后，还是经常有很多指名给他的信件寄到蒙彼利埃大学。1995 年，格罗滕迪克正式将他数学文章的法律权利授予 Malgoire。

格罗滕迪克在过去十五年和数学家鲜有接触。少数见过他的人包括 Leila Schneps 和 Pierre Lochak，时间是 20 世纪 90 年代中期。他们告诉格罗滕迪克《要览》中所勾画的纲领最近的进展，格罗滕迪克很惊讶还有人对他的研究感兴趣。当时格罗滕迪克对物理学有强烈的兴趣，但也表示对这个领域缺乏严格性感到挫折。他们两人与格罗滕迪克通过几次信，并且送了几本他要求的物理书。在一封信中他问了一个令人松了口气的简单问题："米是什么？"但他的通信开始在温暖的友谊与冷淡的猜忌之间摇摆，最终中断了所有和他们的接触。虽然和格罗滕迪克的友谊无法维持，Lochak 和 Schneps 对于这个人与他的工作，仍然保有热烈的仰慕与深刻的情感。他们一起竭力将大部分的《长征》手写稿打成 TeX 格式。他们也建立了一个称为“格罗滕迪克圈”（Grothendieck Circle）的网站，放上大量关于格罗滕迪克的材料，包括他的生平以及他的研究 [Circle]。

舞动的星星

我告诉你们：人必须内心有混沌，才能孕育出舞动的星星。我告诉你们：你们心中仍有混沌。——尼采《查拉图斯特拉如是说》

格罗滕迪克的成就对现代数学影响深远，而且更宏观来看，也足以列名 20 世纪人类知识最重大的演进之一。格罗滕迪克的地位足以与 Einstein 并列。他们都开启了革命性的观点，转变了智识探险的领域，他们都追寻现象间根本而统一的联结。格罗滕迪克倾向于考究数学对象彼此之间的关系，呼应了 Einstein 提出的相对性观点。格罗滕迪克的成就也可与另一项 20 世纪的伟大成就——量子力学相比，量子力学将习以为常的概念翻转，以“概率云”取代了点状粒子的概念。格罗滕迪克写道：“‘概率云’取代了过去令人安心的物质粒子观点，奇特地点醒了我，在拓扑范中那难以捉摸的‘开邻域’（open neighborhood），也像是瞬间即逝的幽灵，围绕在想象的‘点’旁边。”（《收获与播种》第 90 页）

但纵使格罗滕迪克的成就如此超卓，他却认为自己的原创力源自某种谦逊的东西——稚童般的天真又渴求的好奇心。他在《收获与播种》的首页写着：“发现是儿童的特权，儿童不怕重复犯错，不怕看起来像笨蛋，不怕不规矩，不怕和别人不同。”针对发现与创造的作为，格罗滕迪克认为天赋与专业技能都比不上儿童那种单纯想知道与理解的渴望。每个人心中都有个这样的小孩，只是可能后来被边缘化、忽视或埋没了。“我们每个人都可以再度发现什么是发现与创造，但没有人可以发明它们。”（《收获与播种》第 2 页）

儿童般好奇心的一个方面，是对真理一丝不苟的忠实。格罗滕迪克曾教导他的学生数学写作的重要纪律是，绝对不说错误的东西，不能容许差不多正确或基本上正确的叙述。模糊不明的描述可以接受，但当要给出确切的细节时，就必须只说正确的结果。事实上，格罗滕迪克的一生是对真理从不间断地追索。从他的数学研究到《收获与播种》，甚至“佳音书”，格罗滕迪克的书写都是如小孩一样的无畏坦诚。他所谈的是真理，他所感受到的他的真理。即使他犯了事实的错误或者被不正确的假设所误导，他仍然直抒胸臆。格罗滕迪克从来不曾试着隐藏他的为人与他的思想。

格罗滕迪克对真理的追求，引领他到达数学概念的最深根源，以及人类心灵感知的幽远境地。这趟旅程他已经走得十分久远。Ladegaillerie 说：“格罗滕迪克孤独引退于比利牛斯山，在经历过这一切之后，他有权休息。格罗滕迪克值得我们给予赞誉与尊崇，但是最重要的是，思及我们所亏欠他的这一切，我们应该还他平静的生活。” [Ladegaillerie]

延伸阅读

1. Scharlau, Winfried, Who Is Alexander Grothendieck? *Notices of the AMS* **55** (2008), no. 8. 这也是 Scharlau 所著格罗滕迪克三册传记之书名，目前只出版第一册。

2. 多人，Reminiscences of Grothendieck and His School, *Notices of the AMS* **57** (2010), no. 9. 几位数学家（包括 Illusie）2007 年的一段追忆式的对话。

3. Grothendieck Circle（格罗滕迪克圈网站）.
http://www.grothendieckcircle.org/

参考文献

[Circle] The Grothendieck Circle, http://www.grothendieck-circle.org.

[Corr] *Correspondence Grothendieck-Serre.* Société Mathématique de France, 2001. (Bilingual French-English edition, AMS, 2003.)

[Deriv] *Les Dérivateurs*, by Alexandre Grothendieck, edited by M. Künzer, J. Malgoire, and G. Maltsiniotis. Available at http://www.math.jussieu.fr/~maltsin/groth/Derivateurs.html.

[Aubin] D. Aubin, *A Cultural History of Catastrophes and Chaos: Around the "Institut des Hautes Études Scientifiques," France*, doctoral thesis, Princeton University, 1998.

[Festschrift] *The Grothendieck Festschrift: A Collection of Articles Written in Honor of the 60th Birthday of Alexander Grothendieck*, Volumes I–III (P. Cartier, L. Illusie, N. M. Katz, G. Laumon, Y. Manin, and K. A. Ribet, eds.), Progress in Mathematics, vol. 87, Birkhäuser Boston, Inc., Boston, MA, 1990.

[Herreman] A. Herreman, Découvrir et transmettre: La dimension collective des mathématiques dans *Récoltes et Semailles* d' Alexandre Grothendieck, Prépublications de l' IHÉS, 2000. Available at http://name.math.univ-rennes1.fr/alain.herreman/.

[Infeld] L. Infeld, *Whom the Gods Love. The Story of Évariste Galois*, Whittlesey House, New York, 1948.

[Intell] English translation of Grothendieck's letter declining the 1988 Crafoord Prize, *Math. Intelligencer* **11** (1989).

[Ladegaillerie] Y. Ladegaillerie, Alexandre Grothendieck après 1970. Personal communication.

[LeMonde] Lettre à l'Académie Royale des Sciences de Suède: Le mathématicien français Alexandre Grothendieck refuse le prix Crafoord, *Le Monde*, May 4, 1988.

[Marche] A. Grothendieck, *La Longue Marche à Travers la Théorie de Galois*, vol. 1, edited and with a foreword by Jean Malgoire, Université Montpellier II, Département des Sciences Mathématiques, 1995.

[Notices] Crafoord Prize recipients named, *Notices Amer. Math. Soc.* (July/August 1988), 811–812.

[R&S] A. Grothendieck, *Récoltes et Semailles: Réflexions et témoignages sur un passé de mathématicien*, Université des Sciences et Techniques du Languedoc, Montpellier, et Centre National de la Recherche Scientifique, 1986. (Parts available in the original French at http:// mapage.noos.fr/recoltesetsemailles/. Partial translations are available in English at http://www.fermentmagazine.org/home5.html, in Russian at http://elenakosilova.narod.ru/studia/groth.htm, and in Spanish at http://kolmogorov.unex.es/navarro/res.)

[Rankin] R. A. Rankin, Contributions to the theory of Ramanujan's function $\tau(n)$ and similar arithmetical functions. I. The zeros of the function $\sum_{n=1}^{\infty} \tau(n)/n^s$ on the line $\Re s = 13/2$. II. The order of the Fourier coefficients of integral modular forms, *Proc. Cambridge Philos. Soc.* **35** (1939), 351–372.

[Schneps1] *The Grothendieck Theory of Dessins d'Enfants* (L. Schneps, ed.), London Math. Soc. Lecture Note Ser., vol. 200, Cambridge University Press, 1994.

[Schneps2] *Geometric Galois Actions* (L. Schneps and P. Lochak, eds.), London Math. Soc. Lecture Note Ser., vols. 242 and 243, Cambridge University Press, 1997.

[Vietnam] A. Grothendieck, La vie mathématique en République Democratique du Vietnam, text of a lecture presented in Paris on December 20, 1967. Unpublished.

编者按：本文原文发表在 2004 年的 Notices of the AMS 第 51 卷第 10 期，译文转载自《数理人文》第 2 期（2014 年 6 月）。译者感谢李宣北、赵学信提供许多译文的宝贵意见。

数学中的千古一文

A. J. Coleman

译者：周善有

校订者：戴宗铎

A. J. Coleman 1918 年出生在加拿大的多伦多。他在多伦多大学的数学和物理课程上注了册。1938 年，他同 I. Kaplansky 和 N. S. Mendelsohn 一起，成为 Putnam 数学竞赛第一个获胜队的成员。在普林斯顿，他在 Alonzo Church、H. P. Robertson、C. Chevalley、S. Bochner 和 E. Wigner 的指导下学习并取得了硕士学位。

在多伦多，他 1943 年的博士论文由 Leopold Infeld 指导，是关于相对论量子力学的。他在多伦多的指导教授有 Richard Brauer、J. L. Synge、H. S. M. Coxeter 和 Gilbert de B. Robinson。

他已完成的工作大部分是关于量子力学中的 N 体问题。由 R. M. Erdahl 和 V. Smith 于 Reidel 在 1987 年编辑出版的以“密度矩阵和密度泛函”为题的会议论文集向他表示了敬意。他那篇对 Coxeter 变换应用了 Killing 行列式的文章“关于紧群的 Betti 数”（1958 年）被布尔巴基丛书“历史的注记（Notes Historiques）”认为对李代数理论的发展有重要意义。

你会说我的标题是荒谬的。“数学文章是不可能排序的。真可惜！可怜的老 Coleman 在他这把年纪显然已经发疯了。”请读下去。

如果在 1940 年你要求这个当时在普林斯顿啃读着 Alonzo Church 的 λ-演算的有一双明亮眼睛的加拿大研究生指出一篇最重要的数学文章的话，毫无疑问，我会选择 Kurt Gödel 的“炸弹”[12]，它在几年前震撼了数学的基础。

1970 年，在我做了 20 年评审以后，如果你仍然提出同样的问题，我将毫不犹疑地选择 Walter Feit 和 John Thompson 的鸿篇巨制 [11]，它证明了 Burnside 在 1911 年的猜想 [3]——有限单群是偶数阶的。

现在，在半退休的秋日的宁静中，在终于查看了 Wilhelm Killing 的手稿后，既无疑问又不犹疑，我选择了他的标明“1888 年 2 月 2 日，勃劳恩斯伯格（Braunsberg）”的文章作为 50 年来我读过的及听过的最有意义的数学文章。没有几个人能对我的选择提出异议，因为除了 Engel、Umlauf、Molien 和 Cartan，似乎没有多少人读过它。就连我的朋友 Hans Zassenhaus——他的文章“Lie 环”（1940 年）是这个主题的里程碑，在 1987 年 1 月美国数学会的会议上，在我们喝过第二杯啤酒后承认他没有读过 Killing 的一个字。

先假设我的读者对线性代数和群论有初步的了解，我将试图解释 Killing 这篇文章引进的主要的新思想，描述它的令人关注的结果，并提出它对后来的一些影响。该文是关于李代数的一系列四篇文章 [18] 的第二篇，按照 Cartan 的记法，我们用 Z.v.G.II 表示它。这一系列文章是 Killing 在勃恩斯伯格，东普鲁士的一个与数学隔离的小地方，在超负荷负担教学、公民义务和家务的一段时间内写出来的。

数学家无视历史

大多数数学家对历史似乎很少或者根本没有兴趣，所以常常是跟一个关键的结果联系在一起的人名不是一个概念或一个定理的发现者，而是它们的后继者（Jordan 型应归于 Weierstrass；Wedderburn 理论应归于 Cartan 和 Molien[13]）。没有人比 Killing 从这个无视历史的做法中吃的亏更大了。例如，所谓的“Cartan 子代数”和“Cartan 矩阵 $A=(a_{ij})$”都是 Killing 定义并开发的。就连这些符号 a_{ij} 和代表秩的 ℓ 都是在 Z.v.G.II 中给出的。Hawkins [14, 290 页] 说的正确：

> “像代数的秩、半单代数、Cartan 代数、根系和 Cartan 整数这样一些关键的概念都源于 Killing，跟引人注目地列举出复数域上一切可能的有限维李代数结构的定理所做的一样，对于复数上有限维线性结合代数的结构理论，Cartan 和 Molien 也利用 Killing 的结果作为范例借以得到关于半单代数的那个后来被 Wedderburn 推广到了抽象域上、其后又被 Emmy Noether 应用于有限群的矩阵表示上的定理。”

在同一篇文章中，Killing 发现了根系和通过 β 的 α 根链的概念，显示了 Weyl 群的任意元素的特征方程，当时 Weyl 才 3 岁；而在 Coxeter 出生前 19 年，他就给出了 Coxeter 变换的阶。

我没有找到证据表明 Hermann Weyl 曾读过 Killing 的任何东西。Weyl 那篇给抽象调和分析后来的发展奠定了基础的关于半单群表示的重要文章 [26] 是直接基于 Killing 的结果的。然而 Killing 的名字只是出现在正文的两个脚注中，其行文暗示 Weyl 曾经不加批判地接受了下面这种广泛流传的错误观念，似乎 Killing 的著作漏洞百出，有异乎寻常的错误，以致 Cartan 应该作为单李代数理论的真正的创始人。对于粗略地看过 Z.v.G.II 的任何人或留心地读过 Cartan 的论文的任何人来说，这显然是胡说八道。Cartan 一丝不苟地提到了他得益于 Killing。在 Cartan 的博士论文中有 20 处提到 Lie，有 63 处提到 Killing！后者大部分是 Killing 的一些定理和论证，Cartan 把它们收入了他的论文，而其前三分之二根本就是对 Z.v.G.II 的评注。

Cartan 对 Killing 的结果的确给了一个惊人美妙且清楚的陈述。他也对证明单李代数的“Cartan 子代数是交换的”的论证逻辑做了根本的贡献，这个性质是 Killing 宣布的，但是其证明不对。与 Z.v.G.II 不同，Killing 四篇文章的其他几篇有较多的缺陷，Cartan 改正了它们。其中，主要是关于幂零李代数的处理。Cartan 论文的后三分之一中许多新的重要结果基于而且超出了 Killing 的工作。追随我的老师 Claude Chevalley 的价值体系，我个人把 Cartan 和 Weyl 列为 20 世纪前半叶两位最伟大的数学家。Cartan 关于无限维李代数、外微分运算、微分几何，尤其是半单李代数的表示理论的工作是极有价值的。但是，似乎一个人的博士论文就提前决定了他的数学生涯。也许，如果 Cartan 没有想到把他的论文建立在 Killing 的那篇划时代的论文基础之上的话，他或许只是作为大学预料的一名教师终了一生，而数学界可能对他闻所未闻！

通向 Parnassus 的山丘

在我们直接进入 Z.v.G.II 的内容之前，提供某些背景应该是有益的。

我们现在称之为李代数的是由挪威数学家 Sophus Lie 大约在 1870 年和 Killing 大约在 1880 年独立地发现的 [14]。当时 Lie 正在发展一套类似于代数方程的 Galois 理论的方法用于微分方程求解。Killing 则把他的热情消耗在非欧几何及其推广上。他被引向了将任意类型空间（他称之为 Raumformen）中刚体的无穷小运动分类的问题。例如在欧氏空间中，刚体绕一个固定点的转动在复合下组成一个群，它可以被三个实数（例如欧拉角）来参数化。这个群的参数空间在单位元上的切空间是由无穷小转动所组成的三维线性空间。类似地，对于一个可以被 r 维光滑流形参数化的群，在单位元上有一个 r 维的切空间 $\mathscr{L}$。如果群的两个元素的乘积对于它的因子的参数是连续可微的，那么，在 $\mathscr{L}$ 上定义一个二元运算就是可能的。我们把这个运算记为“$\circ$”，使得对一切 $x, y, z \in \mathscr{L}$，映射 $(x, y) \to x \circ y$ 对每个因子是线性的，而且有

$$x \circ y + y \circ x = 0 \tag{1}$$

和

$$x \circ (y \circ z) + y \circ (z \circ x) + z \circ (x \circ y) = 0, \tag{2a}$$

等价地有

$$x \circ (y \circ z) = (x \circ y) \circ z + y \circ (x \circ z). \tag{2b}$$

方程（2a）被称为 Jacobi 恒等式，方程（2b）应使你记起对乘积微分的规则。$(\mathscr{L}, +, \circ)$ 是一个带有反交换的、非结合的乘法的李代数。这里 Jacobi 恒等式取代了我们熟知的诸如整数环和矩阵代数环中的结合性。

显然，如果 $\mathscr{M}$ 是 $\mathscr{L}$ 的子空间使得从 $x, y \in \mathscr{M}$ 可推出 $x \circ y \in \mathscr{M}$，那么，$\mathscr{M}$ 是 $\mathscr{L}$ 的一个子代数。进一步，如果 $\rho : (\mathscr{L}_1, +, \circ) \to (\mathscr{L}_2, +, \circ)$ 是一个李代数到另一个的映上同态，ρ 的核不仅是子代数，而且是一个理想。因为，如果 $K = \{x \in \mathscr{L}_1 | \rho(x) = 0\}$，那么对任意的 $x \in K$ 和 $y \in \mathscr{L}_1, \rho(x \circ y) = \rho(x) \circ \rho(y) = 0$。这样，$K$ 不仅是一个子代数，而且具有理想的特征，也就是对任意的 $x \in K$ 和 $y \in \mathscr{L}_1$，我们有 $y \circ x \in K$。接着我们可以定义同构于 $\mathscr{L}_2$ 的商代数 $\mathscr{L}_1/K$，这类似于带有正规子群的群的情形。于是只有理想 $\{0\}$ 和 $\mathscr{L}$ 的李代数 $\mathscr{L}$ 只同态于 $\mathscr{L}$ 和 $\{0\}$。这样的代数称为单的。单李代数是一些积木，我们可以用它们来分析任意的李代数。Lie 较早地认识到，如果我们知道了所有的单李代数，那么寻找微分方程组的解就要容易得多。但是，Lie 想要找出所有单李代数的意愿很快就陷于困境。

在探索所有的一致空间形式中，Killing 表述了实数上所有李代数的分类问题——对于幂零李代数这个问题似乎未必能有满意的解答，特别地，他对单的实李代数感兴趣。作为在这个方向上走出的第一步，他在 Engel 的鼓舞下，转向了复数上所有单李代数的分类问题。

假设 $\mathscr{A}$ 是一个结合代数——例如复数域上 $n \times n$ 矩阵的集合，那么，对于 $X, Y, Z \in \mathscr{A}$，我们定义 $X \circ Y = XY - YX = [X, Y]$——所谓的 X 和 Y 的换位子。容易说明 $X \circ Y$ 满足（1）和（2）。于是通过这个简单而又方便的定义 $X \circ Y = [X, Y]$，任意结合代数 $(\mathscr{A}, +, \bullet)$ 可以变成李代数 $(\mathscr{A}, +, \circ)$。这样立刻引出了李代数 $(\mathscr{L}, +, \circ)$ 的线性表示这一概念，它是从 $\mathscr{L}$ 到 $\mathrm{Hom}(V)$ 中的一个映射，满足条件 $\rho(x \circ y) = [\rho(x), \rho(y)]$。尽管在 1900 年以前，Killing 和其他人从未在如此简单的一般形式之下明确给出李代数表示的定义，然而这个观念却隐含在 Engel 称为伴随群 [15,143 页]、Killing 也跟着如此称呼的概念中，而我们现在称之为伴随表示。

让我们提一下，直到 1930 年，我们现在称为李群和李代数的对象还被称为“连续群”和“无穷小群”（例如参看 [8]）。Weyl 于 1934—1935 期间在普林斯顿的讲演 [27] 中仍旧在用这些术语。而 1930 年 Cartan 使用名词 groupes de Lie [4, 1166 页]；术语“Lie 环”出现在 Witt 关于包络代数的著名

论文 [28] 标题中。在他的书“典型群”中，Weyl（1938，260 页）写道：“把这样的代数称为 Lie 代数，以表示对 Sophus Lie 的敬意。” Borel [1，71 页] 把术语“Lie 群”归于 Cartan，而把“Lie 代数”归于 Jacobson。

对于 $\mathscr{L}$ 的伴随表示，可将上述线性空间 V 取成 $\mathscr{L}$ 自己，而 ρ 定义为

$$\rho(x)z = x \circ z, \quad \text{对所有的 } z \in \mathscr{L}. \tag{3}$$

建议读者根据 ρ 的这个定义去验证 Jacobi 恒等式意味着 $\rho(x \circ y) = [\rho(x), \rho(y)]$。

Killing 的介入

1872 年在柏林，Killing 在 Weierstrass 的指导下完成了他的学位论文，并且掌握了关于特征值和我们现在称之为矩阵的 Jordan 标准型的一切知识，而 Lie 却对当时的柏林学派的代数知之甚少。所以，是 Killing 而不是 Lie 提出了这个决定性的问题：“对于任意的 $x \in \mathscr{L}$，在伴随表示中，我们对 $X := \rho(x)$ 的特征值能说些什么？” 因为 $Xx = x \circ x = 0$，X 总有零作为特征值，所以 Killing 去寻找特征方程（这是 Killing 引进的术语！）

$$|wI - X| = w^r - \psi_1(x)w^{r-1} + \psi_2(x)w^{r-2} - \cdots \pm \psi_{r-1}(x)w = 0 \tag{4}$$

的根。

他令 k 是 $x \in \mathscr{L}$ 的特征方程（4）的根的重数中的最小者，现在称它为 $\mathscr{L}$ 的秩。但是 Killing 和 Cartan 用“秩”这个术语来表示 $x \in \mathscr{L}$ 的函数 $\psi_i(x)$ 中函数独立者的个数。Killing 注意到 $\psi_i(x)$ 是对应于所考虑的李代数的李群的多项式不变量，尽管所用的记号不甚漂亮，他却认识到

$$\mathscr{H} = \{h \in \mathscr{L} | X^p h = 0, \text{ 对某个 } p\}$$

是 $\mathscr{L}$ 的子代数，这可以从一类 Leibnitz 微分法则

$$X^n(y \circ z) = \sum\nolimits_s \binom{n}{s} X^{n-s}y \circ X^s z, \quad 0 \leqslant s \leqslant n$$

得到。现在，对于任意的 $\mathscr{L}$，如果 X 使 $\dim(\mathscr{L})$ 最小，这个子代数就被称为 Cartan 子代数。作为李代数，$\mathscr{H}$ 本身是幂零的，或者按 Killing 的说法是零秩代数。关于 $\mathscr{H}$ 在 $\mathscr{H}$ 上的伴随表示，$|wI - H|_{\mathscr{H}} = w^k$ 对所有的 $h \in \mathscr{H}$ 成立，所以，所有的 ψ_i 恒为零。如果 $\mathscr{L}$ 是单的，$\mathscr{H}$ 实际上是交换的。Killing 用了一个站不住脚的论据使自己承认了这一点。填补这个漏洞正是 Cartan 在复数域上单李代数分类问题上的一个重要贡献。Killing 真走运，尽管他的论据有缺陷，但他关于这个重要事实的结论却是正确的！

设 $\mathscr{H}$ 是交换的，显而易见，在方程

$$|wI - H| = w^k \prod_{\alpha}(w - \alpha(h)) \tag{5}$$

中，$\alpha(h)$ 是根，它是 $h \in \mathscr{H}$ 的线性函数。于是 α 属于 $\mathscr{H}$ 的对偶空间 $\mathscr{H}^*$。按流行的用法，我们用 Δ 表示出现在（5）中的根 α 的集合。Killing 是在 α 的重数为 1 或者 $r-k$ 个函数 $\alpha(h)$ 是互不相同的假设下进行工作的。由此得到对应于每个 α 有一个元素 $e_\alpha \in \mathscr{L}$，使得对所有的 $h \in \mathscr{H}$，总有 $h \circ e_\alpha = \alpha(h)e_\alpha$。那么，应用（2b），容易得到对于 $\alpha, \beta \in \Delta$，有

$$h \circ (e_\alpha \circ e_\beta) = (\alpha(h) + \beta(h))e_\alpha \circ e_\beta. \tag{6}$$

这个方程对于单李代数根系的分类是关键的。从（6），我们立即断言

(i) $e_\alpha \circ e_\beta \neq 0 \Rightarrow \alpha + \beta \in \Delta$;

(ii) $\alpha + \beta \notin \Delta \Rightarrow e_\alpha \circ e_\beta = 0$;

(iii) $0 \neq e_\alpha \circ e_\beta \in \mathscr{H} \Rightarrow \alpha + \beta = 0$。

结果是，对每个 $\alpha \in \Delta$，有一个对应的 $-\alpha \in \Delta$，使 $0 \neq h_\alpha := e_\alpha \circ e_{-\alpha} \in \mathscr{H}$。所以，根的数目是偶数，设为 $2m$，那么 $r = k + 2m = \dim(\mathscr{L})$。

在伴随表示中，令 E_α 对应于 e_α，对任意的 $e_\beta \neq 0$ 和 $n \in \mathbb{Z}^+$，考虑元素 $E_\alpha^n e_\beta$。从（6）出发，用归纳法，我们可以看到

$$h \circ E_\alpha^n e_\beta = (\beta(h) + n\alpha(h))E_\alpha^n e_\beta.$$

于是，如果 $E_\beta^n e_\beta \neq 0$，则 $\beta + n\alpha \in \Delta$。但是，有不同特征值的向量是线性独立的，所以，如果 $\mathscr{L}$ 是有限维的，那么，就有一个最大的 n 使 $E_\alpha^n e_\beta \neq 0$，以 p 记之。类似地，令 q 是使 $E_{-\alpha}^n e_\beta \neq 0$ 的最大的 n。这样，对于 $\alpha, \beta \in \Delta$ 有一条长为 $p+q+1$ 的通过 β 的根的 α 链

$$\beta - q\alpha, \beta - (q-1)\alpha, \cdots, \beta, \beta + \alpha, \cdots, \beta + p\alpha, \tag{7}$$

Killing 称它为根列（Wurzelreihe），因为 $H_\alpha = [E_\alpha, E_{-\alpha}], H_\alpha$ 的迹是零，它意味着

$$2\beta(h_\alpha) + (p-q)\alpha(h_\alpha) = 0, \tag{8}$$

这就是 Z.v.G.II 中 16 页的方程（7），当然用的是我们的记号。Cartan 子代数的维数现在称为 $\mathscr{L}$ 的秩。对于单李代数，这个定义与 Killing 关于秩的定义是一致的，也就是，对单李代数 $k = \ell$。因此，$\dim(\mathscr{H}^*) = l$，所以最多只能有 ℓ 个线性独立的根。应用（8），Killing 指出存在 $\mathscr{H}^*$ 的一个基 $B = \{\alpha_1, \alpha_2, \cdots, \alpha_\ell\}$，这里 $\alpha_i \in \Delta$ 使得每个 $\beta \in \Delta$ 相对于基 B 中都有有

理数分量。实际上，可以这样来选择 $\alpha_i \in B$，使 α_i 是通过它的任意一条 α_j 链的最高的根。于是对每对 i 和 j，有一条根链

$$\alpha_i, \alpha_i - \alpha_j, \cdots, \alpha_i + a_{ij}\alpha_j, \tag{9}$$

这里 a_{ij} 是个非正整数，特别 $a_{ii} = -2$。

变动世界的静止点

在数学的历史中，定义整数 a_{ij} 是个转折点，它出现在 Z.v.G.II 的第 16 页的顶部。在第 33 页，Killing 找到了复数域上所有单李代数的根系 Δ 以及相应的 Coxeter 变换的阶。下面，我们摘录 Killing 在引言的最后一段中说过的话，除了符号外，我们不做任何更改：

> “如果 α_i 和 α_j 是这 ℓ 个根中的两个，有两个整数 a_{ij} 和 a_{ji} 确定了这两个根之间的一个确定关系。这里我们只指出，与 α_i 和 α_j 一起，$\alpha_i + a_{ij}\alpha_j, \alpha_j + a_{ji}\alpha_i$ 和 $\alpha_i + a\alpha_j$ 都是根，这里 a 是介于 a_{ij} 和 0 之间的整数。系数 a_{ii} 总等于 -2；其他的 a_{ij} 就不再是任意的了。实际上，它们要满足许多约束方程。这些约束方程中有一组是从下面的事实推导出来的：用 a_{ij} 定义一个确定的线性变换，迭代使用后能得到恒等变换。这些系数的每个系是单的，或者可以分解成单系。这两种可能性是按如下区分的。从任意的指标 $i(1 \leqslant i \leqslant \ell)$ 开始，把使 $a_{ij} \neq 0$ 的所有的 j 加进来，再加上所有使 $a_{jk} \neq 0$ 的 k，尽可能地继续下去。如果所有的指标 $1, 2, \cdots, \ell$ 都在其中，a_{ij} 的系就是单的。单系的根对应于单群。反过来，单群的根可以看作由单系决定。用这个办法，我们可以得到单群。对于每个 ℓ，有四种结构，而当 $\ell \in \{2, 4, 6, 7, 8\}$ 时，还得补充例外群。对于这些例外群，我得到了各种结果，但它们是以不完全成熟的形式给出的。我希望今后有可能用简单的形式把这些群给出来，而不再是传达至今所能找到的关于它们的描写。”

在读这一段文字时，回忆起 Lie 和 Killing 用的术语“群”包含有我们现在赋予“李代数”的意义。对于 $\ell > 3$，Killing 的陈述是正确的，但是从他的单代数的表中，显然他知道，对于 $\ell = 1$，只有一个同构类，而对于 $\ell = 2$ 和 3，有 3 个同构类，以 $-\alpha_i$ 替代 α_i，将使 $a_{ii} = 2, a_{ij} \leqslant 0$。对 $i \neq j$，这是现在的习惯用法。Killing 提到的“某个线性变换”是下面要讨论的 Coxeter 变换。值得提一下，在 Killing 的精确表中，在他选择的基下，所有根的系数

都是整数。所以，他快要得到现在我们称为 Dynkin 图上素根的基了。就我所知，这样的基第一次明确地出现是在 Cartan 1972 年关于单群的几何学的漂亮文章 [4, 793 页] 中。

在 Killing 的分类中，一个不严重的错误是出现了两个秩为 4 的例外群。Cartan 注意到 Killing 的两个根系不难看出是等价的。奇怪的是 Killing 对代数公式化和计算的精通是超乎常人的，但他竟忽视了这一事实。Killing 关于各种单李代数的符号，经 Cartan 稍加修改，我们仍在使用：A_n 表示对应于 $s\ell(n+1,\mathbb{C})$ 的同构类；B_n 对应于 $so(2n+1)$；C_n 对应于 $sp(2n)$；D_n 对应于 $so(2n)$。在 1888 年以前，Lie 和 Killing 就知道类 A_n, B_n, D_n。至少对较小的 n，Killing 未觉察到类 C_n 的存在，虽然 Lie 知道它。关于这一点，我们可以看 Hawkins[15, 146−150 页] 的详细讨论。

Killing 把我们现在记为 G_2 的秩为 2 的例外代数表示成 IIC。它是 14 维的，而且有一个 7 维的线性表示。Killing 在给 Engel [15, 156 页] 的信中指出 G_2 可能作为 5 维空间中的点变换群出现，而不可能在更低维的空间中，这样的表示的存在性后来被 Cartan 和 Engel ([4, 130 页]) 独立地验证了。秩为 4，6，7，8 的例外代数 F_4, E_6, E_7, E_8 分别有维数 52，78，133，248。Killing 的例外群中最大的 248 维的 E_8 现在是研究超弦（super-string）理论的人的最爱。

走向 Coxeter

对于任何一个秩为 n 的单李代数，它的维数是 $n(h+1)$，这里 h 是 Weyl 群的一个令人吃惊的称作 Coxeter 变换的元素（因为 Coxeter 在他关于由反射生成的有限群，即现时所谓的 Coxeter 群 [6,7] 的研究中，发掘了这一变换的性质）的阶。Coxeter 用一个图去表述这种群的分类。Weyl 于 1934—1935 年在普林斯顿做讲演期间注意到那个曾在 Killing 的论述中起过关键作用的、同构于我们现在称为 Weyl 群的根的置换群的有限群，是由对合生成的。在 Weyl 的课程讲义 [27] 中有一篇出自 Coxeter 的附录，其中有一组图，它们等价于这里表 1 中的图。几年后，Dynkin 独立地用了类似的图以刻画单根的集合，因此，这些图一般地被称为 Coxeter-Dynkin 图。

表 1 的左手列给出了 Killing 的单李代数的分类。研究了秩 2 的李代数的 Coxeter 变换后，Killing 指出 [Z.v.G.II，22 页] $a_{ij}a_{ji} \in \{0,1,2,3\}$。在有限维单李代数的 Cartan 矩阵和表 1 的左手列之间有一一对应。一个图的 n 个顶点对应于 Killing 的指标 $1,2,\cdots,n$，或对应于一组基的根，或对应于 Weyl 群的生成元 S_i 三重键，如出现在 G_2 的图中者，意味着 $a_{ij}a_{ji}=3$。二重和单重键类似地解释。

关于 Kac 和 Moody

按现在的习惯，$a_{ij}=2$，对 $i\neq j$，a_{ij} 是非正整数，不难看到，Killing 的条件意味着，$\mathscr{L}$ 是有限维的李代数当且仅当 $A=(a_{ij})$ 的行列式和它的所有主子式是严格正的。Killing 的方程（6）[Z.v.G.II，21 页] 意味着 A 是可对称化的，也就是存在一组非零的数 d_i 使 $d_ia_{ij}=d_ia_{ji}$。特别地，a_{ij} 和 a_{ji} 同时为零或非零。

Victor Kac [16] 在苏联、Robert Moody 在加拿大几乎同时在 1967 年注意到，如果 Killing 关于 (a_{ij}) 的条件被放松，仍旧可能给矩阵 A 一个李代数，它必定是无限维的。现在证明这样的李代数存在的方法是从 Chevalley 的一篇短文 [5] 推导出来的。这篇文章对我的学生 Bouwer [2] 和 LeMire [19] 的工作也是基本的，他们发现了有限李代数的无限维表示。Chevalley 的文章也开创了现在流行的李代数的泛结合包络代数的广泛运用，后者首次由 Witt [28] 严格地定义。

在 Kac-Moody 代数中，最容易处理的是可对称化的。最广泛地被研究和应用的是仿射李代数，它除了行列式 $|A|$ 是零外，满足所有的 Killing 的条件。对于仿射李代数，Cartan 矩阵与下表中右手列的图一一对应，这些图首先出现在 [27] 中。

Wilhelm Killing 其人

1847 年 5 月 10 日 Killing 出生在德国威斯特伐利亚的柏巴赫（Burbach in Westphalia），1923 年 2 月 11 日逝世于明斯特（Münster）。1865 年 Killing 在明斯特开始了大学学习，但是他很快就转到了柏林，并受到 Kummer 和 Weierstrass 的影响。他在 1872 年 3 月完成的博士论文是由 Weierstrass 指导的，并且把后者刚刚发展起来的矩阵初等因子理论应用于“二次曲面丛”。从 1868 年到 1882 年 Killing 的大部分精力都用在教柏林和勃里隆（Brilon，它在明斯特的南面）的大学预科上。当一度 Weierstrass 催他写完关于空间结构的研究时，他每星期要花多达 36 个小时在教室里或进行辅导。（现在许多数学家把每周花六个小时都看成是不堪忍受的负担！）根据 Weierstrass 的推荐，Killing 被任命为东普鲁士的 Braunsberg（现在在波兰的 Olsztyn 地区）的 Hosianum 女子中学的数学教授，这是一所由 Stanislaus Hosius 主教创建于 1565 年的学院，这位主教关于基督教的论文出了 39 版！

当 Killing 到达时，女子中学的大楼看起来一定十分像图中那样。这所学院的主要目的是训练罗马天主教牧师，所以 Killing 必须教包括使科学和宗教和谐一致的范围很广的课程。虽然，在 Braunsberg 的十年，他在教学上是

表 1 有限仿射李代数的 Coxeter-Dynkin 图

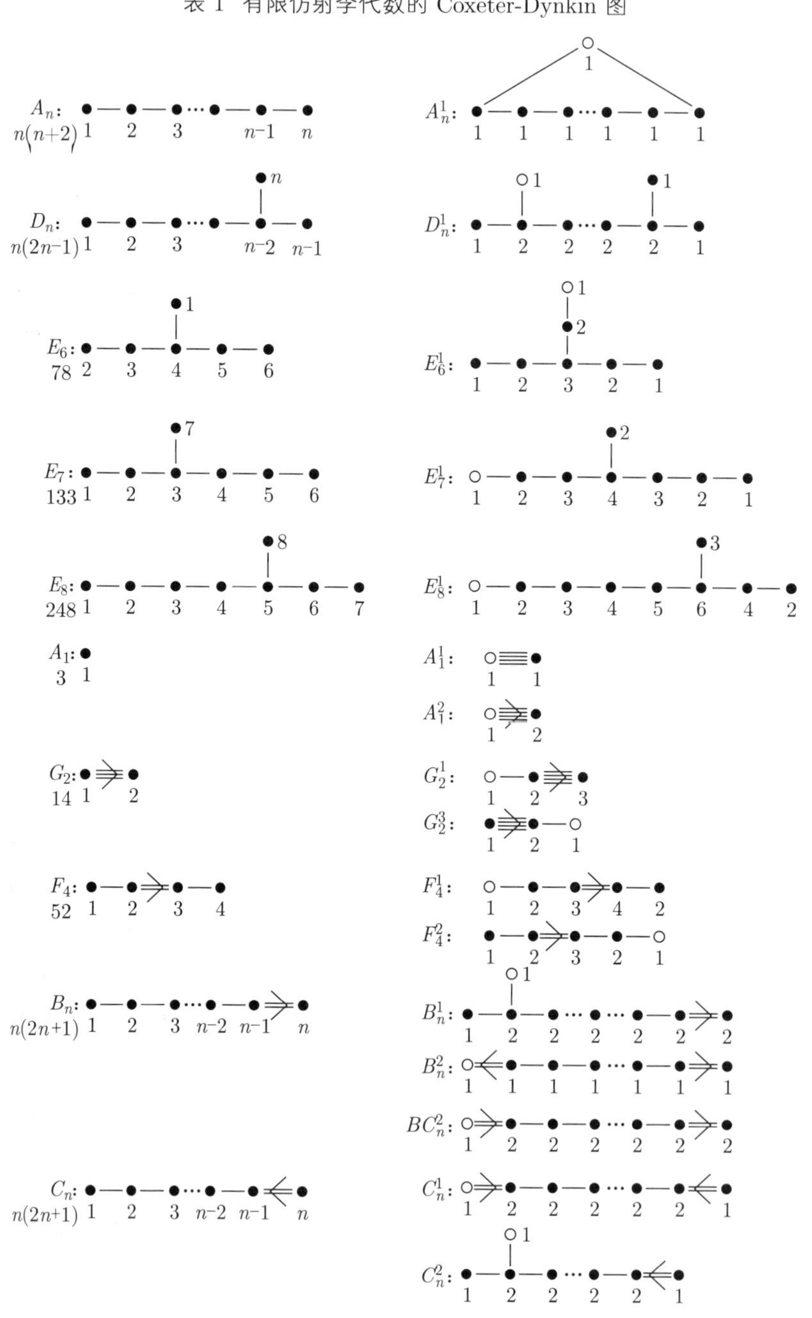

Braunsberg，13 世纪的圣凯瑟琳教堂

与外界隔绝的，但是，在他的教学生涯中，这是一段最有创造性的时期。尽管承受着对妻子和七个孩子的健康的操心，负有作为学院院长和市议会会员与主席的行政职责，以及从事天主教会中积极的活动，他仍旧做出了辉煌的工作。

Hosianum 女子中学（1835 年）

Killing 以文献索引程序 [15] 的形式宣告了他的思想。它们涉及（i）n 维非欧几何（1883）；（ii）空间概念的扩展（1884）；（iii）他关于 Lie 的变换群的第一个不明确的想法（1886）。Killing 关于李代数的原始论述首先在（ii）中出现。只是在此之后，他才读到了 Lie 的工作，对于 Killing 它们大部分是难于接触到的，因为学院的图书馆员从未订购过 Lie 在其上发表文章的 Christiana（现在的奥斯陆）大学出版的杂志 *Archiv für Mathematik*。幸运的是，Engel 对于 Killing 所起的作用类似于 Halley 对 Newton 的作用，他激发后者写出了发表在 *Math. Aanalen* 上的 Z.v.G.I–IV。

1892 年他被召回他的家乡威斯特伐利亚作为明斯特大学的数学教授，在那儿他很快就被教学、行政工作和慈善活动吞没了。他一度是大学校长，并当了十年 St. Vincent de Paul 慈善会的主席。

在他的一生中，Killing 表现了崇高的责任感和对任何一个在体力或精神上需要帮助的人的深深的关心。正像数学家 Engel 所描绘的，他精通“18 世纪五六十年代威斯特伐利亚的严格的天主教教义”。Assisi 的 St. Francis 是他的偶像，所以，在他 39 岁时他和他的夫人一起参加了第三 St. Francis 会 [24，399 页]。他的学生热爱他，赞美他，因为他把他的时间和精力都慷慨地给了他们，直到学生深入地了解所论问题为止，他从不会满足 [23]。Killing 不满足他们只是狭窄领域的专家，所以，他把自己的演讲扩展到几何和群以外的很多课题上。

在政治观点上，Killing 是保守的。他竭力反对在明斯特大学取消强制地学习哲学，以改革研究生的考试要求。Engel 评论道：“Killing 看不到，对大多数考生而言，哲学考试是毫无价值的。”我的原始资料并不显示 Killing 很幽默。他深深地热爱着自己的国家，所以，在最后几年中，他为 1914—1917 年战争以后德国社会凝聚力的崩溃而痛苦。不过，以图上他老年时的照片看，他身上仍然透着仁慈和安详。1900 年因他在几何学上的工作，Kazan 物理教学协会授予他 Lobachevsky 奖，这使他十分高兴。

为什么 Killing 的工作被忽视了？

Killing 是一个水准很高的谦虚的人，他低估了自己的成就。他的兴趣在几何学，为此，他需要所有的实李代数，仅仅得到复数上的单李代数对他似乎不是很有意义。Z.v.G.IV 一经问世，Killing 的研究精力马上回到了“空间结构”上。我记得 1940 年某天，在普林斯顿大学的 Fine 大厅的例行的茶话会上，Marston Mores 宣称“一个成功的数学家总是相信他现在的定理是世上已有的数学中最重要的”。没有多少人比 Morse 有更多的热情实践了这种哲学！当然，即使我马上产生了对 Morse 根深蒂固的厌恶，他的话还是有些

作为院长的 Killing（1897—1898）

晚年的 Wilhelm Killing

道理的。如果你不认为你的研究是重要的，为什么别人要这样认为呢？然而 Morse 的哲学离 Assisi 的 St. Francis 是很远的。

对 Killing 的工作，Lie 是完全否定的。我猜，这部分是“酸葡萄”，因为 Lie 承认他只不过翻了翻 Z.v.G.II。在 Lie-Engel III [20] 的 770 页的顶部，我们找到了对 Killing 1886 年的文献索引的极不宽容的评论：“除了前面的没有证明过的定理外 …… 所有正确的定理都归于 Lie，所有错误的都归于 Killing。”

按 Engel [9, 221–222 页] 的说法，在 Lie 和 Killing 之间根本不存在友爱，从 [20] 的卷 III 中提到 Killing 的工作的 9 处文字就说明了这一点。除了一处外，它们全部是反面的，它们似乎想要证明关于变换群的一切有价值的东西都是由 Lie 发现的。即使它是真的，在勃劳恩斯伯格的 Killing 也不可能知道 Lie 在 Christiana 发表的结果。但是这一事实被不公正地对待了。所以，如果 Lie 的结果是绝妙的，那么 Killing 独立地发现的这些结果同样是绝妙的。

我觉得，就连 Hawkins —— 为了恢复 Killing 的声誉他做得比任何人都多 —— 有时也让自己过多地受到广泛流传的围绕着 Killing 的工作的非议的影响。如果 Cartan 的论文的读者不怕麻烦去查阅 Cartan 列出的有关 Killing 文章的 63 处文字，那么永远不会对 Cartan 和 Killing 的关系产生误解。

结束语

为什么我认为 Z.v.G.II 是一篇划时代的文章？

（1）对后来分类任意数学对象可能结构的努力来说这是一个范例。

Wilhelm Killing（约于 1889—1891）

Hawkins [15] 用文件证明了这个事实，对于 Cartan，Molien 和 Maschke 关于线性结合代数结构的工作来说，Killing 的文章是直接的鼓舞，这些工作在 Wedderburn 的定理中达到了高潮。Killing 的成功确实是一个例子，使 Richard Brauer 愿意去坚持分类单群的想法。

（2）没有起源于 Killing 的 Z.v.G.II 中的思想、结果和方法，半单李群的表示的 Weyl 理论就不可能出现。Weyl 的整体和局部分析的融合是在 Harish-Chandra 的工作和抽象调和分析的成熟的基础上的。

（3）出现在 I. Macdonald, V. Kac, R. Moody 和其他人（参见 [21]）的著作中根系的整个工作都是从 Killing 开始的。

（4）Weyl 群和 Coxeter 变换在 Z.v.G.II 之中，在那里它们不是看作欧氏空间的正交运动，而是作为根的置换。依我看，对一般的 Kac-Moody 代数，这是理解它们的正确方法。进一步，在 Kac 的书 [17] 中起了关键作用的可对称性条件是在 Z.v.G.II 的第 21 页上给出的。

（5）正是 Killing 发现了例外李代数 E_8，它显然是挽救超弦理论的主要的希望所在——并不是我希望它得救！

（6）粗略地说，Elie Cartan 的杰出工作的三分之一或多或少是直接基于 Z.v.G.II 的。

欧几里得的《原本》和牛顿的《原理》比 Z.v.G.II 更加重要。但是，如果你能指出过去两百年中哪一篇文章与这篇在 1888 年 2 月、从俾斯麦时代的一个偏远村落中胆怯地寄给 Felix Klein 的文章同样有意义，请通知 *Mathematical Intelligencer* 编辑部。

鸣谢

对于探究过 Thomas Hawkins 那些令人着迷的历史著作的人来说，我的罪过是再明显不过的。我也极其感激明斯特大学图书馆的 I. Kiessling 和哥廷根图书馆的 K. Haenel，因为他们提供了关于 Killing 的生活的有价值的资料和使本文富有生气的照片。

参考文献

[1] A. Borel in “Hermann Weyl: 1885 — 1985,” ed. by K. Chandrasekharan, Springer-Verlag (1986).

[2] I. Z. Bouwer, Standard Representations of Lie Algebras, *Can. Jl. Math* 20 (1968), 344–361.

[3] W. Burnside, “Theory of Groups of Finite Order” 2nd Edition. Dover, 1955. Note M p. 503; in note N he draws attention to the “sporadic” groups (1911).

[4] E.Cartan,Oeuvres Completes, I., Springer-Verlag (1984).

[5] C. Chevalley, “Sur la Classification des algèbres de Lie simples et de leurs representations,” *Comptes Rendus*, Paris 227 (1948), 1136–1138.

[6] H. S. M. Coxeter, “Regular Polytopes,” 3rd Edition, Dover (1973).

[7] H. S. M. Coxeter, “Discrete groups generated by reflections” , *Annals of Math.* (2)35(1934), 588–621.

[8] L. P. Eisenhart, “Continuous Groups of Transformations” , Princeton U. P. (1933).

[9] F. Engel, “Killing, Wilhelm,” *Deutsches Biographisches Jahrbuch*, Bd, V for 1923, (1930) 217–224.

[10] F. Engel, “Wilhelm Killing,” *Jahresber. Deut. Math. Ver.* 39(1930), 140–154.

[11] W. Feit and J. Thompson, “Solvability of groups of odd order,” Pacif. J. Math. 13(1963), 775–1029.

[12] K. Gödel, “Ueber formal unentscheidbare Sätze der Principia Mathematica und verwandter System I, “*Monatshefte für Math. s. Physik* 38(1931), 173–198.

[13] T. Hawkins, “Hypercomplex Numbers, Lie Groups and the Creation of Group Representation Theory,” *Archive for Hist. Exact Sc.* 8(1971), 243–287.

[14] T. Hawkins, “Non-euclidean Geometry and Weierstrassian Mathematics: The background to Killing’s work on Lie Algebras,” *Historia Mathematica* 7(1980), 289–342.

[15] T. Hawkins, “Wilhelm Killing and the Structure of Lie Algebras,” *Archive for Hist. Exact Sc.* 26 (1982), 126–192.

[16] V. G. Kac, “Simple irreducible graded Lie algebras of finite growth,” *Izvestia Akad. Nauk, USSR (ser. mat.)* 32 (1968), 1923–1967; English translation: *Math. USSR Izvest.* 2 (1968), 1271–1311.

[17] V. G. Kac, "Infinite dimensional Lie algebras," Cambridge University Press, 2nd Edition (1985).

[18] W. Killing, "Die Zusammensetzung der stetigen, endlichen Transformationsgruppen," *Mathematische Ann. I*, 31 (1888—90), 252; *II* 33, 1; *III* 34, 57; 36, 161.

[19] F. W. LeMire, "Weight spaces and irreducible representations of simple Lie algebras," *Proc. A.M.S.* 22 (1969), 192–197.

[20] S. Lie and F. Engel, "Theorie der Transformationsgruppen," Teubner, Leipzig (1888—1893) .

[21] R. V. Moody and A.Pianzola, "On infinite Root Systems," to appear (1988).

[22] R. V. Moody, "A new class of Lie algebras," *J. Algebra* 10 (1968), 211–230.

[23] P. Oellers, O. F. M., "Wilhelm Killing:Ein Modernes Gelehrtenleben mit Christus," *Religiöse Quellenshriften*, Heft 53, (1929) Düsseldorf.

[24] E. Wasmann, S. J., "Ein Universitätsprofessor im Tertiarenkleide," *Stimmen der Zeit*, Freiburg im Br.; Bd. (1924) 106–107.

[25] H. Weyl, "Mathematische Analyse des Raumproblems," Berlin, Springer (1923).

[26] H. Weyl, "Darstellung kontinuierlichen halbeinfachen Gruppen durch lineara Transformationen," *Math. Zeit* 23 (1925—26), 271–309; 24, 328–376, 24, 377–395; 24, 789–791.

[27] H. Weyl, "The structure and representation of continuous groups," Mimeographed notes by Richard Brauer; Appendix by Coxeter (1934–35).

[28] E. Witt, "Treue Darstellung Liescher Ringe," *Jl. Reine und Angew. M.* 177 (1937), 152–160.

编者按：本文译自"The Greatest Mathematical Paper of All Time, THE MATHEMATICAL INTELLIGENCER, VOL. 11, NO. 3:29–38"。

一百周年纪念：Wilhelm Killing 和例外群

Sigurdur Helgason

译者：周善有

校订者：戴宗铎

Sigurdur Helgason 在哥本哈根大学和普林斯顿大学受教育。他在普林斯顿大学、芝加哥大学、哥伦比亚大学任过教，1960 年以来，他在麻省理工学院任教，他眼下的研究兴趣在李群上的积分几何和分析。他在这方面写的一本书《群和几何分析》及另外两本书曾获得 1988 年美国数学会的 Steele 奖。

John Coleman 发表在 *Mathematical Intelligencer*（Vo1. 11, No. 3）上的文章 [3] 中给出了数学家 Wilhelm Killing 的生动的传记，而且赞美了 Killing 的文章 [8]，该文的主题——复数域上单李（Lie）代数的分类实际上成了数学史的里程碑。Coleman 在文章的结论中列举了 6 条理由说明为什么他认为 [8] 是一篇划时代的作品。首要的一条是该文推进了有限单群的分类问题。这里我们要附带提一下，这个问题的解答也受到了 Claude Chevalley 关于单李代数的分类文章 [2b] 的启发，并且部分内容来自于它。

Coleman 在他的文章的标题为“Killing 介入了”和“变动的世界的静止点”的两小节中讨论了 Killing 和 Élie Cartan 关于复数域上单李代数的分类的工作。我很乐意对他的讨论做一点小小的评价（也请参看 [7b]）。

正当 Sophus Lie 和他的某些同事在莱比锡从事 $\mathbf{R}^n$ 的所有局部变换群的分类问题时，Killing 正致力于寻找 r-参数群的一切可能的集合的问题。换句话说，他对把一个向量空间变成一个李代数的一切可能的方法感兴趣。正当 Lie 受到应用于微分方程的推动时，Killing 被他在微分几何上的工作引向了这个问题。

设 $\mathfrak{g}$ 是复数域上的单李代数，那么，$\mathfrak{g}$ 同构于一切线性变换 ad X 构成的李代数，这里 $\mathrm{ad}X(Y)=[X,Y]$，X 跑遍 $\mathfrak{g}$，而 [,] 表示李代数的括弧积。为了研究这类代数，自然要尽可能有效地对角化算子 ad X。这就是把 Cartan 子代数定义为具有下列性质的子代数的动机：

（i）$\mathfrak{g}$ 的极大交换子代数；

（ii）对每个 $H \in \mathfrak{h}$，ad H 是 $\mathfrak{g}$ 的可对角化的线性变换。

对经典的单李代数，这样的 $\mathfrak{h}$ 的存在性是简单的事情；对一般的李代数，Killing 给出的只是一个不完全的证明。不足之处被 Cartan 的博士论文弥补了。即使在今天，Cartan 子代数存在性的一般证明也并不容易，通常的证明要用到关于幂零李代数的 Engel 定理和关于可解李代数的李定理；Cartan（[1e]，23 页）建议过一个可能的证明方法，这个完全不同的证明是由 Roger Richardson 完成的。Killing 在文章 [8] 中引进了单李代数的现代理论中的许多基本概念，例如：

（i）$\mathfrak{g}$ 的根；按他的定义，$\mathfrak{g}$ 的根是特征多项式 $\det(\lambda I - \text{ad } X) = 0$ 的根。

现在习惯将这个方程的次高次项系数的二倍称为 Killing 型，它等于 $\text{Tr}(\text{ad } X)^2$。Cartan 大为充分地利用了它。

（ii）根的基 $\alpha_1, \alpha_2, \cdots, \alpha_l$；所有其他的根都是基的整线性组合，他还引进了矩阵 (a_{ij})，这里

$$-a_{ij} \text{ 是使 } \alpha_i + q\alpha_j \text{ 为根的最大整数 } q.$$

现在我们称矩阵 (a_{ij}) 为 Cartan 矩阵。

Killing 发现了 $\mathfrak{g}$ 中的括弧运算关系，其中尤其是 Jacobi 恒等式，在根的某种加法性质中被反映。正是这推动他引进了上面描述过的矩阵 (a_{ij})。Killing 的分类方法构思十分壮观，它包含两个重要的步骤：

第一步，找出矩阵 (a_{ij}) 的某些必要条件（参看 Killing [8]，§13 或 Cartan [1a]，§5）。然后把满足这些条件的矩阵 (a_{ij}) 的所有等价类加以分类。

第二步，对矩阵 (a_{ij}) 的每个等价类，说明复数域上恰有一个单李代数，以此矩阵为 Cartan 矩阵。

在 Cartan 的文章 [1a] 中，起始于 §8，第二步得到明确阐述。

大致地讲，这是至今仍在使用的一些方法之一，代替第一步，可以借助于 Coxeter-Dynkn 图来实现根系的等价分类。

正如 Cartan [1a]，410 页提到的，上面所说的第一步是由 Killing 完全实现的。当 Killing 认识到 $A_3 = D_3$（$\mathbf{SU}(4)$ 和 $\mathbf{SO}(6)$ 之间的局部同构）之时，他没有注意到 $E_4 = F_4$，虽然正像 Cartan 指出的，这本可立刻由他的根表（[8]，30–31 页）得到。

虽然我们现在把 $\text{Tr}(\text{ad } X)^2$ 称为 Killing 型，把矩阵 (a_{ij}) 称为 Cartan 矩阵，从上面谈到的看，应该有理由按历史本来的面目来交换这两个名字。

上面提到的第二步，也就是一个给定的 Cartan 矩阵的单李代数的存在性和唯一性是更加困难的问题，这正是 Killing 工作中最不完美之处，虽然在

[8] 的结尾处关于存在性的结论是正确的，对于经典李代数 A_l, B_l, C_l, D_l 的矩阵 (a_{ij})，唯一性在 Killing [8]，42 页中得到陈述，而在 Cartan [1b]，第 V 章，72–87 页中得到详细验证。

Killing 文章最后 §18 的主题是例外单李代数，这无疑是他的最值得注意的发现，尽管在最初时，这些代数在他看来是一种讨厌之物，而且他也曾极力地淘汰它们，就连 Lie，他一般总是批评 Killing 的工作的，也在给 Felix Klein 的信中赞扬了这些结果 [6a]。虽然起初这些例外李代数可能并不那么受欢迎，后来它们却在李理论中起了重要的作用，例如，它迫使人们寻找一个更重要的抽象的证明而不是一例接一例地去验证，从经典李代数所作的外推必须十分小心：例如 [7c] 给出了一个关于不变量的结论，它对一切经典李代数（实的或复的）都成立，但在 17 个实例外李代数中却有 4 个对该结论不对。数学家如此努力地去得到分类，然后又同样努力地工作以避免应用它，最初这似乎令人十分奇怪。当然，所以这样做的目的是为了更好地去理解它，在构造零散的有限单群中例外李群的作用以及在近代弦理论中例外群的作用是很多未曾料到的奖赏中的两个。

关于例外李代数的真实的存在性 Killing 在 §18 中指出如何根据矩阵 (a_{ij}) 来决定它们的结构常数；然后必须对每种情况验证 Jacobi 恒等式。Killing 对 G_2 这样做了，而对其他的例外李代数却需要庞大的计算，从 Killing（[8]，48 页）的行文中，很难说他进展得有多远。Killing 也试图把 G_2 表示成 $\mathbf{R}^n$ 的真正的局部变换群，他发现 n 必须大于 4；在他把这个结果转告给 Friedrich Engel 时，他（Engel [4a]）还有 Cartan（[1b]，281 页）独立地指出 G_2 可以看成 $\mathbf{R}^5$ 的方程组

$$
\begin{aligned}
dx_3 + x_1 dx_2 - x_2 dx_1 &= 0, \\
dx_4 + x_3 dx_1 - x_1 dx_3 &= 0, \\
dx_5 + x_2 dx_3 - x_3 dx_2 &= 0
\end{aligned}
$$

的稳定群。

Cartan 在文章 [1a]，[1b] 中对例外群的第二步（即存在性和唯一性）做了许多工作，在 [1a] 中，他未加证明地提到 F_4 可以精确地表示成 $\mathbf{R}^{15}$ 的 Pfaff 方程组的稳定群（类似于 G_2 的情形），并且还指出 E_6, E_7 和 E_8 可以分别表示成 $\mathbf{R}^{16}, \mathbf{R}^{27}$ 和 $\mathbf{R}^{29}$ 中的切变换群。在他的博士论文中，Cartan 根据矩阵 (a_{ij}) 确定结构常数，并明确地说明了这是如何蕴含唯一性的（参看 [1b, 93 页]）。至于存在性，Jacobi 恒等式总是要验证的；由于 Cartan 给出的结构常数具有非常简单而又对称的形式，可能他实际已验证了 Jacobi 恒等式，但他从未提起过此事。如果可以指出 Cartan 在 [1a] 中给出的上面提到的模型是带有提到过的结构常数的李代数，那么，验证就是不必要的。Cartan

在他的博士论文中也给出了例外群的另一组模型，证明仍是梗概性的。但无论如何，应该完全相信，Cartan 自己证明过例外群的存在性与唯一性，其细节从略，只是因为太复杂。

后来，关于第二步的两部分的更重要的一般性证明被给出了。唯一性是被 Hermann Weyl 证明的 [12]；至于存在性，Ernst Witt [13] 和 Chevalley [2a] 给出了一个证明（详细的证明在 Harish-Chandra [5] 中给出）。

现在回到 Coleman 的文章，我同意他下面的看法：在过去，Killing 的工作一直被 Cartan 的工作得到了较好的承认，Coleman 的文章也是对此的一个有价值的贡献。

Coleman 还问道："为什么 Killing 的工作被忽视?"我想用现代的术语这样说是合理的，Cartan 的博士论文相当于一种友好的接替。除了许多其他的新结果外，Cartan 的博士论文给了分类问题的一个完整解答，就这个问题而言，至少已不用再去纠缠 Killing 的那篇不严格的论文了。除给了一个清楚的阐述外，Cartan 的博士论文具有一流的学术水平，尤其是它给出了与 Killing 工作的确切的联系，并且公正而又详细地评价了 Killing 的工作，有好的也有不好的方面。实际上，Cartan 的博士论文比他后来关于微分几何的论文更好读，后者反映了他对李群积累起来的经验及他非凡的几何直觉。

一个更富有挑战性的问题似乎是：尽管 Cartan 的结果的重要性得到了承认，而且他的叙述又是明白无误的，为什么消化 Cartan 的论文却用了如此长的时间？虽然这些结果对我们似是明确具体的，或许在 Cartan 的同时代人看来相对地还是抽象的，因为在那篇文章中，确定的变换群应用于微分方程已不再是占支配地位的主题了。无论如何，似乎 Cartan 独自占据了李代数领域差不多有四分之一世纪。（一个值得注意的例外是 1905 年发表的文章 [9] 中的 Levi 分解。）这里也许应该注意到，Cartan 在他博士论文以后发表的有关李代数的文章，例如他关于实数域上单李代数分类的文章 [1d] 和关于表示理论的文章 [1c] 比他的博士论文要难得多。

对于实数域上单李代数的分类和结构理论，基本工具是 Cartan 子空间 $\mathfrak{a}$，它由下列性质来定义：

（i）对每个 $H \in \mathfrak{a}$，$\mathrm{ad}\, H$ 是 $\mathfrak{g}$ 的（实）可对角化线性变换。

（ii）$\mathfrak{a}$ 关于性质（i）是极大的。

相应的根的理论更加复杂，这里一个根的两倍可以还是根。此外，一个根的重数现在可能大于 1。根据分类理论，我们可以推导出根的形式连同它们的重数在同构的意义下决定了 $\mathfrak{g}$（[7a], 535 页）；然而，至今似乎尚未得到这个事实的一个简单直接的证明。

在 [3] 的 30 页，Coleman 推测，如果 Cartan 不知道 Killing 的工作（比

方说 Killing 的那篇文章因不严格从未发表），或许他不会成为一个数学的研究家。基于我对 Cartan 的天才的推崇，我认为这种可能性是极不着边际的。在师范学院他的班级中，Cartan 是尖子学生 [6b]；由于 Gaston Darboux 的教导，他和他的同学们埋头研究 Lie 的工作和微分几何。如果 Killing 没有出现，Cartan 可能早些进行他在 1902 年才做的无限李群上工作，同时也可能会早些进行他在微分系统（1899 年）和微分几何（1910 年）上的工作。通过他在微分几何的对称空间的工作（1926 年），如果不是更早些，他仍然可能发现单李代数的分类，因为对称空间的分类等价于实数域上单李代数的分类。当然这纯粹是臆测。

具有讽刺意味的是，尽管 Lie [10，第 3 卷，768−771 页] 严厉地批评了 Killing 的工作，人们仍然说 Killing 的文章是第一道闪光，它引导李群和李代数理论稳步地前进，成为数学的一支力量，独立于微分方程，并且不断地增加着对数学和数学物理的影响。所以，在 Killing 的划时代的文章发表一百周年之际，所有的数学家来纪念他似乎是合适的。

参考文献

[1a] É. Cartan, Über die einfachen Transformationsgruppen, *Leipzig Ber.*, 1893, pp. 395−420; reprint, *Oeuvres complètes*, vol. I, no. 1, Paris: Gauthier-Villars (1952), 107−132.

[1b] ——, Sur la structure des groupes de transformations finis et continus, Thèse, Paris Nony, 1894; reprint, *Oeuvres complètes*, vol. I, no. 1, Paris: Gauthier-Villars (1952), 137−287.

[1c] ——, Les groupes projectifs qui ne laissent invariants aucune multiplicité plane, *Bull. Soc. Sci. Math.* 41 (1913), 53−96.

[1d] ——, Les groupes réels simples finis et continus, *Ann. Sci. École Norm. Sup.* 31 (1914), 263−355.

[1e] ——, Groupes simples clos et ouverts et géométrie riemannienne, *J. Math. Pures Appl.* (9)8 (1929), 1−33.

[2a] C. Chevalley, Sur la classification des algebrès de Lie simples et de leurs représentations, *C. R. Acad. Sci. Paris* 227 (1948), 1136−1138.

[2b] ——, Sur certains groupes simples, *Tôhoku Math. J.* 7 (1955), 14−66.

[3] A. J. Coleman, The greatest mathematical paper of all time, *The Mathematical Intelligencer* 11, no. 3 (1989), 29−38.

[4a] F. Engel, Sur un groupe simple à quatorze paramètres, *C. R. Acad. Sci. Paris* 116 (1893), 786−788.

[4b] ——, Wilhelm Killing (obituary), *Jber. Deutsch. Math. Verein.* 39 (1930), 140−154.

[5] Harish-Chandra, On some applications of the universal enveloping algebra of a semisimple Lie algebra, *Trans. Amer. Math. Soc.* 70 (1951), 28–96.

[6a] T. Hawkins, Wilhelm Killing and the structure of Lie algebras, *Archive for Hist. Exact. Sci.* 26 (1982), 126–192.

[6b] ——, Élie Cartan and the prehistory of the representation theory of Lie algabras, preprint 1984.

[7a] S. Helgason, *Differential Geometry, Lie groups and Symmetric Spaces*, New York: Academic Press (1978).

[7b] ——, Invariant differential equations on homogeneous manifolds, *Bull, Amer. Math. Soc.* 83 (1977), 751–774.

[7c] ——, Some results in invariant theory, *Bull. Amer. Math. Soc.* 68 (1962), 367–371.

[8] W. Killing, Die Zusammensetzung der stetigen endlichen Transformationsgruppen II, *Math, Ann.* 33 (1889), 1–48.

[9] E. E. Levi, Sulla struttura dei gruppi continui, *Atti Accad. Sci. Torino* 60 (1905), 551–565.

[10] S. Lie and F. Engel, *Theorie der Transformationsgruppen*, 3 vols. Leipzig: Teubner (1888—1893).

[11] R. Richardson, Compact real forms of a semisimple Lie algebra. *J. Differential Geometry* 2 (1968), 411–420.

[12] H. Weyl, *The structure and representations of continuous groups*, New Jersey: Inst. Adv. Study Princeton, Notes. (1935).

[13] E. Witt, Spiegelungsgruppen und Aufzählung halbeinfacher Liescher Ringe, *Abh. Math. Sem. Univ. Hamburg* 14 (1941), 289–322.

编者按：本文译自“Helgason S. A centennial: Wilhelm Killing and the exceptional groups [J]. The Mathematical Intelligencer, 1990, 12(3): 54–57”。

中国数学

中国多复变学科的创建

殷慰萍

殷慰萍，首都师范大学教授，长期从事多复变函数论的教学与研究工作。

中国的多复变函数论学科是在中国科学院数学研究所（下面简称数学所）创建然后发展至全国的。现记述中国多复变函数论创建时期的情况以庆贺数学所成立 60 周年。20 世纪 50 年代是中国多复变函数论学科的创建时期。1950 年华罗庚先生偕夫人和儿女从美国回到国内，给中国带来了多复变函数论（以下简称多复变），开始了在中国创建多复变学科的工作。

一个学科或者说一个研究方向在国内创建成功，首先要有一个研究队伍，单枪匹马不行，因为万一遇到不测或改行，没有传人，则该学科或方向也就随之消失。其次，要有该学科或该方向的研究成果，这是该学科或该方向建立起来的一个重要标志，没有成果表明该方向或该学科还是一片空白，队伍也很快会散去或不可持久。最后，要得到国际的认可。数学无国界，从每一种学科的世界地图来看，若得不到国际的认可，那么就不能说在中国创建了该学科。以上三方面达到，就表明该学科或该方向在国内创建成功，最主要是出成果、出人才。下面就以上三方面叙述 20 世纪 50 年代中国多复变创建时期的情况。

一、中国多复变创建时期研究队伍的建立

华罗庚 1950 年回国时，正值他研究多复变的高峰时期，因此他就立即物色研究多复变的人才。陆启铿是华罗庚的第一个多复变学生，华罗庚亲自指导他达 3 年之久。此后才有龚昇和钟同德的加入，形成了中国多复变创建时期的 4 人基本队伍。

1.1 陆启铿成为华罗庚在国内的第一个多复变学生

陆启铿 1950 年毕业于中山大学数学系，留校当助教。他的毕业论文“模函数”被华罗庚看到，华罗庚慧眼识珠，建议中国科学院发函给中山大学调陆启铿到数学所筹备处当第一批研究实习员。由于中山大学一直挽留，到 1951 年陆启铿才报到任职，随即师从华罗庚教授学研多复变，成为华罗庚在中国的第一位多复变学生。

在 20 世纪 50 年代早期，陆启铿是唯一由华罗庚教授亲自指导学习多复变的学生。华罗庚根据陆启铿的情况首先指导他读一本模函数方面的书，要求他看完一章就汇报。陆启铿回忆说：“华先生要求我一个人站在上面讲，他一个人坐在下面听。然后他一点一点地向我提出问题，追问为什么，给我挑毛病，直到解释满意为止。这样几次课下来，不仅我对所讲的内容加深了理解，而且华先生那种对证题过程严密的要求，思考问题严谨深入的态度，更给了我终生难忘的影响。”1952—1953 年，北京大学有一个多复变讨论班，讨论华罗庚从莫斯科带回来的 1948 年出版的 B. A. Fuchs 的《多复变解析函数论》(俄文)。大约有 10 个人参加了这个讨论班，其中包括程民德、庄圻泰、闵嗣鹤、许宝騄等著名的中国数学家。陆启铿从这本书以及华罗庚构造典型域的完备标准正交系的工作中学到了很多关于 Bergman 度量和 Bergman 核函数的知识。但在这个讨论班之后，除了华罗庚、陆启铿外，没有其他人再去研究多复变。那时，Kaehler 几何、Bergman 核函数在国际上刚受到重视，华罗庚建议陆启铿也做这方面的工作。当时没有专门介绍这方面的书籍，他便在华先生指导下阅读文献、思考问题。陆启铿说：“那时我年轻劲头大，华先生住在清华园，不管什么时候，只要他想到问题，就到我宿舍来敲门，和我讨论。华先生那种工作起来就什么都不顾的投入精神对我起

了潜移默化的作用。”就这样陆启铿在华罗庚亲自、单独、严格的指导下学习工作了 3 年，可谓“得天独厚”，打下了多复变的坚实基础（这相当于研究生毕业）。1954 年陆启铿被提升为助理研究员（相当于讲师）。这 3 年多复变的队伍就他们师生 2 人。

1.2 钟同德、龚昇于 1954 年加入多复变队伍

1954 年，钟同德、龚昇先后分别从厦门、上海来到数学所，形成了 4 人组成的多复变研究队伍。钟同德 1950 年 7 月毕业于厦门大学数理系数学组，留校任教。1954 年 8 月—1956 年 8 月来数学所进修 2 年，向华罗庚学习多复变。龚昇 1950 年 7 月毕业于上海交通大学数学系。此时中科院正筹建数学所，他被分配到数学所筹备处，但因正式成立数学所尚需时日，于是他跟随陈建功学习单复变几何函数论。直到 1954 年末，陈建功才安排龚昇去数学所跟华罗庚学习多复变。1958 年龚昇正式调到中国科学技术大学工作，筹办数学教研室。

1.3 陆启铿与钟同德、龚昇一起学习多复变

华罗庚时任中科院数学所所长，公务繁忙，因此总是陆启铿和龚昇、钟同德 3 人在一起学习多复变的基础知识。在华罗庚的建议下，陆启铿写了一份讲义“多复变数函数与酉几何”（1956 年发表在《数学进展》上），酉几何就是现在所谓的 Hermite 几何，但当时主要是讨论 Kaehler 几何，特别是 Bergman 度量下的几何。1954—1955 年，陆启铿遵循华罗庚的指示组织讨论班，讨论“多复变函数与酉几何”，由龚昇、钟同德等人轮流报告。这就是中国多复变学科初创阶段的情况，基本队伍只有 4 个人。

1.4 其他

陆汝钤在 1959 年从东德留学回国后分配在数学所函数论室工作，在陆启铿指导下学习多复变，并在 1965 年发表论文“On the harmonic functions on a class of non-symmetric transitive domains”（*Sci. Sinica*, 1965, 14: 315–324），大家知道，对称齐性域的 Laplace-Beltrami 算子能零化其 Poisson 核，该文发现，此性质在非对称齐性域上不成立，其后许以超证明这一性质是对称齐性域的特征性质。“文化大革命”后陆汝钤改行计算机科学，1999 年增选为中科院技术学部院士。

许以超 1956 年作为研究生来到数学所，专业方向为代数，后来到了函数论室，此后才开始接触多复变。他的第一篇多复变论文是与陆启铿合作的“关于可递域的一个注记”（数学学报，1961, 11 (1): 11–23），该文对“有界齐性域的曲率是非正”的华罗庚猜想给出了反例，其后许以超在有界齐性域

的分类上做出了贡献。但是从 1959 年开始，他和陆汝钤 2 人才开始接触多复变，不能算是多复变创建时期基本队伍的成员。

由于北京大学的程民德认识到多复变的重要性，诚邀华罗庚到北京大学开设“多复变专门化”，培养多复变的研究人才。华罗庚因工作忙，将此任务委派给陆启铿。1959 年秋，北京大学“多复变函数论专门化”正式开班，学生 10 人，到 1962 年 7 月结束，共 3 年。陆启铿亲自授课两门，一门是“多复变数函数论引论”，另一门是“典型流形与典型域”，并指导了这 10 个学生的毕业论文。整个流程与现在 3 年制的硕士研究生完全一样。这 10 个学生是钟家庆、殷慰萍、陈志华、孙继广、陈志鹤、曾宪立、文涛、石赫、王大明、王惠民。1956 年钟同德回到厦门大学，1957 年开设了多复变课程培养多复变人才。因此在 20 世纪 50 年代，中国多复变的基本队伍就只有华罗庚、陆启铿、龚昇、钟同德 4 人，其他就是刚开始学习多复变基本知识的一批人，包括上述北大和厦大的一些学生，这就是中国多复变创建时期的队伍。

二、中国多复变创建时期的研究成果

2.1 华罗庚的研究成果

1952—1955 年，华罗庚研究典型域上的多复变函数论，用矩阵技巧和群表示论的方法给出了典型域上的完备标准正交函数系和 Bergman 核、Cauchy 核与 Poisson 核的显式表达式以及典型域上的一些积分计算。华罗庚的这一系列工作以“典型域上的多元复变函数论”为项目名称于 1956 年获得第一届国家自然科学奖一等奖，后来这些获奖成果总结在他的经典著作《多复变数函数论中的典型域的调和分析》一书中。该书 1958 年由科学出版社在北京出版。1957—1959 年，华罗庚和陆启铿合作研究并发表了一系列研究调和函数的文章，从而在典型域上建立了调和函数的完整的理论。由于准备另出专著，因此华罗庚在上述经典著作中并未介绍典型域上的调和函数的内容。

2.2 陆启铿的研究成果

陆启铿在 20 世纪 50 年代中国多复变创建时期发表的学术论文有 25 篇。主要成果有：1956 年在《数学进展》上发表“多复变数函数与酉几何”；1957 年与钟同德一起给出了 Bochner-Martinelli 积分的 Plemelj 公式；1957—1958 年在一系列文章中证明了“Bergman 度量下的 Schwarz 引理”（现在称为陆启铿引理），发现了 Schwarz 常数和其他 2 个解析不变量，从而找到了不可约对称有界域的全系解析不变量，据此对不可约对称有界域进行了完全分类，并在多复变中第一次把 Schwarz 引理与曲率联系了起来；证明了多复变数空间中有界域的 Carathéodory 度量不可能大于 Bergman 度量，从而有了现在的“陆启铿常数”；1958—1959 年，与华罗庚合作发表 8 篇系列文章，给典型域的调和函数建立了完整的理论；1959 年在北京大学开设“多复变函数论专门化”，培养多复变研究人才。由此可知，在 20 世纪 50 年代陆启铿就获得了一系列具有国际领先水平的成果，并影响至今。

2.3 钟同德的研究成果

钟同德在 20 世纪 50 年代的工作是与陆启铿合作发表在《数学学报》上的“Plivalov 定理的拓广”，给出了 Bochner-Martinelli 积分的 Plemelj 公式，以及 1957 年开始，他在厦门大学开设多复变课程，培养多复变的研究人才。

以上是 1950—1959 年间，华罗庚等人在中国多复变函数创建时期做出的主要贡献和研究成果。

三、创建时期学术成果得到国际公认，中国多复变学科创建成功

华罗庚在 1952—1955 年的多复变的研究成果就是获奖项目“典型域上的多元复变函数论”的内容，1957—1959 年，华罗庚和陆启铿一起建立了典型域上的调和函数论，这两者是华罗庚在这一时期的研究多复变方面的标志性成果，前者总结在华罗庚的经典著作《多复变数函数论中的典型域的调和分析》中，该书已被译成俄文和英文出版；对这两个标志性成果，丘成桐有著名的评价：领先西方 10 多年。

1957 年的文章“Plivalov 定理的拓广”受到苏联 Gahov 学派的好评；1958 年关于“Schwarz 引理及解析不变量”等一系列成果，被写在苏联数学家 Fuchs 所著的多复变函数论专著中。

陆启铿写的“十年来的中国多复变研究（1949—1959）”（A study of several complex variables in China during the last decade, *Scientia Sinica*, 1959, 8 (11): 1230–1237）被美国数学会的《Notices》转载。

这些都表明中国多复变创建时期的成果得到了国际公认。因而从队伍、成果和国际公认这 3 方面讲，完全可以说在 20 世纪 50 年代，以华罗庚为首的中国多复变学者在中国成功地创建了多复变函数论这一学科，而且其水平是国际领先的。从上面的叙述也可以看出，在这个创建过程中，陆启铿的作用是不可或缺的。因此结论是：“华罗庚给中国带来了多复变函数论，以他为首的中国多复变学者于 20 世纪 50 年代在中国创建了多复变学科并形成了华罗庚学派。”简单地说就是“华罗庚在中国创建了多复变学科”。

编者按：本文节选自“中国数学会通讯，2013(1)”。

我在浙大的学习经历

——暨回忆陈建功先生及其弟子们

夏道行

录音及整理：方建勇

夏道行，1930 年生，国际知名数学家，长期从事数理研究，在函数论、泛函分析、算子理论与数学物理方面做出贡献。1980 年当选为中国科学院学部委员（院士），后任美国范德比尔特（Vanderbilt）数学系教授至荣退。

编者按：本文是夏道行先生于 2017 年 5 月 20 日参加浙江大学建校 120 周年校庆期间为数学系校友返校安排的学术交流活动，在玉泉校区数学科学学院所做的演讲。

1950 年全国只有北京大学（以下简称北大）和浙江大学（以下简称浙大）招收数学研究生。北大录取了两个人，胡和牛和我（龚昇没考北大），我们同时也考进了浙大。北大是要考试的，相当厉害的考试，浙大不需要考试，同现在美国招研究生差不多，你只要写一张自传性的简历，由老师推荐就行了。北大就只录取了胡和生和我，浙大呢，则录取了龚昇、胡和生和我三个人。我们当时这样想，我们不是要投名校，北大当然比浙大名气大一些，而是要投名师，陈先生（陈建功）、苏先生（苏步青）那是全国第一等的。我觉得我们的选择非常对。选择陈先生做我的导师，这对我的一生影响很大。后来由于陈先生、苏先生都是科学院的研究员，龚昇就改成陈先生的实习研究员，所以实际上他来浙大是作为科学院的实习研究员，他没有做过研究生。和生呢，后来苏先生把她改成实习研究员。所以我们那一届研究生最后就成了我一个人。到了 1952 年毕业的时候，在全国数学方面也只有我一个研究生毕业（哄堂大笑）。

在浙大的第一年，陈先生讲一门专门课程，更主要的是我们每学期要参加专题讨论班，讨论班主要由我、龚昇、董光昌三个人做报告，有时张鸣镛也来做报告。陈先生对我们讲，在讨论班上不但要报告你们读的论文，最好还要报告你们的最新成果。他每次遇到我们，常问我们有什么新的结果。跟陈先生学了四个礼拜以后，对于陈先生讲的一个定理，我觉得可以改进并且做出些应用，于是写出来给陈先生看，陈先生一看就说你到讨论班报告吧，后来大家提了意见，写成了一篇文章。当时《数学学报》开始创刊，由华罗庚先生主编，陈先生是编委，把我这篇文章推荐到《数学学报》。由于刚刚开始创刊，连编辑部都还没有组织起来，华先生亲笔给我回信，说是第一期发表。《数学学报》第一期第一篇文章是苏先生的，第二篇文章是华先生的，我的是最后一篇，当然咯。(哄堂大笑，提问：当时《数学学报》是英文还是中文？) 只是英文一种，中文摘要。这是我做研究生两年中发表的四篇文章之一，其余三篇都发表在《科学记录》上，后来这个杂志停刊了。(有人问：是不是后来改成《科学通报》？) 不是这样的，当时《科学记录》相当于法国科学院的 Comptes Rendus，苏联科学院的 Doklader，美国科学院的 Proceedings，也是英文的，有中文摘要。那么，这个杂志应该说要求比较高，我是很幸运，主要是由陈先生指导的。这些工作有什么意义呢？1956 年我解决苏联函数论专家 Golovzin 的两个猜测，其中部分方法来源于我做研究生时发表的论文。

陈先生 1952 年开始到复旦去了，到 1956 年的时候，陈先生推荐我到苏联去留学。当时到莫斯科大学函数论教研组主任 Menshoff 院士那里报到，我说要跟 Gelfand 学，他说 Gelfand 不属于莫斯科大学，他属于苏联科学院。因为当时我俄语很不好，所以是请孙永生陪我去的，可能大家知道这个名字，北师大的。他对我讲，他帮了我的忙，他让我直接去找 Gelfand，Gelfand 每个礼拜一的晚上 7:00−10:00 有讨论班。我们在讨论班开始之前直接去找他。我带了当时已经发表了的 20 多篇文章的抽印本送给他，否则 Gelfand 是不会接受的。他晓得我搞函数论，他不搞，他搞泛函分析。他说我把你的文章送给别人看一看，然后决定是否接受你。到第二周他过来跟我讲，别人看过了，你中间有几篇文章有意思，大概就是指这两个猜测，所以我能跟 Gelfand 学习，也是拜陈老所赐。

以后我大概不会再做学术报告了，因为年纪太大了。我想这一次我一定要来，最主要是表达对陈先生感恩的心情。我还要讲一讲卢先生，卢庆骏先生，大家可能不太知道，他应该是陈老的有成就的学生中的第一位。他是新中国成立前三年去美国留学的，他是从 Zygmund 那里得到博士学位的，Google 上称 Zygmund 是 20 世纪最伟大的分析学家之一。卢先生很快得到博士学位后就在一个研究所做相当于博士后的工作，主要是做概率论、数理统计方面的。他是新中国成立前后回国的，担任浙大数学系系主任和数学研究所所长。他是陈苏学派的大将。他为研究生和高年级学生开了一门“概率论和数理统计”，龚昇没听这门课，我修了这门课，修这门课的还有其他一些同学，王元比我低两届，他是选了这门课的。卢先生的这门课水平很高，讲“概率”是从 Kolmogorov 的公理体系讲起，还讲了 Markov 链，Kolmogorov

的 Markov 过程理论，平稳过程理论。他还在课外指导我读 Paley 和 Wiener 的《复区域上的 Fourier 分析》一书的最后一章，即第九章，这一章是由 Wiener 一个人写的，讲 Brown 运动过程。我建议大家，如果有空的话都读一读，只要懂得什么是概率，和一点点随机过程的概念，就可以读懂它。这一章是非常天才的。所有这些对我影响很大，当然还有 Gelfand 的影响，所以后来我才能写出《无限维空间上的测度和积分》这本书。卢先生后来到复旦工作，他在美国时做概率论和数理统计工作，和钱学森是不是相识我不知道，但他们这批人是有联系的。卢先生后来告诉我，他调去搞军工了，可能是他对我讲的，钱学森开了名单，都是从美国回来的，卢先生也在内，国务院就下调令，调他们去。后来他当然没有做多少纯数学的工作了。我问他，你现在搞什么，他说你如果进来我一定告诉你，我猜得出大概和概率、数理统计有关。后来他有很大贡献，当了全国政协委员，如果大家要详细地了解他，他夫人张复生是化学家，写过一篇文章专门讲卢先生，发表在哪儿我忘掉了。这是第一员大将。

第二员是大家听到过的程民德先生。程民德先生也是到美国跟 Bochner 学习，Bochner 是很有名的，他对 Fourier 变换有重大贡献。如果你学过概率论，特征函数的表示就是 Bochner 的定理。程先生也是干了两三年就得到博士学位。程民德先生在国内跟陈先生搞单元的 Fourier 级数，到美国后搞多元 Fourier 级数。他当时是教育部所辖的函数论方面的领袖人物，我们每次开会都是由他来主持。我因为私人关系也经常去拜访他，他对我的教诲也很多。再说一下，今年 10 月 12 日到 28 日要在北京大学开一个纪念程民德院士一百周年诞辰的学术会议，就是调和分析会议。如果大家有兴趣参加就和张恭庆院士联系。他一个月以前发了一个电子邮件给我，邀请我做学术委员，我当然义不容辞，很荣幸的咯，那么这是第二员大将。

第三员大将，大家也是知道的，是徐瑞云先生，她一直在浙大，后来去德国留学，她的导师的名字大家都知道，就是实变函数论中的 Carathéodory 条件的这个名字，她是 Carathéodory 的关门弟子。还有一个，大家不是那么了解，越民义先生，搞运筹学的。我所熟悉的、认识的就这些人，那么新中国成立以后和我年纪相差不多或者比我更年轻一点的学生，我应该不需要提了，像在座的……那他自己会讲的咯（哄堂大笑）。

还有一点应该要讲的，哪一年我忘记了，大概是 1958 年，陈先生调到杭州大学当副校长，他当时已经 70 岁左右了，他自己带研究生，杭州大学现在就是浙大了，对吧，培养了一大批杰出的人。有我所熟悉的重要的几个：一个是陈天平，他后来搞函数论的应用，很有成就。他是复旦招的研究生，陈先生到了杭州大学，所以他就把陈天平带到杭州大学，名义上是复旦大学招的研究生，实际上是在杭州大学跟陈先生学的。还有王斯雷、施咸亮，这是我熟悉的，都是有杰出贡献的。那么再讲讲关于陈苏学派的，我当然讲的是陈先生的部分了，苏先生的呢，谷超豪去世，胡和生身体不适又不能来，我又不太熟悉，不能乱讲，只能讲到这里为止。（以下是数学部分，略去。）

我与陈省身先生的浙大情缘

方建勇

方建勇，浙江大学 1998 级数学系学生。

本文是为纪念浙江大学 120 周年华诞暨纪念陈省身先生 106 周年诞辰而作。

我是 1998 年进入浙江大学数学系的，那时候的数学系跟现在的数学科学学院其实有些略微的不同。数学系是一个系科的设置，到了 2002 年以后，数学中心与数学系并列设置，数学系是归属于理学院的，数学中心则归校长办公室直接管辖，所以层级不一样，是从一个教学的体系到一个数学研发体系的跨越。

当时第一任的数学中心主任是丘成桐，也就是从那时候起，陈省身先生与浙大的情缘其实已经固定下来了。丘成桐作为陈省身先生的得力门生，获得了菲尔兹奖和沃尔夫奖等国际数学大奖，陈省身先生师徒两人是华人数学界的翘楚。

我与陈省身先生的第一次交集，应该是在 2001 年的秋天，那时候我读大四，有一门课程是微分几何，沈一兵老师教的。沈一兵老师是白正国先生的弟子，白正国先生是苏步青先生的弟子，也就是说，在浙大数学系的历史上，著名的陈苏学派奠基人之一苏步青先生，他的微分几何，通过白正国等先生，直接传到了以沈一兵老师为代表的核心力量手上。

2001 年秋，沈一兵老师给我们小班上课。记得我们的上课地点是在西溪校区西二教学楼的 326 小教室。当时我们数学班一共就 29 个人，其间一进一出，一位同学转到其他系，另一位同学从其他系转到我们班，这样同学的总人数没有变化。

在 326 教室沈一兵老师教微分几何，沈老师在浙江大学的微分几何界还是有很高地位的，这主要是有苏步青先生和白正国先生做的一个传承。到了 2001 年秋天的时候，陈省身先生来浙大讲学比较多，接待的都是沈一兵老师，因为陈省身的主攻方向也是微分几何，他们两位一位是属于全球数学界微分几何方向的领袖人物，一位是在浙大微分几何研究方向的主要传承人。

当时我记得，我们浙大微分几何主要的发展据点是在西溪校区的教学主楼四楼。四楼整层是属于我们数学系的，其中有一间大的自修室是我们数学班专用的，办公室主要给两类老师准备，一类是日常任课的老师，另一类是访问学者、客座教授，等等，陈省身先生应该是浙大的客座教授。也就是说，陈省身先生跟浙大的情缘，据我所知，发生得比较紧密是从 2001 年的秋天开始.

二战以后，在欧洲的科学阵地包括数学等高精尖的研究领域，大量科研人员从欧洲迁移到了美国，陈省身先生差不多也是在这个时候到美国的。他在加州大学伯克利分校当教授，还在加州大学伯克利分校创办了数学研究所。

应该是在 20 世纪 80 年代的时候，陈省身先生回国到了南开大学，那时候我们国家正逢改革开放初期，百废待兴，国家领导人对数学研究也是很重视的。陈省身先生到了南开大学以后，南开大学专门配合他建立了南开大学数学研究所。南开大学数学研究所后来成了陈省身在国内发展重要的核心据点。浙江大学的微分几何研究，自陈苏学派传承下来积累了庞大的资源、人才和教学经验，从而与陈省身先生领导的南开大学数学研究所有一个很好的对接，由此，陈省身先生跟浙大数学系建立了良好的情谊。

另外，陈省身先生的弟子丘成桐先生受聘到了浙江大学成为客座教授，同时兼任新成立的数学中心主任，数学中心的定位是做研究，数学系的定位是教学，也就是说，数学系给数学中心输送人才。另一方面，丘成桐先生自己也开了一个班，叫丘成桐数学班，在本科阶段开始培养人才，后来他的学生刘克峰继任数学中心主任，形成了一个师资传承的体系。

2001 年秋，我经常跑数学系，西溪校区主楼四楼，然后经常在四楼或者在电梯口碰到陈省身先生。陈省身先生当时已经坐轮椅了。后来在 2003 年，在紫金港校区一次面对全校师生的公开演讲当中，同学们问 90 多岁精神矍铄的陈省身先生如何保养，陈省身先生笑着回答说不运动，这其实是很有意思的一个回答。

在我的印象当中，对陈省身先生的第一个印象就是在电梯口。我记得当时是沈一兵老师推着陈省身先生的轮椅，我也在同一个电梯里面，一起到了四楼，然后沈老师把陈省身先生带到了他的客座教授办公室。陈省身先生也把浙大作为一个微分几何研究的重要据点，也投入了不少心血。在里面办公的地方，我们同学争着跟陈省身先生合影，陈省身先生也是不厌其烦地满足我们的要求，现在想想，这也是挺可贵的，有几位同学的照片一直保留着。我记得当时用的是一个联想的数码相机，拍了很多数学系的照片，后来因为有一次电脑重装的时候不小心被格式化了，那些照片现在都找不到了。

这是第一次或者说第一阶段，我跟陈省身先生有交集的部分。

第二次是本科毕业以后，在南开大学的一次微分几何研讨会上。我记得我当时是坐火车和学长一起去，同行者也包括我们自己班的一些同学。在南开大学明珠园，陈先生与来自海内外微分几何研究方向的华人数学家做了交流。

第三次应该是在紫金港校区，2003 年的时候陈省身先生的一次全校的公开演讲。我记得当时是在一个很大的校园剧场，陈省身先生在讲台上用教学投影仪书写做报告，书写的内容会投射到大屏幕上。整个剧场座无虚席，而且走廊上也围满了老师和同学，由于台下坐的以本科生为主，陈省身先生讲得最多的，就是 dy/dx 外微分这个概念。

还有一次印象深的，那是 2007 年世界华人数学家大会在浙大举行，其实那时候陈省身先生已经过世了。那时我接待了从新竹清华大学、新竹交通大学的朋友们，也参与了世界华人数学家分论坛，论坛包括丘成桐先生的演讲与现场答问。尽管此时陈省身先生已经不在了，但是他的影响还是继续保持着。

到了第五次，虽然第五次跟陈省身先生没有直接关系，但也是有很大的意义和联系，这就是白正国先生的逝世，那已经是 2015 年了。白正国先生是苏步青先生的学生，是沈一兵老师的导师，他也是退休后返聘作为博士生导师联合培养微分几何方向的学生。他过世的时候，很多院士都来了，他是陈苏学派苏步青先生门下的弟子中最后一位走的。在浙大微分几何的中心，陈省身先生在世时就与苏步青先生及其弟子建立了很强的联系，在陈省身生先生过世后，因为丘成桐、刘克峰的到来，浙大和陈省身先生的纽带更强化了。学术的直接传承使得浙大和陈省身先生的联系更加紧密了。我们九八级数学系现在从事微分几何方向研究的，就我知道的，有两位同学，一位是李本伶，一位是於耀勇，都非常出色。

论中国古代数学家 · 序

郭书春

郭书春，中国科学院自然科学史研究所研究员。

编者按：这是作者为其著作《论中国古代数学家》（海豚出版社，2017）写的序言。

吾友俞晓群先生建议我出版一个 10 万字左右的小册子，遂将笔者 1990 年代发表的关于张苍、刘徽、王孝通、贾宪、秦九韶、李冶等中国古代六位重要数学家的论文结集，献给读者。这是笔者中国数学史研究工作一个侧面的总结，既反映了笔者不同于清中叶以来学界的某些看法，带有拨乱反正的性质，同时也体现了笔者研究数学史的某些方法。

刘徽说《九章筭术》经秦火散坏后由张苍、耿寿昌删补而成书，可是自清中叶戴震整理《九章筭术》，说张苍不可能参与其事之后，张苍便被赶出了著名数学家的队伍。笔者通过对《九章筭术》内部结构的考察，并借助于日本学者关于《九章筭术》所反映的物价的分析，证明关于《九章筭术》成书的各种论述中，唯有刘徽的论述不仅最早，而且与现存任何文献都没有矛盾，因而是最可信的。相反，戴震、钱宝琮等否定张苍删补《九章筭术》的看法却与史料相抵牾，从而恢复了张苍著名数学家的地位，并进而论述了张苍的贡献。

由于刘徽是为《九章筭术》作注的，加之人们对刘徽最重要的贡献或者搞错了，或者作为疑难而未解，或者未予涉及，"文革"前没有对他做出应有的评价。笔者自 20 世纪 70 年代末起主攻《九章筭术》及其刘徽注，弄通了刘徽割圆术和刘徽原理证明中的极限思想和无穷小分割方法，研究了率的理论，探讨了其逻辑思想并提出刘徽主要使用了演绎逻辑的观点，兼及《九章筭术》的版本与校勘，发表论文数十篇，出版汇校《九章筭术》及其增补版、《九章筭术新校》，《古代世界数学泰斗刘徽》（已 2 次修订再版），《九章筭术译注》（已第 5 次印刷）等关于《九章筭术》及刘徽的专著，得出刘徽是中国传统数学理论的奠基者、根据现存史料是中国古代最伟大的数学家的结论。

王孝通是隋唐一位重要数学家、天文学家。学术界多认为他在天文学上是保守的，但在数学上是个革新者。他说《缀术》“方邑进行之术全错不通，刍甍方亭之问于理未尽”，是《缀术》确有失误，还是王孝通不理解其真谛而妄加指责，留下了千古之谜。他自诩《缉古箅术》是千金方能排一字，认为自己的方法“后代无人知者”。笔者认为，科学家不必作谦谦君子，然像他这样自以为前无古人，后无来者，却也少见，不足为训。

“文革”之后，中国数学史界有“宋元四大家”之说，指秦九韶、李冶、杨辉、朱世杰。笔者认为，此四位应称为13世纪四大家，若要说“宋元四大家”，则不能没有贾宪。自1842年郁松年刊刻《宜稼堂丛书》本《详解九章算法》起，学术界一直认为此书仅含有《九章箅术》本文、刘注、李注和杨辉详解四种内容，贾宪的《黄帝九章箅经细草》已亡佚。笔者通过对《详解九章箅法》内容和结构的分析，发现在约存原本五卷半的《宜稼堂丛书》本共98个问题中，便有92问有《九章箅术》本文、刘注、李注之外的文字。若这都是杨辉详解，则与杨辉自序说他只详解了80个问题是不可调和的矛盾，因此必有第五种内容。根据杨辉自述，这第五种内容就是贾宪的《黄帝九章箅经细草》。因此贾宪此书约存三分之二。据此笔者论述了贾宪创造贾宪三角、增乘开方法及更加注重数学的抽象性等成就，得出贾宪是宋元数学高潮的主要推动者之一的结论。

秦九韶是中国古代最著名数学家之一，也是宋元数学高潮的主要代表人物之一。他系统解决一次同余方程组解法的大衍总数术和以贾宪增乘开方法为主导的正负开方术等重大成就，历来得到学术界推崇。然而自余嘉锡依据刘克庄和周密对秦九韶的指责于1946年发表《南宋算学家秦九韶事迹考》之后，秦九韶成就极大而人品极坏的观点在学术界一直占据主导地位。笔者认为刘克庄晚年投靠投降派贾似道，周密是贾似道的门人，秦九韶则属于吴潜为代表的抗战派，他们是政敌，政敌的话是不足为凭的。笔者将刘克庄、周密与秦九韶的言行放到南宋末年蒙古贵族与南宋统治集团的矛盾、南宋统治集团内部主战主和的两派斗争十分尖锐、激烈这个社会背景下进行分析，并征引秦九韶的《数书九章序》，尤其是长期被学术界忽视的九段“系”文，认为秦九韶是一位具有实事求是的科学精神与创新精神的数学家，是一位关心国计民生，体察民间疾苦，强烈反对政府和豪强的横征暴敛，主张施行仁政，支持抗金、抗蒙战争的正直官吏，是一位把数学作为实现上述理想的有力工具的学者。刘克庄、周密对他的指责是颠倒黑白。

自清中叶以来，中国数学史界对金元数学家李冶有很多误解，比如说李冶是天元术的发明者，其《测圆海镜》是为阐发天元术而作。实际上，李冶著《测圆海镜》时，天元术早已成熟，李冶此书只是现存最早的使用天元术的著作。《测圆海镜》根本不是为了阐发天元术，而是一部关于勾股测圆的著作。又如说天元式就是方程，实际上，天元式是多项式，不是方程，这纠正了长期的以讹传讹。以往论者对李冶的数学思想着墨较多，而对李冶的思想倾向及其演变很少论及，笔者考察了李冶的笔记《敬斋古今黈》，发现李冶固然是"通儒"，但受金朝流行的议论之学影响很深，并在金亡后长期寓居道观，受道家和道教熏陶，阐发了不少道家思想。另外，关于李冶被授予翰林学士的年代，《元史》等有四五种不同说法。笔者根据王恽《中堂事记》考订，1261 年 7 月忽必烈决定授李冶等为翰林学士，8 月 11 日发布制词，《元史・李冶传》的记载并不准确。

以上 6 篇文章基本上按照原来出版的文字排印。但由于发表在不同的文集，体例要求不尽相同。这次结集出版，尽量统一，比如参考文献统统置于文后，而随文注释则置于本页底端。这次整理加了部分注释，则标以"今按"，以示区别。同时，对《张苍》《贾宪》的各节拟定了标题。《刘徽》篇原有对《九章筭术》的概述，因与《张苍》篇雷同而删去。凡引用《九章筭术》及其刘徽注的文字则均按笔者《九章筭术新校》(中国科学技术大学出版社，2014 年）做了订正。

这些文章起草至今都在 20 年以上，这次结集出版，不可能全面修订。不当之处，恳请方家指正，则不胜感激之至。

关于《中华大典·数学典》

郭书春

《中华大典》是国务院批准的重大文化出版工程，被列为国家文化发展纲要的重点出版工程项目，前新闻出版署将其列为“十一五”国家重大出版工程规划之首，也是国家出版基金重点支持项目。《数学典》是其二十几个典之一，于 2006 年春启动。经过 30 余位同仁 11 年不懈努力，现已编纂完成，2017 年 12 月《中华大典》办公室下达了《数学典》交付印刷的通知。2018 年 6 月《数学典》已由山东教育出版社出版。《数学典》分《数学概论分典》（1 册）、《中国传统算法分典》（4 册）、《会通中西算法分典》（3 册）、《数学家与数学典籍分典》（1 册），共 9 册，1491 万字。现简要介绍《数学典》的编纂情况，请批评指正。

一、《数学典》的编纂

2006 年春，由吴文俊、任继愈、席泽宗三位大师推荐，郭书春主持《数学典》的编纂，随即向全国数学史同仁发出约请通知，获得热烈回应，组织了编委会，郭世荣、冯立升应约出任副主编。同时，我们根据《中华大典》的有关规定，结合《数学典》的具体情况，起草了“《中华大典·数学典》编纂方案及校点条例”，并在 2006 年 12 月 26 日召开了第一次编委会会议，任继愈、吴文俊等先生和《中华大典》工作委员会及其办公室、山东教育出版社、山东出版集团的负责人参加了会议。由此正式开始了《数学典》的编纂工作。

《数学典》的编纂有许多有利条件。

由于李俨、钱宝琮、严敦杰、李迪和同仁们的努力，中国数学史的研究基础相当好，这是编纂《数学典》的基础。

《数学典》的编委会相当强，参加编纂的 30 余位先生，大都是中国数学史领域的学术带头人和科研骨干，除主编之外，全都是数学史的博士、硕士。他们功底深厚，学风严谨，工作认真，一以贯之。与有的典“铁打的军营流水的兵”，一个总部换几拨人来编不同，《数学典》各总部都是一二位先生从头编到底，责任心强。完成编纂的各位先生都是在编纂经费相当低的时候参加的，可谓是不计名利，为了数学史事业的发展无私贡献。

山东教育出版社对这项工作非常重视。陆炎总编辑日理万机，时时关心《数学典》的工作。责任编辑韩义华先生年逾花甲，编辑经验丰富，工作非常认真负责，常常发现总部主编和分典主编没有发现的问题，提出真知灼见。山东教育出版社为《数学典》争取到相当丰厚的经费，是各典中最高的，并且破例在各总部标题下印出总部主编，而不像其他典那样只在分典说明中提及。

编纂工作得到了《中华大典》主编任继愈、副主编吴文俊、席泽宗和工作委员会、办公室的关心支持，以及国家出版基金委的资金保障。

编纂工作还得到了中国科学院基础局和自然科学史研究所、内蒙古师范大学、清华大学等有关单位的领导和图书馆的强有力的领导及经费、人力、物力、图书的支持。在大典办公室和中国科学院自然科学史研究所图书馆协助下，将 1500 万字的数学古籍做了数字化数据，同时郭书春花半年的时间，整理了《数学典拓展库书目》(22 万字)，为后来的编纂工作提供了方便。

当然，我们的困难也很多。首先，《数学典》编纂人员都十分忙。在编纂《中国科学技术史·数学卷》时，郭书春说过："从事任何一项课题，你请来的都是忙人，不忙的你也不敢请。"本典的编纂人员有高等学校的学院院长、研究所所长和国家机关和部队的司局级、师级领导干部，许多先生承担国家和省部级的研究课题，担负相当繁重的教学、科研和行政任务，不可能全力投入《数学典》的编纂。

其次，编纂工作对大多数编纂人员实际上是边干边学的过程。因为他们大都是理工科出身，古籍校勘、标点和版本等知识先天不足，需要在编纂中不断学习这些知识。

第三，中国数学史尽管是研究基础相当好的学科，但是我们工作的主要对象数学典籍，95% 以上是明末至清末的，除了二三十部重要典籍外，大多数被研究得不够甚至从未被研究过。因此，编纂工作实际上是边研究边编纂的过程。这大大增加了编纂的难度。

在《数学典》立项之前，其主要编纂人员于 2004 年承担了中国科学院重大科研项目《中国科学技术史·数学卷》的撰著任务，《数学卷》申请到的科技部学术专著出版基金要在 2009 年结题，我们不得不在 2009 年将主要精力转入《数学卷》的撰著。

二、《数学典》的宗旨

《数学典》在保留中国古代数学的特色基础上，运用现代数学的观念和方法，对远古到清末（1911 年 12 月 31 日前）在中国疆域范围内产生的汉文典籍、文献资料、出土文物等中有关数学的资料进行系统的整理、分类、汇编，以期为中国科学史和文化史、数学和数学史的研究者、爱好者提供准确、全面、可信的学科资料。

《数学典》在编纂中坚持“质量第一”的原则：内容全面而没有重大脱漏，分类科学而基本上没有交叉重复，取材精当而防止拣小失大，版本精善而摈弃粗制滥造，校点得当而避免错校误改，力图使之成为一部系统、准确、严谨、权威的原始资料汇编。

资料的选编力求体现全面性、科学性、系统性和实用性。

所谓全面性就是资料的选编覆盖了清末以前整个中国数学发展的各个时代，各个分支，各个方面，没有漏收主要的典籍、重要的数学家与成就，同时对不同学术观点兼收并蓄。由于明末之前的数学典籍存世不多，除重复者及个别意义不大的注疏外，基本上做到了有闻必录。

所谓科学性就是资料的选编力求科学准确地体现中国古代数学的思想、方法、成就、典籍、数学家及各分支的发展情况。所用资料的底本，尽可能使用善本。凡有原本者，不用后世类书的引文。

所谓系统性就是力求系统反映中国古代数学思想、数学方法的真实情况，数学各个分支的发展史，既展现中国古代数学的整体情况，又使读者可系统了解中国数学各分支的发展情况。

所谓实用性就是便于读者使用。

三、《数学典》的结构

（一）经纬目的设置

根据《中华大典》的规定，《数学典》采取以经目为纵，纬目为横，经、纬相结合的编排方式。经纬目的设置体现了中国古代数学的特点，突出全面性、科学性、系统性和实用性。

《数学典》下设《数学概论》《中国传统算法》《会通中西算法》《数学家与数学典籍》四个分典，分典之下设总部，总部下设部和分部，这是经目。

部或分部之下设纬目。纬目下集录古代典籍关于中国古代数学的论述。《〈中华大典〉编纂工作总则》规定的纬目是题解、论说、综述、传记、纪事、著录、艺文、杂录、图表九项。我们认为，这九项是针对文史各典设置的，对《数学典》不完全适宜，数学以算法为主，而算法无法归入以上九项。即使对文史各典，论说和综述也很难区分。我们向《中华大典》编委会与工委会提出并获得批准：《数学典》的纬目设置做了变通。设置算法，并将论说和综述合并为综论。各分典的纬目分别是：

《数学概论分典》：题解、综论、纪事、艺文、杂录、图表等；

《中国传统算法分典》《会通中西算法分典》：题解，算法，综论，纪事，图表等；

《数学家与数学典籍分典》：传记、著录、综论、艺文等。

题解：收录对该部学科名称、概念的涵义与特点等做总体介绍、界定的资料。

算法：集录了历代数学著作中的“术”“法”“草”等，对“术”“法”等的正确性的论证及例题。

综论：收录有关学科或事物的性状、制度、范畴、特点及学科地位、发展情况等内容，顾及了不同的学派及观点。

纪事：收录了该部学科或事物的有关具体活动和事例的资料。

传记：收录了有关数学家的传记资料。

著录：收录了重要数学家与数学典籍的有关著作资料，如专集、序跋、重要史籍、藏书题记，对数学典籍的内容的介绍、评述，以及典籍的成书过程、版本源流等。

艺文：收录有关学科或事物的属于文学欣赏性的散文、韵文、诗词等。

杂录：凡未收入“题解”“综论”“纪事”“传记”“著录”“艺文”，而又有较高参考价值的资料，一般收入此目。

图表：图表分为图与表。本典的图大都随文，以免图、文割裂，不知所云。表主要指“算表”，集录三角函数表、对数表等。

（二）各分典的内容及总部

《数学典》所属四个分典的字数、内容是：

1. 数学概论分典 该分典约 140 万字。收录了中国古代数学著作的序跋、数学典籍的注疏、二十四史《律历志》《艺文志》及其他文史典籍中对数学的起源、内容、意义和功用以及数学教育、中外交流、数学与其他学科的关系等的精辟论述。

2. 中国传统算法分典 该分典约 650 万字，集纳了自远古至清末中国传统数学在分数和率、筹算捷算法和珠算、盈不足术、面积、体积、开方、句股测望、方程术、天元术和四元术、垛积招差、不定问题、极限和无穷小分割方法等各方面的成就。

3. 会通中西算法分典 该分典约 550 万字。明末西方数学传入中国，开始了中西数学会通和中国数学逐步西化的阶段。这时中国已经失去数学强国的地位，与世界数学先进水平的差距越来越大。这一时期传世的数学著作特别多，我们做了精选，而不是有闻必录，反映了当时在算术、对数、数论、几何、画法几何、三角、代数、圆锥曲线、微积分等方面的成就。

4. 数学家与数学典籍分典 该分典约 150 万字。数学家的传记是数学史研究的重要方面。然而二十四史中没有以数学家立传的数学家。数学典籍是数学思想、数学方法和数学成就的主要载体。然而宋元之前的数学著作大部分亡佚。本分典汇集历代典籍中数学家的传记资料，以及对数学典籍的记述和论述。

（三）序和说明

《数学典序》约一万字，概述中国古代数学的发展概况、典籍、成就、特点、弱点及其在世界文明史、科学史和数学史上的地位，以及本典编纂的特点。

各分典的“说明”概述该分典的主要内容和编纂特点。《数学概论分典》的“说明”还说明各个时期对数学的认识；《中国传统算法分典》与《会通中西算法分典》的“说明”还说明其算法的现代意义及在中国科学技术史、文化史和世界文明史上的地位；《数学家与数学典籍分典》的“说明”还要说明各个时期数学家的作用与地位，数学典籍的特点。

（四）各册安排

《数学典》分为 9 册，分册不破总部。各册的内容及编纂、撰著者如下：

数学概论分典	主编 冯立升 副主编 邓 亮
《中华大典·数学典》序	郭书春
数学概论分典说明	冯立升等
算学的起源与发展总部	主编 邹大海 张俊峰
记数法和计算工具总部	主编 刘芹英 童庆钧
律吕算法与纵横图总部	主编 童庆钧 冯立升
数学教育与考试总部	主编 郭金海 付 佳
中外数学交流总部	主编 王雪迎 高 峰
中西数学关系与比较总部	主编 邓 亮 冯立升

引用书目

中国传统算法分典 主编 郭书春
《中华大典·数学典》序 郭书春
（一）
中国传统算法分典说明 郭书春等
分数与率总部 主编 郭书春
筹算捷算法和珠算总部 主编 刘芹英
（二）
盈不足总部 主编 刘 飞
面积总部 主编 郭书春
体积总部 主编 郭书春
句股测望总部 主编 杨 楠
（三）
线性方程组解法（方程术）总部 主编 姚 芳
列方程方法（天元术）和多元高次方程组解法（四元术）总部
主编 郑振初
（四）
一元方程解法（开方术）总部 主编 段耀勇
不定问题总部 主编 吕兴焕
垛积招差总部 主编 刘建军
极限思想和无穷小分割方法总部 主编 郭书春
数学与天文历法总部 主编 徐泽林
引用书目

会通中西算法分典 主编 郭世荣 副主编 董 杰
《中华大典·数学典》序 郭书春
（一）
会通中西算法分典说明 郭世荣
算术总部 主编 郭世荣
对数总部 主编 张 升
数论总部 主编 张 祺
（二）
几何总部 主编 李民芬

画法几何总部　主编　潘澍原
三角总部　主编　董　杰
（三）
代数总部　主编　张　升
幂级数总部　主编　特古斯
圆锥曲线总部　主编　徐　君
微积分总部　主编　郭金海
引用书目

数学家与数学典籍分典　主编　郭世荣
《中华大典·数学典》序　郭书春
数学家与数学典籍分典说明　郭世荣
汉至唐总部　主编　郭书春
宋元总部　主编　邓可卉　郭书春
明代总部　主编　郭世荣
明末清前期总部　主编　董　杰
清中期总部　主编　郭世荣
清后期总部　主编　冯立升　邓　亮
引用书目

四、文献选编

（一）文献标注

所选编的资料都标注了文献的出处，一般含有朝代、作者、书名、卷次与篇章等。

1. 朝代：基本上依传本所题。后人有怀疑但没有确凿的证据者，不予采信。

传本未题朝代的典籍，一般以成书时代为准。

传本未题朝代，后人考证得年代，但难以对应确切的朝代或政权，只好标注最相近的朝代。

关于《周髀筭经》《九章筭术》、清华简《算表》及秦汉数学简牍《数》《筭书》与《筭数书》等不标注朝代。

2. 作者：标名均以原书作者为准。有的传本标注了作者，但在清乾嘉之后疑其系后人伪作，但根据不足者，本典不予采信。例如《数术记遗》，本典依南宋本标注为汉·徐岳《数术记遗》。有的传本均未标注作者，后人考得其作者，如有史料佐证，本典予以采信。有的典籍如《孙子筭经》《夏侯阳筭经》无法确定其作者则标注为“佚名”。但《周髀筭经》《九章筭术》等则不标注作者。

有的著作含有几种内容，经考证，各种内容的作者确凿无疑者，要标注其作者。如南宋杨辉《详解九章筭法》含有《九章》本文、刘徽注、李淳风等注释、北宋贾宪细草和杨辉的详解五种内容。本典对《九章》本文以外的大字内容，标注为“宋·贾宪《黄帝九章筭经细草》”。

3. 书名：有通用简称者，用其简称，原书名冠有“大唐”“大清”“国朝”“御制”等字样一律不用。

有的数学著作的书名古今异字，遵从其当时用字。例如《九章筭术》是汉代本名，唐李淳风等称作《九章筭经》，清戴震称作《九章算术》。本典涉及《九章筭术》等著述中的“筭”字则因时因书而异。清中叶之前一般用《九章筭术》，而戴震整理的及受戴震影响的版本，则用《九章算术》。

有的汉唐算书没有戴震以前的刻本或抄本，戴震从《永乐大典》的辑录本皆作《×× 算经》，但查凡作《×× 算经》者，南宋本、大典本皆作《××筭经》，因此《数学典》径直皆作《×× 筭经》，且不再出校勘符号。

本典辑录纪传体史书标明书名与篇名，不标注类别。例如：“《南齐书》卷五二《祖冲之传》”不作“《南齐书》卷五二《文学·祖冲之传》”。各史合传者可分别标注的本典都分标。例如：“《汉书》卷四二《张苍传》”不作“《汉书》卷四二《张周赵任申屠传》”。各史附传在传主前补姓氏分标，例如“《南史》卷七二《祖暅之传》”不作“《南史》卷七二《祖冲之传子暅之》”。

《数学典》对类书只限于引用佚书、佚文或异文。

随原文引用的注疏，本典写明注疏者时代、姓名及注、疏等字样。同一段文字连续有同一人的几段注疏，自第二段起的标目省去朝代名。

独立引用的注疏，要先列出被注疏的文献、篇章，不再赘其朝代、作者，后列注疏者的朝代、姓名及注、疏等字样。

作者自撰的序跋等在文献与“序”等字之间加符号“·”。他人所撰之序跋等在文献与“序”等字之间不加符号“·”。

（二）避免重复

《中华大典》一般不允许重复。一是各典之间不能有大量重复。一是本典中不允许重复。中国古代数学典籍中有大量重复的内容，一般说来，《数学典》没有重复采编，而提出以下处理方式：

1. 基本相同者，只录最早的文字。例如《九章筭术》卷三《衰分》与《孙子筭经》卷中的“女子善织”问基本相同，则只选编《九章筭术》的。

2. 既有相同，又有不同者，仅录入不同者。例如《孙子筭经》卷中关于分数运算的题目分别与《九章筭术》相应部分的题目相同，只是个别字有差别，《九章筭术》没有该题的演算术文，而在几个例题后有抽象性总术，《孙子筭经》却有该题的演算术文。本典删去《孙子筭经》的问题和答案，而将术文插入《九章筭术》的相应题目之后，单独标注，但均退一格。

3. 所论主题相同，而文字差别较大者，则皆录入。例如《九章筭术》与《筭数书》的合分术方法相同，但文字差异较大，均编入。

4. 已经单列的文字在他处引用时均略去以避免重复。

5. 对经注不能分离的内容，即使不得不重复经文，也均收录。

6. 避免各总部内容的重复。

中国古代数学的分类与现今数学不同。一种方法或问题往往含有现今数学的几类内容，其交叉之处不胜枚举。如《测圆海镜》卷二最后一问与卷三～十二的所有问题，既是句股容圆问题，又使用天元术，本典规定这些内容归天元术和四元术总部，句股测望总部不再收入。

（三）编纂与排印方式

1. 编纂顺序：《中华大典》汇集的资料，按古籍完成的时间顺序排列。对《周髀筭经》《九章筭术》与秦汉数学简牍难以分先后，本典规定其顺序为：《数》《筭书》《筭数书》《周髀筭经》《九章筭术》《筭术》。

2. 编排方式：全典采用繁体字竖排。以一个标注下的一段为单位排印。

五、文献版本、标点和校勘

（一）版本

《数学典》选用古籍的现代影印的精校精刻本，宋元刻善本及明、清的精校精刻本，优先选用公认的优秀的近、现代学者的校点整理本。

（二）句读

本典力求做到句读无误，避免读破句。为此，《数学典》遵从《中华大典》粗线条句读的规定，亦即在不影响原意的前提下，对既可长读又可短读，或可连读亦可分读的句子，采取长读法。

（三）校勘

《数学典》对所选底本中的严重衍脱舛误做了校勘。校勘本着少而精的原则，可改可不改的不改。校勘符号用圆括号和方括号。圆括号用来括住衍误的文字，方括号用来括住校补的字。

所汇编的图、表中的字词、数字如有舛误，本典径直校勘，不赘舛误文字、数字，也不加校勘符号。

《数学典》对避讳、通假与简体字等也做了规定。

（四）标点

《数学典》遵从《中华大典》编纂及校点通则的规定对编纂的所有资料都用现代标点符号标点。尽量使用句号和逗号，少用顿号、冒号和引号。但有时不用顿号会引起误解，则使用了顿号。

六、《数学典》的编纂对中国数学史研究的意义

《中华大典》的编纂对我国文化建设的重大意义，许多文件和有关人士的讲话都谈过了，此不赘述。这里仅就《数学典》的编纂对中国数学史研究的意义提示几点。

首先，为广大中国数学史工作者提供了中国古代数学各个分支的大量的原始素材，便于他们查阅，会成为中国数学史研究的某种出发点。

其次，广大读者会通过《数学典》的目录了解中国古代数学的各个方面和分支、细目，掌握中国古代数学的概貌；也会通过《数学典序》和各分典的说明了解中国古代数学的发展概况、典籍、成就、特点、弱点及其在世界文明史、科学史和数学史上的地位，了解我们的祖先在各个时期对数学的认识，了解古代算法的现代意义，了解各个时期数学家的作用与地位以及数学典籍的特点，等等。

第三，编纂《数学典》对广大编辑实际上是一个边干边学的过程，尤其学习了古籍整理的基本知识，实践了校勘工作，在某种意义上培养了中国数学史研究队伍，对今后从事中国数学史研究大有裨益。

第四，明清数学一直是中国数学史研究的薄弱环节，常被戏称为“明不明，清不清”。编纂《数学典》，实际上是 20 世纪以来对明末至清末数学典籍从未有过的全面研究。这种研究尽管还是初步的，但对进一步深入研究传统数学在清代的发展、西算在明末至清末的传入及与中算的会通，打下了良好的基础。

第五，编纂工作给各位编纂者提供了不可多得的逐字逐句读原著的机会，他们有不少心得，发现并提出若干新的课题，促进自己的数学史研究。事实上，已有不少同仁发现了新的课题，在完成各总部的编纂的同时，做出了新的成果。

第六，《数学典》的编纂过程实际上是对中国古代数学典籍的一个全面了解，为今后进一步开展数学古籍的整理奠定了基础，培养了队伍。

编委会全体同仁与出版社的同志群策群力、同心同德，经过 10 余年的艰苦卓绝的努力，终于完成了这一艰巨工作。当然，《数学典》不可避免地在书目的选定、版本的取舍、标点和校勘等方面都会存在若干缺点和不足，欢迎各位批评指正。

附 **《中华大典·数学典》编纂委员会**

名誉主编：吴文俊

主　　编：郭书春

副 主 编：郭世荣　冯立升

编　　委：（以姓氏拼音为序）

邓　亮　邓可卉　董　杰　段耀勇　冯立升　付　佳
高　峰　郭金海　郭世荣　郭书春　李民芬　刘　飞
刘建军　刘芹英　吕兴焕　潘澍原　宋建昃　宋　华
特古斯　童庆钧　王雪迎　徐　君　徐泽林　杨　楠
姚　芳　张　升　张　祺　张俊峰　赵栓林　郑振初
邹大海

数学概论分典　**主编**　冯立升　**副主编**　邓　亮
中国传统算法分典　**主编**　郭书春
中西算法会通分典　**主编**　郭世荣　**副主编**　董　杰
数学家与数学典籍分典　**主编**　郭世荣

数学杂谈

数学有基本元素吗?

P. R. Halmos

译者：陈见柯

Paul Richard Halmos（1916—2006），生于匈牙利的美国数学家，主要从事概率论、测度论（特别是遍历理论）和泛函分析（特别是算子理论）的研究。

序言

2400 多年前，古希腊哲学家恩培多克勒[1]认为宇宙由火、水、土和空气四种化学元素组成，它们通过两种相反的作用力（和谐和无序）不断进行组合和分离。一百多年后，亚里士多德[2]采用了二分法的框架：湿和干、热和冷组合成上述四种化学元素，进而构成宇宙。中世纪时期严肃的炼金术士发现宇宙远比上述描述复杂，他们将物质通过光泽性、迟钝性、可燃性、溶解性等进行区分。波义耳[3]在 17 世纪对化学元素给出一个类似于素数的定义：一种可以组成其他物质但不能再被分解的物质。自此，分析化学逐步出现并取得一系列进展。一百多年后，拉瓦锡[4]修正了波义耳的定义（一定程度上受牛顿在重力认知方面的启发），并给出了与今日化学元素周期表相近的列表。

当化学家谈起诸如物质如何构成或它们如何组合的问题时，如果我们在第一时间里笨拙地列出并不完整的化学元素周期表，这本身并不是一个很好的回答；但它会帮助我们了解目前已知的是什么，并指明有可能缺失的是什么。

毋庸置疑，许多数学家都会注意到一些基本的想法在他们擅长领域的诸多方面中反复出现。这些想法彼此缠绕，那微弱的声音似乎是在提醒我们物

[1]恩培多克勒，Empedocles，约公元前 495—公元前 435，古希腊哲学家。

[2]亚里士多德，Aristotle，公元前 384—公元前 322，古希腊哲学家、科学家和教育家。

[3]波义耳，Robert Boyle，1627—1691，英国化学家。他提出波义耳定律，著有《怀疑的化学家》。

[4]拉瓦锡，Antoine Lavoisier，1743—1794，法国化学家、生物学家，被誉为“近代化学之父”。

质是由化学元素组成。潜意识里我们或许会认为：是否是这样的“数学元素”将伟大的数学家从芸芸众生中甄别出来。它们是什么——数学元素是什么？

例子

下面我们列出可能被认为是数学元素的三个例子：几何级数、商结构和特征向量。对我而言，它们属于不同的类别，或者说处在不同的深度。作为分类的第一步，我们不妨用计算性、范畴性和概念性来描述。

几何级数

给定一个含单位元、但未必可交换的环（例如 3×3 实数矩阵组成的集合）。若 $1 - ab$ 可逆，则 $1 - ba$ 可逆。尽管此结论看起来言之凿凿，但很少有人能在第一时间给出证明。事实上，最富启发性的证明来自于其他方向。

在中小学我们就知道

$$1 - x^2 = (1 - x)(1 + x),$$

一些聪明的学生可能还会知道

$$1 - x^3 = (1 + x + x^2)(1 - x).$$

我们甚至可以预期上式的一般推广

$$1 - x^{n+1} = (1 + x + \cdots + x^n)(1 - x).$$

将等式两边同时除以 $1 - x$，并且令 n 趋于无穷。注意到，当 $|x| < 1$ 时，x^{n+1} 趋近于 0。因此我们有

$$\frac{1}{1 - x} = 1 + x + x^2 + \cdots .$$

这个经典的论证开始于初等代数，但其实质却在分析：数、绝对值、不等式和收敛性，明确这些不仅对于证明本身有意义，更是为了使最终的等式有意义。

在一般的环论中，根本不存在像数、绝对值、不等式和极限这样的概念，生搬硬套上面的概念，并试图给出证明的方法显然不可取。然而“函数形式的不变性原理[5]”却适时出现，给出了一个受到分析启发的代数证明。其想法是，我们假定 $\frac{1}{1-ba}$ 可以被表示为几何级数（这完全没有意义），

$$(1 - ba)^{-1} = 1 + ba + baba + bababa + \cdots ,$$

[5] the principle of permanence of functional form

即（并非真是如此，但让我们继续）

$$(1-ba)^{-1}=1+b(1+ab+abab+ababab+\cdots)a,$$

最后将几何级数的结果应用于此，我们有

$$(1-ba)^{-1}=1+b(1-ab)^{-1}a.$$

尽管推理过程看起来并不合法，但验证一下，我们会发现此证明成立。如果 $c=(1-ab)^{-1}$，即 $(1-ab)c=c(1-ab)=1$，那么 $1+bca$ 是 $1-ba$ 的逆。若命题以此种方式描述，所有的证明仅仅变成了（完全合法的）机械验证。

这个论证为什么行得通？整个过程发生了什么？为什么关于几何级数的公式在收敛性毫无意义的抽象环论里成立？这个公式体现了什么样的一般准则？我不知晓答案，但我也注意到此公式在一些本不应出现的情形下同样适用。或许我们应将此公式认为是数学的一个（计算方面的）元素。

商结构

平面上两个子集合 A 和 B 的对称差，通常表示为 $A\triangle B$，是指平面上仅属于 A 或仅属于 B 的点（不同时属于 A 和 B）组成的集合。一个自然的问题是：对称差 $\triangle$ 是否满足结合律?

对此，我们当然可以直接分析讨论，但这并不是一个很好的方法：集合的种类太多，而且有太多的情形需要讨论。一个更好的做法是猜测结果并给出证明，将此问题置于关于结构的一般理论中。

整数有加减法，或者用更高等的观点，整数集合关于加法组成一个阿贝尔群。非空集合上的整值函数也有加减法，它们同样组成阿贝尔群。众所周知，对于集合的子集合（例如，平面点集的子集合），有一些特殊的整值函数与之对应：对集合 S 的任一子集 A，存在定义在全集 S 上的函数 $\chi_A(x)$，称为 A 的特征函数：在 A 上取值为 1，在 A 的补集上取值为 0。若考虑两个集合的对称差 $\triangle$，其对应的特征函数如何变化？直接计算可得：

$$\chi_A(x)+\chi_B(x)=\begin{cases}0, & x\notin A,\ x\notin B,\\ 1, & x\in A\triangle B,\\ 2, & x\in A, x\in B.\end{cases}$$

即：$\chi_A(x)+\chi_B(x)$ 取值为奇数或偶数，取决于 x 是否属于集合 $A\triangle B$。换言之，$\chi_{A\triangle B}(x)$ 模 2 同余于 $\chi_A(x)+\chi_B(x)$。

我们几乎要为接下来的观察而欢呼：集合的对称差与其特征函数的模 2 加法一致。显然函数的模 2 相加有结合性，因此对称差具有结合性。

抽象来看，上述讨论属于阿贝尔范畴的论证。它表明，带有对称差 $\triangle$ 的平面点集的子集合组成的范畴，同构于平面上整值函数组成的阿贝尔群模掉取值为偶数的整值函数组成的阿贝尔子群。(这很明显，不是吗？注意到平面在此并没有扮演什么特殊角色，事实上我们可以用任何非空集合构造“布尔群”。)

这个例子体现出的数学元素是商结构。整数模掉偶数是上述概念的一个很好体现，同样还有整数模掉 12 的倍数。其他一些例子则指向更深刻的理论；比如可测集模掉零测集、希尔伯特[6]空间上的算子模掉紧算子等。

特征向量

在荒岛上收集了一堆椰子之后，五个水手决定在第二天早晨将椰子平均分配。一个水手在当天半夜偷偷爬起来，试图将椰子平均分配。他将最后多出来的一个椰子丢给猴子，把自己那份偷偷藏起来，把剩下的椰子放在一起，然后睡去。第二个水手做了同样的事，得到同样的结果。类似地，第三、第四和第五个水手也均如法炮制。第二天一早，剩余的椰子减掉一个依旧可以被平均分配。试问，最开始椰子的最少数量是多少？

任何一个人都可以通过所谓的“倒推法”解决这个问题。为此，我们仅仅需要笔、纸和耐心。我们不妨考虑另外一种做法：假定椰子的个数为 x，考虑任一水手处理完椰子之后，剩下的椰子数量 $S(x)$。这个公式相对简单，即 $S(x)=\frac{4}{5}(x-1)$。我们称整数 x 是一个“解”，如果用算子 S 操作 6 次以后的数为整数。换言之，我们要找满足上述条件的最小正整数解。注意到 $S(x)=\frac{4}{5}x-\frac{4}{5}$，我们有

$$S^6(x)=\left(\frac{4}{5}\right)^6 x-\left(\left(\frac{4}{5}\right)^6+\left(\frac{4}{5}\right)^5+\cdots+\left(\frac{4}{5}\right)\right),$$

因此

$$S^6(x)-S^6(y)=\left(\frac{4}{5}\right)^6(x-y)$$

对所有 x 和 y 成立。这意味着如果 x 和 y 都是解，则 x 和 y 模 5^6 同余。反之，若 x 是一个解，并且 x 和 y 模 5^6 同余，则 y 也是一个解。

最容易想到的“解”，应该是对应于“特征方程” $S(x)=x$ 的“特征向量”，其解为 $x=-4$。因此最小的正整数解为 $-4+5^6=15621$。箴言：不变量（不动点、特征值、特征向量）的概念是数学中一个可能的元素。

---

[6]希尔伯特，David Hilbert，1862—1943，德国数学家。他涉足的领域包括不变量理论、代数数论、泛函分析、几何基础和数理逻辑等。他被认为是 19 世纪至 20 世纪初最伟大的数学家之一，于 1900 年的国际数学家大会上提出 23 个数学问题，有力推动了 20 世纪数学的发展。

现在的数学圈已经熟稔上述几个例子 ($(1-ba)^{-1}, A\triangle B, 5^6$)。人们通常将几何级数的例子归功于雅各布森[7]，而将特征向量的例子归功于狄拉克[8]。

泛代数

选择上述三个例子，不仅仅是因为它们可能代表三种不同的数学元素，更重要的是它们有效地解决问题，而且过程多少有些令人叹为观止。我能想到的其他可能成为数学元素的例子则趋于平凡。在这个层面上，泛代数最经常出现，而且最容易被理解。接下来我们分别从范畴和概念的角度进行一些讨论。

结构

数学家经常（抑或总是？）是在跟带有结构的集合打交道。这种结构可能来自一到两种内部运算（例如群和域），或者是一到两种外在函数（就像度量空间或者解析流形）。这种结构可能涉及多个集合（作用于向量空间的标量以及属于向量空间的向量），或定义于子集合类上（拓扑空间或者测度论中那样）。

一个切题的观察（它是一个优秀的教师、或一个多产的数学研究者的良师益友，虽然它从未得到任何官方认可）是构成一个结构的各个要素不应该、也不可能相互独立，它们理应满足一些相容性条件。环不仅仅是一个带有加法和乘法的集合——更重要的，这两种运算通过分配律建立联系。拓扑群不仅仅是带有拓扑结构和乘法结构的集合——它们必须满足连续性的相容性条件。

范畴

对于长期从事数学研究的人员而言，他们会发现：群之间的同态、拓扑空间之间的连续函数、向量空间之间的线性变换是同一类东西，起着相同的作用，在许多方面表现出相同的行为。“结构”的概念或许是数学元素之一，或者——更恰当的说法——为数学元素的分类指明方向。人们为讨论一般性结构的学科起了很多名字，泛代数是其中之一。人们对此褒贬不一，也有人将它称为范畴论。一旦如此，与之相伴的映射的抽象对应物就被称作态射（morphisms），而且受到集合论中像单射、满射、双射的概念的启发，就有

---

[7]雅各布森，Nathan Jacobson，1910—1999，美国数学家。他是一位著作等身的代数学家，影响后世的有《抽象代数学》《李代数》《环结构》等，皆有中译本。

[8]狄拉克，Paul Diarc，1902—1984，英国理论物理学家。为描述费米子的行为，他提出著名的狄拉克方程，他还预言反物质的存在，并著有《量子力学原理》等。他与薛定谔（Erwin Schrödinger）一道分享了 1933 年的诺贝尔物理学奖。

了一大堆带希腊词汇的概念单态射、满态射、同构以及自同态和自同构[9]。无可争辩地，这里命名的每一个概念都是一个数学元素。

同构

毫无疑问，两种结构“在某种意义下相同”(回忆起分椰子问题的特征值解法)，即同构的概念，是一个备选的数学元素。其背景有一个一般观念，大致可以描述为 1 的彰显，或者说唯一性。(单个生成的结构，例如循环群，也受到这一想法的启发。)如何洞悉两种不同对象“事实上”相同的问题，例如概率论事实上是测度论，又如研究傅里叶级数其实是局部紧阿贝尔群研究的一部分，都属于数学对象中唯一性问题。[在此我稍微岔开话题，讲讲本人的故事。在学习大卫・伯格[10]关于 $\aleph_0$ 维希尔伯特空间上任一正则算子都是一个对角算子和一个紧算子之和的结论时，我一直有某种似曾相识的感觉，这种置换的想法属于其他地方的某个证明。灵感逐渐浮现，这种尝试事实上是非常值得的。当我最终想起“那个其他地方的证明”事实上说明了每个紧致度量空间都是一个康托尔[11]集的连续像的经典结果时，我完全理解了伯格的证明。与此同时，我深深确信，正确的证明应采用关于康托尔集的定理，而非照搬其证明。]

商

同构或许是最经常出现的结构性元素，但我认为最具深度的结构性元素是满态射。集合论意义下的满射(一般来说也是范畴意义下的满态射)通常用于讨论商结构(解决对称差中的结合性问题的概念)。商结构在数学中无处不在，并扮演着重要角色：验证代数中的商群结构、拓扑学中的等同空间(例如，通过弯曲闭区间得到的圆)、数论中的同余理论、分析中的 L^p 空间和算子理论中的卡尔金[12]代数。

尺寸

作为数学元素之一的同构，不同于满态射，其区别是将二者等同还是识别它们以使它们相同。从不同的观点看，同构强调的是唯一性和素数性；从

[9]在范畴论中，态射 $\alpha: X \to Y$ 称为单态射，如果对于任意 $a, b: T \to X$，若 $\alpha \circ a = \alpha \circ b$，则 $a = b$。对偶地，态射 $\alpha: X \to Y$ 称为满态射，如果对于任意 $a, b: Y \to Z$，若 $a \circ \alpha = b \circ \alpha$，则 $a = b$。不难验证，单(满)态射在集合范畴中就是单(满)射。一般来说，范畴越复杂(例如：概形范畴)，二者相差越大(可见 Stack Project)。

[10]大卫・伯格，David Berg，数学家，现工作于伊利诺伊大学香槟分校。

[11]康托尔，Georg Cantor，1845—1918，德国数学家。他是集合论的创始人。下文中提到的康托尔函数(Cantor function)，可见维基百科(Wikipedia)。

[12]卡尔金，John Williams Calkin，1909—1964，美国数学家。

另外一种观点看，它与二元性、多元性乃至无限相左。接下来我们将提及其中一些特殊（因此也更重要？）的数学元素。

素数

素数出现于数学诸多方面。对我们中的大多数而言，它最早出现于数论，紧接着是代数学（例如：不可约多项式）；跟它有相似性质的对象则无处不在。我们可以把拓扑空间的连通分支看作其素分支；寻找博灵[13]函数中的“素数”对于算子理论起着举足轻重的作用；确定有限群中的素数群（即，单群）是一项代数学家追逐多年的巨大工程。

对偶

对于“一”，最简单的反义词莫过于“二”；同样地，我们应该把二元性，或对偶性，看作数学元素。“对偶性”应用于射影几何（平面上的点和线）、范畴论、数理逻辑（回想一下布尔代数和紧致完全不连通豪斯多夫[14]空间）、拓扑学（回忆一下亚历山大[15]对偶）、调和分析（庞特里亚金[16]对偶和淡中忠郎[17]对偶）以及巴拿赫[18]空间（对偶）。虽然对偶性在上述各种情形下略微有所区别，但它们本质上相同。二相性出现于群和代数的对合中，也在诸如序集、等价关系等二元性关系中有所应用。

[数学的二元性还体现在一些熟知的定理或例子中。最精致的定理并不需要太多的假设，它们更倾向于满足这样的性质：尽管有很明显的反例，但稍微加一些条件，结论就成立。级数 $\sum\limits_{n=1}\dfrac{1}{n^{1+\epsilon}}$ 对于任意 $\epsilon>0$ 收敛，但在 $\epsilon=0$ 时发散；康托尔函数的奇妙之处在于虽然几乎处处为常数，却可以从 0 变化到 1。]

就首要性和二元性而言，数字 1 和 2 与其他正整数依旧有所不同。双线性函数无疑可推广至多重线性函数，并在诸多方面存在广泛应用；三元关系也具有跟二元关系相类似的性质（尽管对此尚无一般理论）。同样地，在群

---

[13]博灵，Arne Beurling，1905—1986，瑞典数学家。

[14]豪斯多夫，Felix Hausdorff，1868—1942，德国数学家。

[15]亚历山大，James Waddell Alexander II，1888—1971，美国数学家。

[16]庞特里亚金，Lev Pontrjagin，1908—1988，苏联数学家。他早期从事拓扑学研究，被认为是配边理论的创始人之一；他提出的庞特里亚金对偶揭示了局部紧致阿贝尔群与其对偶的傅里叶变换性质。20 世纪 50 年代后从事最优控制论研究，以其名字命名的极值原理被认为是当代控制论的基础。他的名著《连续群》和《最佳过程的数学理论》皆有中译本。

[17]淡中忠郎，Tadao Tannaka，1908—1986，日本数学家。他最著名的工作是将庞特里亚金对偶推广至非交换紧群的情形。

[18]巴拿赫，Stefan Banach，1892—1945，波兰数学家。他从事泛函分析理论的研究，该领域有许多以其名字命名的定理，著有《线性算子理论》，有中译本。

论中，也可以像考察二阶元一样考虑三阶元，但那好像不太自然、有点勉强，像是纯粹为了推广而推广。

有限性

接下来我们讨论的数学概念是有限性。它通常伪装成著名的鸽巢原理（即，十封信放入九个邮箱，至少有一个邮差会为多出的信件发牢骚）出现于数学家的论述中。

鸽巢原理是“有限数学”的精华，是有限性概念（根据戴德金[19]的定义）的核心，同样是组合学萌芽的关键。由此引发的一个微妙的结论是拉姆齐[20]定理，事实上一些有限性的结果对阐明语句学亦有所帮助，虽然我们并不能给出严格证明。

有限性出现于数学的诸多方面。或许我们可以做得更激进：一定程度上而言，任何数学都有限。例如，许多数学家一致认为拓扑空间（通常无限）的紧致性概念是有限性的一个睿智推广。[事实上，我一直把一般拓扑学看作组合学在无限方向的推广，或许我们应该称其为无限组合学。在此我提及一个关于权威斯廷罗德[21]的逸闻趣事：他不喜欢这两门学科，对它们评价都很低，看起来是出于同样的方式和理由。]

作为无限中的有限性的另一个例子，我要提到我的信念（持有相同想法的人不在少数）：一旦我们对*有限维*空间的算子理论*了如指掌*，我们就可以回答算子理论的所有问题，即便那些（例如，不变子空间问题）问题无疑是无限维的。这并不意味着存在荒谬的一一对应，求解有限维空间的不变子空间问题事实上并未解决一般的此类问题。事实上，我想强调的是：任何算子问题的求解都可以通过寻找与之相关的有限维情形类比指明方向，或给予启发。一个恰当的例子：恩佛罗[22]对巴拿赫空间基底问题的解决表明，困难的本质恰恰在于对有限维例子的结构的理解。

---

[19]戴德金，Richard Dedekind，1831—1916，德国数学家。他是著名数学家高斯的最后一位学生，涉足的领域包括实数理论、代数数论、代数学。为研究实数，他引入了戴德金分割的概念；在代数数论方面，他将库默尔理想数的概念推广，引出了“理想”的概念。他还是康托尔集合论的最早支持者之一。

[20]拉姆齐，Frank Plumpton Ramsey，1903—1930，英国数学家、哲学家和经济学家。

[21]斯廷罗德，Norman Steenrod，1910—1971，美国数学家，因其在代数拓扑领域的工作而广为人知。

[22]恩佛罗，Per Enflo，1944—，瑞典数学家。他解决了泛函分析领域里的一些重大问题，其中有三个是为期 40 多年的公开问题；他的研究成果对计算机科学和解析数论产生影响。此外，他还是一名音乐会钢琴家。

无限

类似于有限性，无限性也是数学元素之一。我们并不讨论射影几何或者黎曼[23]面上的“无限远点”，事实恰恰相反。就像鸽巢原理是标准的有限性论证，典型的无限性论证是归纳法。“归纳法”言简意赅地指明了无限性的正确方向。关于无限性，等式 $1 + \aleph_0 = \aleph_0$ 是一个简单深刻的数学定理。这个结果是数学归纳法的核心，同时也是戴德金关于无限性定义的基础。它应用于分析学（包括遍历理论，自然也包括算子理论）、代数学（无限阿贝尔群的分类）、拓扑学和逻辑学——无限无处不在。

[上文我们提到一定程度上而言，任何数学都有限。从另外一个角度而言，任何数学都是无限的。事实上，这是一个更古典的观点。即便是 29+54=83 这样无趣的数学等式，也是无限不可数集合定理的一个特殊情形（抑或应用?）。二者并不矛盾：为简练陈述一个论点，措辞总需要取舍；一旦展开论述，结论则略显无趣。]

接下来的事实或许值得注意：“无限”在一般的语言学中是消极用词，其定义大致出现于积极用词（即，有限）之后。但在数学中，无限却是一个中性词，取决于对象是否存在；而有限性的概念则是带条件的消极词汇（某些操作行不通）。

关于无限集合，戴德金给出如下定义：如果该集合可以与其某一真子集建立一一对应；反之则称为有限集合。将其想法移植于范畴论中，我们可以得到很多有意义的推广。在群范畴中，一个群称为 *infinitary* 群，如果该群同构于它的某个真子群，否则称为 *finitary* 群。例如：所有指数为 2 的幂的单位根构成的群是 finitary 群。类似的定义应用于其他范畴（例如：度量空间）也有一些有意义的结果（例如：紧致空间）。

复合

找寻数学元素绝非易事；此过程中另外一个方面的问题在于如何命名。“无限”或许是个不错的名字，“几何级数”则逊色很多。接下来我想提及的想法却难以命名。在找到合适的名字之前，我们不妨先把它们置于**复合**的标题之下，事实上它们是概念性数学元素。

---

[23]黎曼，Georg Friedrich Bernhard Riemann，1826—1866，德国数学家。他的研究领域包括分析、数论和微分几何等。在实分析方面，他首次给出积分的严格定义；他引入了黎曼面，为复分析的研究提供几何工具。在数论方面，在他仅有的关于素数分布的论文中，黎曼提出著名的黎曼猜想，这是一个至今尚未解决的问题。他在微分几何方面的研究成果为爱因斯坦的广义相对论研究提供了数学基础。他晚年还曾对理论物理产生兴趣。

迭代

首先我们注意到一个近乎平凡的事实：映射可以复合。如果映射的定义域和值域相匹配，我们可以一而再、再而三地复合下去。这个概念是阿基米德定理（即：如果 K 和 ϵ 都是正数，则存在 ϵ 的某个整数倍，使其大于 K，换言之，积少成多）的关键；也是积分（许多“无穷小”之和会变得很大）的主要想法；亦是由谱理论引发的广义积分的核心。

此外，迭代的思想在逐次逼近方法中也起着重要作用。此“方法”也被称为巴拿赫不动点定理。注意到我们的讨论与另外一个数学对象（即，不变量）相关：寻找不动点总是好的，不论是否采用迭代的方法。

截面

复合（即便是有限次复合）成为一个重要的数学对象，其原因之一在于它与我们称之为横截性的数学元素存在联系。在此我想谈及的最著名例子是选择公理。其等价叙述之一如下：对任意由无交集合组成的集合，存在一个集合，使其任意元素都与原集合中的每一个集合对应。换言之，任意分割都存在横截集合。（无交性的假设在此叙述中并不是必需条件。舍弃此条件，定理叙述需作适当修改；但二者等价。）重述上述公理，我们有：设 f 是集合 Y 到集合 X 的满射。则存在 X 到 Y 的函数 g，使得 $f(g(x))=x$ 对任意 $x\in X$ 成立。（其想法在于：对于任意 $x\in X$，令 Y_x 为 x 的纤维，即满足 $f(y)=x$ 的 $y\in Y$ 集合。此时，集合 Y 可写成 Y_x 的无交并。由此，对任意 $x\in X$，我们只需将 $g(x)$ 定义为 Y_x 中任意元素 y_x。）换言之，任意函数（更准确的说法，任意满射）都存在右逆；或用一个常用术语，任意函数存在截面。

作为数学元素的“截面”，在数学诸多课题中有体现。但在任一具体情形中，它都需添加额外结构。（截面函数可能需满足连续、可微、有代数结构等性质。）截面以联络、婚配定理和半直积的形式分别出现于微分几何、组合学和代数学中；类似地，它也出现于分析学（斯通[24]和冯·诺依曼[25]就曾研究过将任意可测集映至模掉零测集的等价类上的截面）和拓扑学（什么样的连续映射存在连续截面？它们是否都具有博雷尔[26]截面？）中。

---

[24]斯通，Marshall Harvey Stone，1903—1989，美国数学家。他的研究领域涉及实分析、泛函分析和拓扑学。他担任芝加哥大学数学系主任期间，该系汇集了安德烈·韦伊、陈省身、麦克莱恩等一流数学家，成为当时美国最具实力的数学系。

[25]冯·诺依曼，John von Neumann，1903—1957，匈牙利裔美国数学家、物理学家、计算机科学家。在数学方面，他研究集合论、实变函数论和数学基础理论，对集合论的公理化做出重要贡献。在物理方面，他从研究希尔伯特空间以及其上的线性算子入手，首先为量子力学建立了严格的数学框架。他为博弈论和电子计算机的研发做出贡献。

[26]博雷尔，Émile Borel，1871—1956，法国数学家。

指数

复合的想法自然诱导了迭代和取幂的概念；将取幂的过程反过来理解，这就诱导了指数函数这样一个数学概念。大部分人很早就在微积分课程里学习过指数函数 e^x，真正让我们惊讶的是，它作为复变函数的性质（例如：周期性）。一个不仅在利率、而且在巴拿赫代数和李[27]理论中起着重要作用的概念，毫无疑问应被视为数学元素之一。

类比

数学中一些模式反复出现，它们看起来比之前提到范畴论（例如：态射）更深刻。但一些诸如几何级数的经典数学元素可能比这些模式更为大众熟知，也被研究得更为透彻。在此我要特别提及交换性、对称性和连续性。

交换性

交换性的概念是否应作为一个数学元素？或许。但有一点毋庸置疑，经典的双重极限定理一定程度上与欧几里得[28]空间中两个平移之间的关系类似，它们都在描述带箭头图表中路径的行为。作为其共性的交换性，或许应作为一个数学元素。

对称性

数学家通常不会将"对称性"予以明确定义，他们更倾向于非正式地使用这个词，正如他们使用"分析"一词。"由对称性可知"是对称二字最常出现的一种用法。在此，是否有其他数学元素隐藏其后呢？

人们一致会认同群论中出现的对称性，其背后或许同样隐藏着某个数学元素。在此我并不是想讨论初等群论里已十分完善的概念，而是以群的观点去讨论一切数学，或许格罗滕迪克[29]群和 K-理论最能表明我的意思。

---

[27]索菲斯·李，Marius Sophus Lie，1842—1899，挪威数学家，李群理论的创始人。他早年因获得奖学金到柏林旅行，结识克莱因并成为挚友。他的工作在生前并未得到足够重视，在 20 世纪初由嘉当、外尔等才发展并完善。

[28]欧几里得，Euclid，约公元前 4 世纪—公元前 3 世纪，古希腊数学家，被誉为几何学之父。

[29]格罗滕迪克，Alexander Grothendieck，1928—2014，法国数学家，主要研究领域是代数几何，他被很多数学家认为是 20 世纪最伟大的数学家。他早年跟随施瓦茨和迪厄多内学习泛函分析，并成为拓扑向量空间的专家。在 1957 年后他将兴趣转向代数几何和同调代数，并极大地改变了这两门学科的面貌，著有《EGA》《SGA》和《FGA》等。

连续性

与对称性类似，连续性或许是另外一个指向深刻数学元素的词汇，尽管目前我们并未谈及拓扑（或者用更准确的说法，拓扑并未明确出现）。数学家们通常会本能地认为所有事物均连续。这种观点很明确地体现在研究流形形变的小平邦彦[30]–斯潘塞[31]理论，讨论算子的里斯–托林[32]插值定理，以及研究冯·诺依曼代数扰动性的卡迪森–卡斯特勒[33]度量中。（或许关于连续性最不恰当的一个例子是本文最开始提到的函数形式的不变性原理。）

凡此种种，即作为数学元素备选的交换性、对称性和连续性，都可以被称为由类比而产生的推广。尽管它们的定义可能模糊，尽管它们的性质可能未必严格，但它们依旧是数学家们探索真实世界的有力武器。在讨论任何其他性质之前，考虑诸如“它们是否交换?”、“它们是否存在逆元?”以及“它们是否收敛?”的问题可能会更有意义。

结语

前文提到的数学是否神秘？数学中是否存在一些我们应遵循的基本准则？在我看来，这样的基本准则确实存在，虽然我并不了解它们。这也是我为什么会考虑此问题的原因。

我始终觉得自己跌跌撞撞，就像恩培多克勒的门徒一样，根据自己的经验和直觉随机地选取“元素”，而不是通过精心观察或理性分析。我选择的数学元素范围也相当广泛：从简单类比（任何对象均连续）到基本法则（结构性部分相容），从泛代数（不变量、商结构）到计算方面的技巧（几何级数）。让我犹豫不决的事情首先来自几何级数，或者更广义地，来自以下信念：欧拉[34]对发散级数求和的做法并非毫无意义。他极有远见，对真理的元素虽未阐明但却具有敏锐的洞察力。我接下来的想法可能要稍微远离欧拉的真

---

[30]小平邦彦，Kunihiko Kodaira，1915—1997，日本数学家，主要研究领域是代数几何和复流形。他获得 1954 年的菲尔兹奖和 1984/5 年的沃尔夫奖。

[31]斯潘塞，Donald Clayton Spencer，1912—2001，美国数学家，主要研究领域是微分几何中的形变理论以及多复变函数。

[32]里斯，Marcel Riesz，1886—1969，匈牙利裔数学家。托林，Olof Thorin，1912—2004，瑞典数学家。

[33]卡迪森，Richard Kadison，1925—2018，美国数学家。卡斯特勒，Daniel Kastler，1926—2015，法国物理学家。

[34]欧拉，Leonhard Euler，1707—1783，瑞士数学家。他涉足了数学的很多领域：几何学、微积分、三角函数、代数和数论等。数论专家安德烈·韦伊（André Weil）曾在《今昔数论两讲》（Essais Historiques sur la Théorie des Nombres，王启明译）第一篇中谈及欧拉的数论生平。也见韦伊的数论史著作《数论：从汉穆拉比到勒让德的历史导引》，胥鸣伟译、王元校，高等教育出版社，2010 年。

实土壤，但我却依旧认为：同那些仿佛空中楼阁的抽象概念（对偶性、无限）比起来，真实、具体的对象（指数函数、鸽巢原理）更应该成为数学元素。

无论如何，我们的目标只是为了阐明数学元素是否存在这样一个问题。如果本文的讨论可以拓宽之前出现的数学元素使用范围，抑或明确一些我从未知悉的数学元素，再或者将它们指向更加壮美的理论，如果真是这样，我想此文的目的就达到了。

编者按：本文译自“Halmos P R. Does mathematics have elements? [J]. The mathematical intelligencer, 1981, 3(4): 147–153”。

How Google Works
——搜索引擎中的线性代数

M. Ram Murty
整理：陈丽伍

原编者按：感谢理论科学研究中心数学组李文卿主任及 Ram Murty 教授同意本刊刊载 Murty 教授于新竹清华大学理论科学研究中心的演讲记录。感谢“中研院”数学研究所研习员陈宇协助校对本文中数学的中文翻译。

介绍（理论科学研究中心数学组李文卿主任）：大家好，很高兴为大家介绍皇后大学的 Ram Murty 教授，他是理论科学研究中心的访问学者，除了精辟的数论演讲以外，同意做两场一般性的演讲。今天是第一场演讲，第二场在下星期三同一时段同一地点。Murty 教授是一位出色的数学家，还是一位诗人，他写诗算数，不仅对数学有广泛的兴趣，在其他领域也有广泛的涉猎，哲学就是其中之一。他是皇后大学的研究讲座（Research Chair）教授、加拿大皇家学会的会士及印度国家科学院院士。我们很幸运他答应进行这个演讲。今天的讲题是“How Google Works”。让我们欢迎 Murty 教授。

谢谢。能为各位演讲是我的荣幸。这个演讲是给一般听众准备的科普演讲，只需要了解一些基本的线性代数。演讲的小标题就是搜索引擎中的线性代数。

1995 年以前，搜索引擎是通过关键词的搜索来运作。但是 Google 搜索引擎决定以数学计算来决定单一网页的重要性。特定网页是重要还是不重要该如何计算？现在，Google 已经成为一个名词，例如：“堤米，这些是百科全书，这是 Google 的前身。”或是：“卡住了，查一下 Google。”Google 也是动词，“你这个问题把我难倒了，你需要 Google 一下。”Google 已经成为有如圣谕一般的存在。但是依靠网络寻求答案其实是非常危险的。

举例来说，有一个叫作 gomath.com 的网站，是学习基本数学知识的网站，在这个网站上你可以找到计算椭圆的面积与周长的如下的公式：

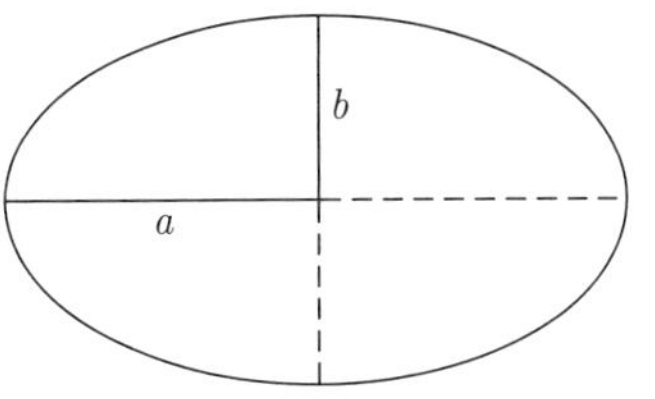

$$椭圆：\frac{x^2}{a^2}+\frac{y^2}{b^2}=1,$$

$$周长=2\pi\sqrt{\frac{a^2+b^2}{2}},\quad 面积=\pi ab.$$

如果你做微积分的作业，会发现第二个答案是正确的，第一个答案则完全错误。幸好如此，不然我们就没有椭圆函数理论与椭圆积分，因为计算椭圆周长的公式是由椭圆积分推导出来，而复杂丰富的椭圆积分理论与代数几何相关。

引用错误的信息可以造成毁灭性的结果，譬如以下的例子。1999 年 9 月 30 日美国有线电视新闻网有这样一则新闻“计量灾难造成火星探测器损失”。现在在火星的探测器不是当初发射的探测器。这个失败的探测器原本应该在 1999 年 9 月 30 日抵达火星，但是因为一个简单的数学错误造成它完全消失。新闻说：“根据报告，美国太空总署因为一组 Lockheed Martin 的工程团队在输入参数时使用了英制单位，而不是政府团队所使用的公制单位，造成一个价值一亿二千五百万美金的火星探测器的失联。因为计算单位的不同使得位于丹佛的 Lockheed Martin 工程团队与位于帕萨迪纳的美国太空总署火箭推进实验室之间无法传输飞航方向数据。”所以亿万美元就这样不见了。这只是探测器的造价，还不包括研究人员的薪资、心力以及花费的时间，所以一定要万分谨慎。我相信他们绝对从中得到了一个很好的教训，这显现了 Google 的一些限制。至于另外一个局限，我们来看下面的对话：

老人：“我花了一生寻找人生的意义。”

小孩：“我爸说如果 Google 找不到，应该就找不到了。”

我可以保证你用 Google 绝对找不到生命的意义，这可以说是一个终极的问题。

现在让我试着大略解释一下全球信息网（World Wide Web）的运作。实质上这是一张大链接图。使用者提出一个查询后，搜索引擎开始针对这个查询工作。搜索引擎不停派出虚拟机人（cyberbot）到各网站收集每个网页的文件标识码（document ID）与关键字，并且把这些数据储存起来。使用者提出的查询利用这些储存起来的数据，根据重要性排出顺序。概括地说这就是 Google 的运作过程。

Google 有两个部分。一个是与查询无关的固定部分，另一个就是我要讲的，以 PageRank（网页级别）算法为基础与查询相关的部分。数学就是通过 PageRank 算法进入 Google 的运作。至于虚拟机人不断地到各网页记录拍摄关键词，储存分类文件标识码后以关键词建立倒排索引（inverted index）随时提供存取，则是非数学的部分。

当使用者键入查询 Google 的特定的字时，你必须把所有有这个字的链接找出来，接着依照重要性排序。问题就在什么是重要的？该如何利用数学分析排出网页的重要性以取代单纯的关键词查找？以前是利用关键词出现的多寡决定，网页上关键词出现的频率越高就越相关（relevant）或越热门。Google 算法有另一个计算相关性（relevance）的操作。

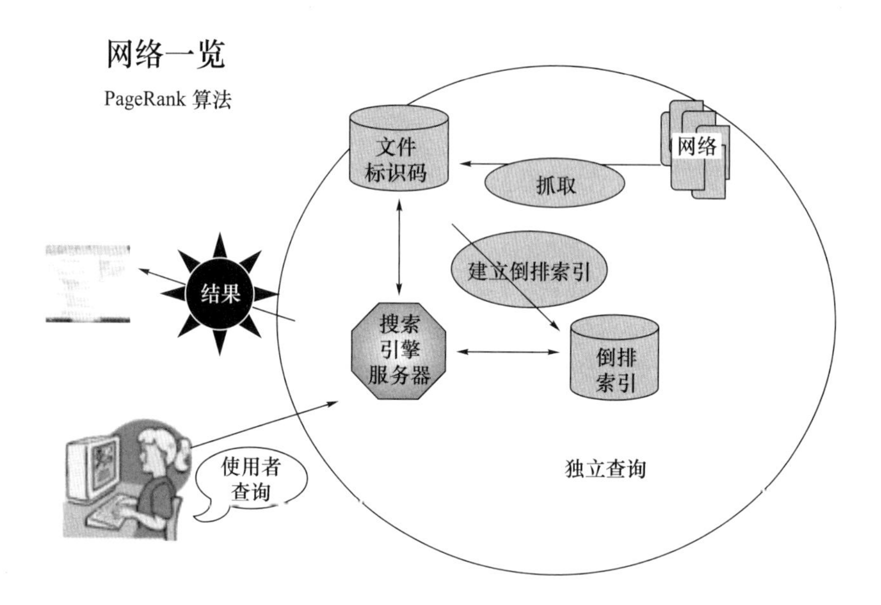

所以网络其实是一张很大的图，网页就是节点（nodes）或顶点（vertices）。每一个网页代表一个顶点，连到这个网页的链接或从这个网页连出去的链接就是边（edges），由内指标（in arrows）或外指标（out arrows）表示，这是一个有向图（a directed graph）。这张图有超过十亿的顶点而且每秒持续成长，理所当然是一个巨大的图。这个图应该不会是计算搜索时使用的图。当有人提出查询，对应到这个特定码字（code word）的一些 URL 就会被找到。只需要用这些节点与 URLs 来建构一张有向图，而不必使用代表整个网络的有向图。有向图的大小经由这个过程而缩减。

PageRank 算法是由两位辍学的研究生 Sergey Brin 和 Larry Page 发现的。PageRank 听起来像是排序网页（ranking of pages），这是一个巧合，Page 其实是 Larry Page 的姓。他们评判网页重要性的数学依据如下：他们提出一个定理，如果有其他重要网页指向一个网页，这个网页就是重要的。这听起来像是一个循环定义。如果有一百个人说一个人是伟大的，我想这个人是伟大的。这就是这个定义的基础。这可以通过矩阵的方式以很简单且基本的数学表示。他们发明的这个算法在 2001 年取得专利。我要解释的数学现在可以说是众所皆知，其他的搜索引擎也已经在使用类似的演算，受到专利保护的版本会更详细，其中的秘密当然无法得知，不过基本的概念如下。

这是一个例子。假设有这么多网站，然后依照其重要性放大尺寸，这些网站互相链接有如一个有向图。我们可以看到，虽然节点 E 有许多指标（arrow）指向它，但节点 C 的重要性却高于节点 E。这是因为节点 B 很重要，然后由节点 B 指向节点 C 的指标让节点 C 重于节点 E。下面是这个例子的图示，这就是决定重要性的方法。

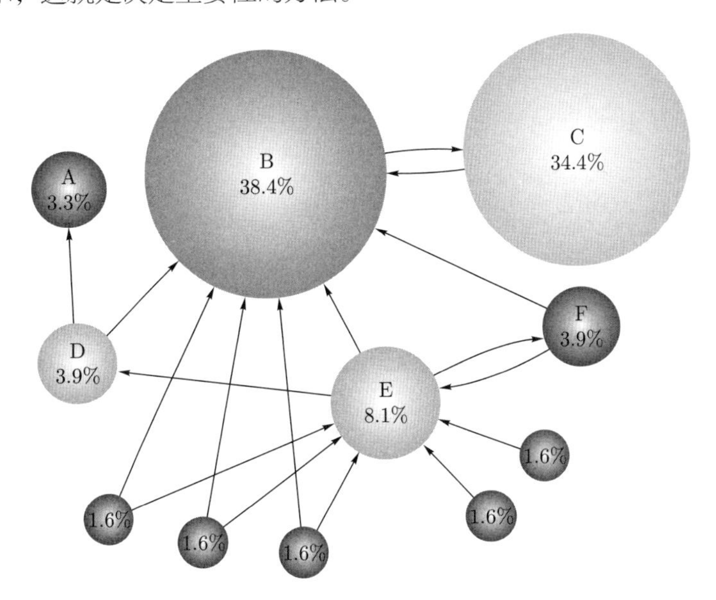

那该如何通过数学表示呢？先做一个有向图并假设它有三个顶点 A, B 和 C。联结 A 点的三个边中，有两个边向外，一个边向内。所以顶点 A 的出度（out degree）是 2，进度（in degree）是 1。

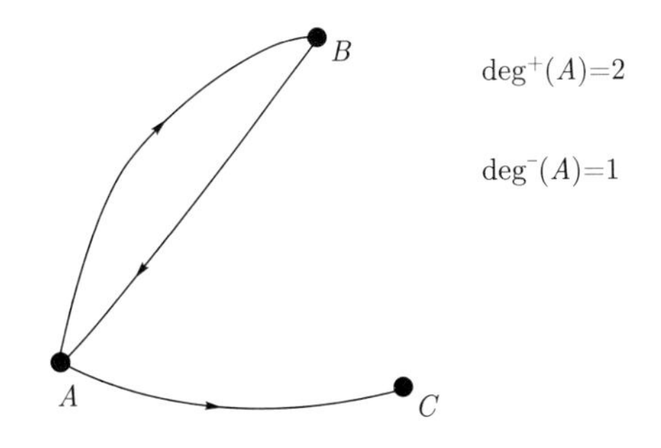

我们用 $r(J)$ 来代表网页 J 的级别（rank），对任何顶点 K，它的级别由所有指向它的顶点来决定。所以如果顶点 J 指向顶点 K，那么由顶点 J 指向顶点 K 的概率应该是出度分之一（1 over the out degree）。也就是可以由出度知道有几个边是从顶点 J 出发的。

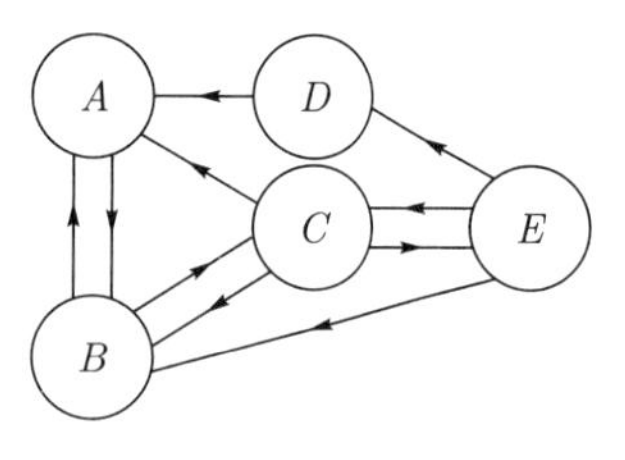

网页 J 有多重要，我们可以通过以上的叙述将级别做一个循环定义。所以一开始的定义："如果有其他重要网页指向一个网页，这个网页就是重要的"，可以用以下的数学公式表示：

$$r(K)=\sum_{J\to K} r(J)/\deg^+(J),\quad \deg^+(J)\text{ 是 } J \text{ 的出度}.$$

一旦有了这个，我们马上可以定义一个矩阵，可以用 Markov 链表示。我们可以用下面的例子说明：以微型全球信息网为例，假设这个信息网只有 5 个节点，出、入度如图。令 p_{uv} 为由节点 u 到节点 v 的概率。让我们来看以下的概率：

由节点 B 到节点 A 的概率有多少?

节点 B 只有两个边向外，一个边指向节点 C，另一个边指向节点 A。所以，由节点 B 到节点 A 的概率是 1/2。由节点 B 可以到节点 C 或节点 A，所以 $p_{BA}=1/2$。

那由节点 C 到节点 A 呢?

由节点 C，有三个边向外指。所以由节点 C 到节点 A 的概率是 1/3 ($p_{CA}=1=3$)，因为节点 C 只有三个向外指的边。由节点 E 到节点 A 的概率是 0 ($p_{EA}=0$)，因为没有联结的边。所以产生了以下的转移概率（transition probabilities）。将这些转移概率用矩阵表示如下。

$$P=\begin{array}{c} \\ A\\ B\\ C\\ D\\ E\end{array}\begin{array}{c}\begin{array}{ccccc}A & B & C & D & E\end{array}\\ \begin{pmatrix}0 & \frac{1}{2} & \frac{1}{3} & 1 & 0\\ 1 & 0 & \frac{1}{3} & 0 & \frac{1}{3}\\ 0 & \frac{1}{2} & 0 & 0 & \frac{1}{3}\\ 0 & 0 & 0 & 0 & \frac{1}{3}\\ 0 & 0 & \frac{1}{3} & 0 & 0\end{pmatrix}\end{array}.$$

注意到每个列的总和永远是 1。这些列代表什么意义呢? 它代表的是每个节点可以连接到的节点。如果有 n 个边由一个顶点向外指，那么由这个顶点连接到其他顶点的概率是 n 分之一。每个顶点连接到其他顶点的概率加起来总和一定是 1。所以，$(1\ \ 1\ \ 1\ \ 1\ \ 1)P=(1\ \ 1\ \ 1\ \ 1\ \ 1)$。$P^t$ 的特征值（eigenvalue）是 1，特征向量（eigenvector）是 $(1\ \ 1\ \ 1\ \ 1\ \ 1)$。P 是 Markov 链理论中的移转矩阵（transition matrix）。

让我们来看一下 Markov 程序。回到我们的图，问一个问题，如果有一个使用者现在在网页 C，他在点击 1 次（1 click）后会在哪里？点击 2 次（2 clicks）后会在哪里？点击 n 次（n clicks）后会在哪里？

把初始值的条件（initial condition）用列向量（column vector）表示。

$$\boldsymbol{p}^0 = \begin{pmatrix} p(X_0 = A) \\ p(X_0 = B) \\ p(X_0 = C) \\ p(X_0 = D) \\ p(X_0 = E) \end{pmatrix} = \begin{pmatrix} 0 \\ 0 \\ 1 \\ 0 \\ 0 \end{pmatrix},$$

1 代表现在在网页 C，也就是我们在节点 C。

点击一次后发生了什么事？点击一次后，使用者会到哪里？我们虽然不知道会发生什么事情，但是我们可以从下面知道发生的概率。

$$\boldsymbol{p}^1 = \begin{pmatrix} p(X_1 = A) \\ p(X_1 = B) \\ p(X_1 = C) \\ p(X_1 = D) \\ p(X_1 = E) \end{pmatrix} = \begin{pmatrix} 0 & \frac{1}{2} & \frac{1}{3} & 1 & 0 \\ 1 & 0 & \frac{1}{3} & 0 & \frac{1}{3} \\ 0 & \frac{1}{2} & 0 & 0 & \frac{1}{3} \\ 0 & 0 & 0 & 0 & \frac{1}{3} \\ 0 & 0 & \frac{1}{3} & 0 & 0 \end{pmatrix} \begin{pmatrix} 0 \\ 0 \\ 1 \\ 0 \\ 0 \end{pmatrix} = \begin{pmatrix} \frac{1}{3} \\ \frac{1}{3} \\ 0 \\ 0 \\ \frac{1}{3} \end{pmatrix}.$$

所以点击 2 次后，在第一个节点的概率是 1/6，在第二个节点的概率是 4/9，在第三个节点的概率是 5/18，在第四个节点的概率是 1/9，在第五个节点的概率是 0。

$$\boldsymbol{p}^2 = \begin{pmatrix} p(X_2 = A) \\ p(X_2 = B) \\ p(X_2 = C) \\ p(X_2 = D) \\ p(X_2 = E) \end{pmatrix} = \begin{pmatrix} 0 & \frac{1}{2} & \frac{1}{3} & 1 & 0 \\ 1 & 0 & \frac{1}{3} & 0 & \frac{1}{3} \\ 0 & \frac{1}{2} & 0 & 0 & \frac{1}{3} \\ 0 & 0 & 0 & 0 & \frac{1}{3} \\ 0 & 0 & \frac{1}{3} & 0 & 0 \end{pmatrix} \begin{pmatrix} \frac{1}{3} \\ \frac{1}{3} \\ 0 \\ 0 \\ \frac{1}{3} \end{pmatrix} = \begin{pmatrix} \frac{1}{6} \\ \frac{4}{9} \\ \frac{5}{18} \\ \frac{1}{9} \\ 0 \end{pmatrix}.$$

所以你可以看到，持续迭代（iterate）这个 Markov 矩阵，在点击 n 次后，你会得到 $P^n\boldsymbol{p}^0$。这就是主要的概念。

那么矩阵 P 的特征值与特征向量在什么地方出现呢？

$P\boldsymbol{v}=\lambda\boldsymbol{v}$，$\lambda$ 是特征值，$\boldsymbol{v}$ 是特征向量

在矩阵理论（matrix theory）中矩阵的特征值与特征向量因为不同的原因而重要，在这里它们是以很基本的方式出现。让我们在计算前先提示一些基本的要点。

任何矩阵都有一个特征多项式（characteristic polynomial）。每个特征多项式的根 λ 都是特征值。

$$\Delta_{P^t}(\lambda)=\det(\lambda I-P^t)=\det(\lambda I-P)^t=\det(\lambda I-P)=\Delta_P(\lambda).$$

这个多项式一定有根。P 的特征多项式与它的转置矩阵 P^t 的特征多项式是一样的，因为特征多项式是由行列式（determinant）决定的。而一个矩阵 A 的行列式就是 A 的转置矩阵的行列式。所以 P 的转置矩阵的特征多项式就是 P 的特征多项式。所以矩阵 P 与 P 的转置矩阵有一样的特征值。

已知 P 的转置矩阵有特征值 1 与特征向量 $(1, 1, 1, 1, 1)$。依循上面的逻辑，我们知道 1 也是 P 的特征值。但是这并没有告诉我们任何有关特征向量的信息。它只提供了特征值的信息。P 和 P^t 有一样的特征值，却不见得有一样的特征向量。这是一个要点。虽然如此，但是因为 Frobenius 的一个关于矩阵的有名定理，我们可以知道特征值为 1 的 P 的特征向量。Georg Frobenius（1849—1917）是一位很有名的代数数论学家。

注意到特征值可能是复数，不过在我们的转移矩阵（transition matrix）P 中，所有的特征值都是绝对值（absolute value）$\leqslant 1$ 的实数，并且有一个特征值是 1。我们的问题就是要找出对应这个特征值的特征向量，而 Frobenius 的定理告诉我们每一个特征值都有一个对应的特征向量，而且这个向量的所有分量都是非负的数。这就是 250 亿美元的特征向量，支撑着 Google 的秘密。如果要做进一步的阅读，有一篇很有意思的文章刊登在 2006 年的 SIAM Review 上，解释 Frobenius 的定理如何改变了这个世界。

同时这也与 Perron 有关。Oskar Perron（1880—1975）是一位数论学

家。他有一个有名的数论的定理——Perron 定理。Perron 将 Frobenius 的定理改进了一些，Perron 定理的叙述如下：令 A 是一个只有正数元素的方阵（square matrix）。令 $\lambda^* = \max\{|\lambda| : \lambda$ 是 A 的特征值$\}$。那么 λ^* 是 A 的一个重数（multiplicity）为 1 的特征值，并且有一个所有分量都是正数的特征向量相对应于 λ^*。甚至，对于其他任何特征值 $\lambda, |\lambda| < \lambda^*$。

很遗憾我们的移转矩阵并不符合这个假设。定理的假设要求的是只有正数元素（positive entries）的方阵。因为条件不符，所以我们无法应用这个定理，因此 Frobenius 又出现了。

Frobenius 改进了 Perron 定理，提出了不可约矩阵（irreducible matrices）。一个矩阵 A 是不可约的，如果存在某个自然数 n 使得 A^n 的元素都是正数。

假设我们由这个移转矩阵开始，一些元素是 0，一些是正数。但如果图是连通的，经过几次点击（clicks）所有的元素都会变成正数，不然你无法由点 A 连到点 B。基本上就是这样。而我们的移转矩阵正符合需要的条件，所以可以应用这个定理。如果矩阵 A 是一个非负数元素的不可约方阵，λ^* 是所有特征值的最大绝对值，定理告诉我们 λ^* 同时也是矩阵 A 的特征值，其重数为 1。此外，还有一个分量全为正数的特征向量与其对应。所以这是一个线性代数的基本定理。

身为数学家，我不需要知道这个定理能不能被实际应用在真实世界，因为这个定理本身就是一个漂亮的定理，是关于特征值与特征向量的一个很有意思的描述。让我们来看看这个理论的实际应用。

为了简便，让我们假设矩阵 P 符合以下的条件：

a. P 只有一个特征值，其绝对值是 1（也就是 =1），

b. 特征值 1 相对应的特征空间（eigenspace）的维数是 1，

c. P 可对角化（diagonalizable），也就是特征向量构成一个基。

让我为不熟悉的人解释一下。

如果有一个 $n \times n$ 矩阵 P，P 的特征多项式是一个 n 次多项式，代数基本定理告诉我们，这个多项式有 n 个根，这些根就是矩阵 P 的特征值。假设每个特征值有一组非零向量 $\boldsymbol{v}$，同时 $P\boldsymbol{v}$ 等于 $\lambda\boldsymbol{v}$。对于每个 P，假设有一组特征向量组成的基，也就是说，有 n 个满足 $P\boldsymbol{v}_i = \lambda_i\boldsymbol{v}_i$ 的彼此线性独立的向量。接着假设有一组这个类型的基。这不是一个严格的假设，但是之后会改善。

在这个假设之下，有一个唯一的特征向量 $\boldsymbol{v}$ 使得 $P\boldsymbol{v} = \boldsymbol{v}$，而且 $\boldsymbol{v}$ 有非负数的分量，分量的总和是 1。

我们现在说的是线性代数的基础定理。而 Google 搜索引擎如何应用这

个定理呢?

前面提到的 Frobenius 的定理导出所有其他特征值的绝对值绝对小于 1。这是很重要的一点。接下来由前面观察到的性质，有一个特征向量的分量总和是 1。让我们计算如果起始点在 C，在 n 次点击后，会到哪里?

令 $\boldsymbol{v}_1, \boldsymbol{v}_2, \cdots, \boldsymbol{v}_5$ 是矩阵 P 的由特征向量组成的基，$\boldsymbol{v}_1$ 对应到最大特征值 1 且 $\boldsymbol{v}_1$ 的分量的和为 1。因为 $\boldsymbol{v}_1, \boldsymbol{v}_2, \cdots, \boldsymbol{v}_5$ 是基，一个给定的向量 $\boldsymbol{p}^0$ 可以写成基的线性组合 $\boldsymbol{p}^0 = a_1\boldsymbol{v}_1 + a_2\boldsymbol{v}_2 + \cdots + a_5\boldsymbol{v}_5$。这些 $a_1, a_2, \cdots, a_5$ 是复数 (complex numbers)。我们需要证明 $a_1 = 1$，证明如下:

$$\boldsymbol{p}^0 = a_1\boldsymbol{v}_1 + a_2\boldsymbol{v}_2 + \cdots + a_5\boldsymbol{v}_5.$$

记得向量 $\boldsymbol{J} = (1, 1, 1, 1, 1)$，将等号的两边同时乘上 $\boldsymbol{J}$，则

$$\boldsymbol{J}\boldsymbol{p}^0 = a_1\boldsymbol{J}\boldsymbol{v}_1 + a_2\boldsymbol{J}\boldsymbol{v}_2 + \cdots + a_5\boldsymbol{J}\boldsymbol{v}_5.$$

根据我们的假设 $\boldsymbol{J}\boldsymbol{p}^0 = \boldsymbol{J}\boldsymbol{v}_1 = 1$，于是我们得到 $a_1 + a_2\boldsymbol{J}\boldsymbol{v}_2 + \cdots + a_5\boldsymbol{J}\boldsymbol{v}_5 = 1$。另一方面，对于 $i \geqslant 2, \boldsymbol{J}(P\boldsymbol{v}_i) = (\boldsymbol{J}P)\boldsymbol{v}_i = \boldsymbol{J}\boldsymbol{v}_i$，因为 P 的每一列总和都是 1。但是 $P\boldsymbol{v}_i = \lambda_i\boldsymbol{v}_i$，所以 $\lambda_i\boldsymbol{J}\boldsymbol{v}_i = \boldsymbol{J}\boldsymbol{v}_i$。因为 $\lambda_i \neq 1$，我们得到 $\boldsymbol{J}\boldsymbol{v}_i = 0$，所以 $a_1 = 1$。

在 n 次迭代后:

$$\begin{aligned} P^n\boldsymbol{p}^0 =& P^n\boldsymbol{v}_1 + a_2P^n\boldsymbol{v}_2 + \cdots + a_5P^n\boldsymbol{v}_5 \\ =& \boldsymbol{v}_1 + \lambda_2^n a_2\boldsymbol{v}_2 + \cdots + \lambda_5^n a_5\boldsymbol{v}_5. \end{aligned}$$

因为所有这些特征值 $\lambda_2, \cdots, \lambda_5$ 的绝对值都严格小于 1，当 n 趋近无穷，我们得到 $P^n\boldsymbol{p}^0 \to \boldsymbol{v}_1$。

也就是不管起始分布 $\boldsymbol{p}^0$ 是什么，Markov 程序的稳定向量 (stationary vector) 是 $\boldsymbol{v}_1$。方程右边与起点是独立的。所以这是一个不可思议的定理。这与 Google 完全没有关系，与线性代数息息相关。当你用一个移转矩阵的概

率，不停迭代后，得到一个稳定向量。这个稳定向量是 $\boldsymbol{v}_1$。也就是我们讨论的重点，不管 $\boldsymbol{p}^0$ 是什么，Markov 程序的稳定向量是 $\boldsymbol{v}_1$。

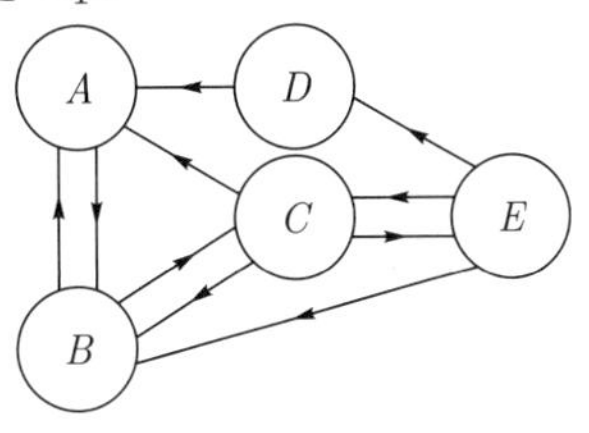

回到我们的例子，当计算矩阵 P 对应到特征值 1 的特征向量时，得到的向量是 $(12,16,9,1,3)$。这不是一个唯一（unique）的特征向量，它的任何倍数均为对应到特征值 1 的一个特征向量。也就是说，这一定是 Markov 程序对应的稳定向量。所以由这个结果说明网站 B 比网站 A 重要。我们可以把这个除以 41 做正规化，所以分量（components）的和是 1。由这个特定的特征向量得到节点级别（ranking）为：B,A,C,E,D。

$$P=\begin{array}{c}\\ A\\ B\\ C\\ D\\ E\end{array}\begin{array}{c}\begin{array}{ccccc}A & B & C & D & E\end{array}\\ \begin{pmatrix}0 & \frac{1}{2} & \frac{1}{3} & 1 & 0\\ 1 & 0 & \frac{1}{3} & 0 & \frac{1}{3}\\ 0 & \frac{1}{2} & 0 & 0 & \frac{1}{3}\\ 0 & 0 & 0 & 0 & \frac{1}{3}\\ 0 & 0 & \frac{1}{3} & 0 & 0\end{pmatrix}\end{array}.$$

所以如果你有一个 Markov 矩阵，在 n 次迭代这个 Markov 矩阵后得到向量 $\boldsymbol{v}_1$，这个向量对应到任一特征值为 1 的特征向量。它的分量代表联结到那个节点的概率，也就是网页的级别顺序。所以这就是搜索引擎的背景计算。

该如何计算特征向量呢？这是一个基本的问题。你可以应用幂方法（power method）。当 n 非常大时计算 $P^n\boldsymbol{p}^0$ 以得到 $\boldsymbol{v}_1$ 的逼近。所以如果你有一个矩阵 P，你可以一直算到这个矩阵的 n 次方，看看收敛到哪里。这就是幂方法，也是计算 $\boldsymbol{p}^1$ 的一种方法。针对大型矩阵计算有一些很有效率的运算。Sergey Brin 和 Larry Page 写过一篇文章说明 Markov 矩阵大约需要迭代 50 次（50 iterations，$n=50$）就可以得到一个好的 $\boldsymbol{v}_1$ 的逼近。

现在我们知道背后的理论了。还有哪些问题呢？

假设我们有一个跟下面一样的图。

注意到如果使用者到节点 F 后，会进到一个循环，这个 Markov 程序的稳定向量毫不意外的是 $(0,0,0,0,0,1/2,1/2)^t$，斜向（skewed to）顶点 F 与 G。要克服这个困难，你可以加入一些临时的边或联结回原本的节点。Brin 和 Page（PageRank 算法的发现者）建议加一个代表使用者的“品味（taste）”的随机矩阵 Q 到 P，所以最后的移转矩阵是 $P'=$

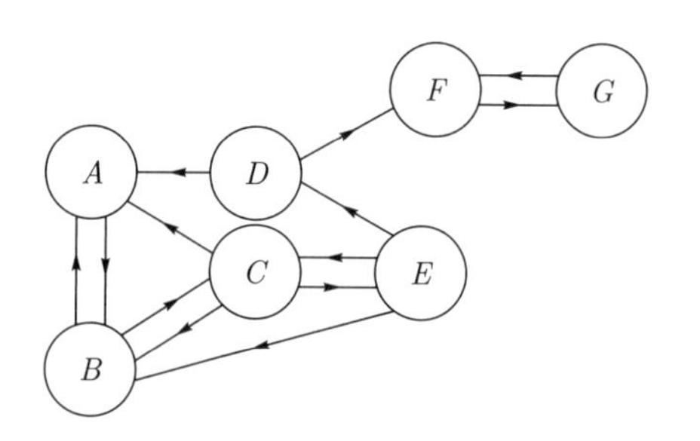

$xP + (1-x)Q, 0 \leqslant x \leqslant 1$。矩阵 Q 是一个完全由 1 所构成的 $n \times n$ 矩阵，除以节点数 n，事实上近乎零矩阵。但是这样就不会有无限循环的问题。在这篇文章中，他们建议最佳值（optimal value）是 $x = 0.85$。

以上就是我的演讲。2008 年 Springer 出版的 “Mathematics and Technology”（作者是 C. Rousseau 和 Y. Saint-Aubin）详细介绍了这个算法。2006 年 Princeton 大学出版社出版的 “Google’s PageRank and Beyond, The Science of Search Engine Rankings”（作者是 A. Langville 和 C. Meyer）也是本不错的参考书籍。当然，前面我提到的由 SIAM Review 出版，2006 年第 48 期，569−581 页，K. Bryan 和 T. Leise 合写的 “The $25000000000 dollar eigenvector” 也是不错的参考。有趣的是 Brin 和 Page 从来没有完成他们的博士学位，反而走上了另一条道路，认识到他们可以把论文应用到商业用途上。

我想 Google 已经是生活中不可缺的一部分。谢谢你们听讲，祝你们好运，有个愉快的 Google 日。

理论科学研究中心数学组李文卿主任：谢谢您给了一场非常精彩的演讲，有任何问题吗？

问题 1：我记得在《纽约时报》上读过一篇文章说有人知道这个算法，并且利用这个算法将他们的网站排名拉到第一。所以如果有使用者搜索购物网站，他们的购物网站会是第一个选择，许多顾客都不知道，一直到《纽约时报》报道后，这件事情才被揭露出来。后来 Google 试着修正这个问题，但是很明显任何人都可以利用这个伎俩拉高他们网站搜索的排序。你有任何建议吗？

回答 1：完全没有。我是一个完完全全的数学家。当然我同意你的看法，当一个系统的运作被破解后，就会有人试着影响运作。然后你就必须要有新的算法。至于要怎么产生新的算法我一点头绪都没有。不仅如此，这件事有一个反面的影响。似乎有一些政治家与公司试着通过 Google 内部利益交易想将他们的网站排序买高甚至排到第一。一旦大局开始腐败，就一定会影响其价值。我想这又必须要回到一开始我指出的定理，如果有其他重要网页指向一个网页，这个网页就是重要的。对像我一样研究数学的人，阅读特定论文的人数一定不会太多。网络上可能会有一篇很有价值的文章，但是没有其他网页指向它。因为知道的人不多，你有可能会发现一个不为人知的知识宝矿。所以传统的研究方法，例如到图书馆猎书仍然是很有价值的。我认为 Google 不是所有启发的来源。但一旦有一个如此强大的工具在公共的领域里，不免会带来许多使用不当的遗憾。我没有解决的办法。目前已经可以看到不少黑客变更他人网站，等等，在这样的世界里，我们遗失了学术的纯粹。

问题 2： 典型移转矩阵的大小是多少？

回答 2： 很庞大。当你键入你的查询，它会先丢出数千个网站。我想他们要处理的是 mega 矩阵。我的猜测是通常会有 15 页的响应。每一页大概有 30 个链接。我估计矩阵的大小应该不会大于 10000×10000。这是我的猜测。

问题 3： 针对这些计算，他们需要一些特别快速的算法吗？

回答 3： 这是不同的方向。这可以是另一场演讲，可惜我不是这方面的专家。这应该与快速矩阵计算有关。简单地说，就是用矩阵做乘法。转移概率的计算既快又简单，只要把图做出来就可以。接下来是必须连乘极多次，可能可以调整计算速度。

理论科学研究中心数学组李文卿主任：让我们再次谢谢演讲者。谢谢。

编者按：本文原载“数学传播，36(3), 12−23”。《数学传播》杂志网站：https://web.math.sinica.edu.tw/mathmedia/default18.jsp

趣谈妙用概率论

程玮琪，张海愉

程玮琪，香港大学数学系教授。
张海愉，香港大学数学系助理讲师。

一、概率论的起源和发展

哲学家很早就提出了随机事件的概念。所谓随机事件，简单地说，就是指在一次随机试验中，某个特定的事件可能出现也可能不出现；但当试验次数增多，我们可以观察到某种规律性的结果，这就是随机事件。比如说，在进行足球比赛的时候，裁判员通常会用掷硬币的方式来决定甲乙双方哪一方先开球，这个掷硬币的过程就可以看作一个随机试验。假如甲队选了正面，那么随机事件 A 就是 {正面}，表示甲队先开球；随机事件 B 就是 {反面}，表示乙队先开球。

在早期的时候，随着基督教的出现，随机事件的概念受到了极大的挑战。西方基督教的神学家圣奥古斯丁（Saint Augustine，354—430）认为上帝创造了一切，世界上所有的事情都是由上帝的意志控制。如果有看似偶然的事件发生，那必然是人类的疏忽，而非事物的本质，所以我们做每一件事都应该只寻求上帝的旨意。

那么上帝掷骰子吗？霍金说，上帝不仅掷骰子，而且还把骰子掷到我们看不见的地方。上帝掷骰子，也就是说，世界是随机和不确定的，是由概率决定的。

概率论最早起源于赌博的游戏。在 17 世纪欧洲的许多国家，贵族之间盛行赌博之风。通过赌徒们不断地提出各种各样的赌博问题，数学家们努力地解答这些问题，便推动了概率论的发展。让我们来看两个非常典型的问题。

1. 掷骰子问题

17 世纪中叶，法国有一位热衷于掷骰子游戏的贵族默勒（Chevalier de Mere，1607—1684），他发现了这样一件奇怪的事情：将一枚骰子连掷 4 次至少出现一个点数 1 的机会比较多，而同时将两枚骰子掷 24 次，至少出现一次双点数 1 的机会却比较少。他觉得有些不可思议，因为在他看来，这两件事情出现的机会应该是一样的，理由是掷一个骰子，有 1/6 的机会出现 1，那么连掷 4 次至少出现一个点数 1 的机会是 $4 \times 1/6 = 2/3$；同时掷两个骰子，出现双 1 的机会是 1/36，那么连掷 24 次至少出现一个双 1 的机会也应该是 $24 \times 1/36 = 2/3$。（想一想，默勒的算法到底对不对？）

1654 年，法国数学家帕斯卡（Blaise Pascal，1623—1662）对默勒提出的问题给出了解答：默勒的想法错误就在于他认为每掷 6 次骰子就“必然”会出现点数 1，这显然是错误的。正确的解法应该是：将一枚骰子连掷 4 次，不出现点数 1 的概率是

$$(5/6) \times (5/6) \times (5/6) \times (5/6) = 625/1296,$$

那么出现至少一次点数 1 的概率就是

$$1 - 625/1296 = 671/1296 = 0.5177 > 0.5000;$$

同时掷两个骰子 1 次，不出现双 1 的概率是 35/36。连续掷 24 次，都不出现双 1 的概率是 $(35/36)^{24}$，那么出现至少一次双 1 的概率就是

$$1 - (35/36)^{24} = 0.4914 < 0.5.$$

从上面的分析我们就能看出默勒问题两个事件发生的概率确实是不同的。

2. 分赌注问题

接下来我们来看一个关于分赌注的问题：甲、乙两赌徒各出赌注 50 元，每局中无平局。他们事先约定，谁先赢得 5 局便算赢家，可以得到全部 100 元的赌注。如果在一个人赢 3 局，另一人赢 4 局时赌博因故终止（如下图），应如何分赌注？这个问题和默勒当年提出的分赌注问题非常接近。

	1	2	3	4	5	6	7
甲	赢	赢	赢	赢	输	输	输
乙	输	输	输	输	赢	赢	赢

根据法国数学家费马（Pierre de Fermat，1601—1665）对默勒分赌注问题的解答，我们上面的问题可以分两种情况来讨论。

第一种情况，假设两个赌徒的赌技相当。在剩下的两局赌局中，可能出现的情况是：

8	9	结果
甲赢	甲赢	甲赢
甲赢	乙赢	甲赢
乙赢	甲赢	甲赢
乙赢	乙赢	乙赢

按照上表的结果，甲赢的概率是 3/4，所以赌注应该按照 3 : 1（甲: 乙）的方式分配，甲获得 75 元，乙获得 25 元。

第二种情况，假设两个赌徒的赌技由前 7 局的表现来决定，也就是每一局甲赢的概率是 4/7，乙赢的概率是 3/7。那么在剩下的两局赌局中，可能出现的情况是：

8	9	结果	概率
甲赢	甲赢	甲赢	$4/7\times4/7=16/49$
甲赢	乙赢	甲赢	$4/7\times3/7=12/49$
乙赢	甲赢	甲赢	$3/7\times4/7=12/49$
乙赢	乙赢	乙赢	$3/7\times3/7=9/49$

从上表可以看出，乙赢的概率是 9/49，所以赌注应该按照 40 : 9（甲: 乙）的方式来分配。

诸如此类的需要计算可能性大小的赌博问题还有不少，经过帕斯卡和费马等数学家的努力，大部分问题得到了解决和推广，从而建立了概率论的一个基本概念——数学期望，这是描述随机变量取值的平均水平的一个量。而另一位荷兰数学家惠更斯（Christiaan Huygens，1629—1695），经过多年的潜心研究，也解决了掷骰子中的一些数学问题。1657 年，他将自己的研究成果写成了专著《论赌博中的计算》（*De Ratiociniis in Ludo Aleae*）。这本书被认为是已知的公开发表的最早的概率论著作。因此可以说帕斯卡、费马和惠更斯是早期概率论的真正的创立者。

在 17 世纪后期到 18 世纪，随着科学的发展，人们注意到某些生物、物理和社会现象与赌博游戏类似，从而将概率论逐渐应用到不同的领域，使得概率论在这一时期得到飞速的发展。其中最重要的两位科学家是瑞士数学家伯努利（J. Bernoulli，1654—1705）和法国数学家棣莫弗（A. de Moivre，1667—1754），前者提出了二项分布理论，而后者发现了正态分布方程式。

19 世纪，法国数学家拉普拉斯（P. Laplace，1749—1827）利用数学分析的工具，将古典概率论推向近代概率论。他在 1812 年发表《概率分析理论》一书，构筑了古典概率理论的完整体系，并用于自然科学和社会现象的研究，也为概率论发展成为严谨的科学奠定了良好的基础。

随着科学技术的飞速发展，概率论在 20 世纪再度迎来了一个快速成长期。勒贝格测度及随后发展的抽象测度和积分理论，成为概率公理体系的奠基石。直到现在，概率论以及以概率论为基础的数理统计，在自然科学、社会科学、工程技术、军事科学及工农业生产等诸多领域中都起着至关重要的作用。今天，通过故事的形式，我们将跟随生活中一些实际的例子，以不严谨的手法轻轻松松地一起探索有趣的概率论。下面大部分的例子也可以在网上、文献和标准教科书中找到。有兴趣研究概率论的读者可以参考 [1–6] 。

二、有趣的例子

1. 六合彩

既然概率论起源于赌博，我们的第一个例子就从赌博游戏开始 [1]。在这里，我们无意宣传赌博，只是想增加读者在研究概率论时的兴趣。**六合彩**（Mark Six）是香港唯一的合法彩票，亦是少数获香港特别行政区政府准许合法进行的赌博之一。购买者可以从 49 个号码中选出 6 个幸运号码。开彩时以自动搅珠机搅珠，抽出 6 个“搅出号码”及 1 个“特别号码”。中奖方法如下表：

奖	中奖组合	派彩/奖金分配
头等奖	选中 6 个“搅出号码”	奖金基金减去四等奖至七等奖的总奖金及金多宝扣数后的 45%，每期头等奖奖金定为不少于港币 8000000 元
二等奖	选中 5 个“搅出号码”加“特别号码”	奖金基金减去四等奖至七等奖的总奖金及金多宝扣数后的 15%
三等奖	选中 5 个“搅出号码”	奖金基金减去四等奖至七等奖的总奖金及金多宝扣数后的 40%
四等奖	选中 4 个“搅出号码”加“特别号码”	固定派彩为每注港币 9600 元
五等奖	选中 4 个“搅出号码”	固定派彩为每注港币 640 元
六等奖	选中 3 个“搅出号码”加“特别号码”	固定派彩为每注港币 320 元
七等奖	选中 3 个“搅出号码”	固定派彩为每注港币 40 元

这是 2019 年 9 月的一些搅珠结果：

搅珠日期	结果
29/09/2019	2 3 7 10 18 48 + 33
26/09/2019	2 3 11 20 27 46 + 4
24/09/2019	6 17 44 45 46 49 + 41
22/09/2019	3 28 39 40 42 44 + 37
19/09/2019	8 17 34 39 42 44 + 7
17/09/2019	12 20 22 26 30 36 + 2
14/09/2019	1 4 7 12 19 28 + 43
12/09/2019	5 23 24 25 31 33 + 7
10/09/2019	11 12 13 28 43 49 + 47
07/09/2019	7 8 12 25 43 45 + 13
05/09/2019	3 4 18 29 41 44 + 39
03/09/2019	2 8 17 24 27 39 + 10

从上面的结果我们不难看出，每期的“搅出号码”中，至少有两个号码，它们的十位数字是相同的。(想一想，为什么？) 再仔细地查看结果，我们发现大部分的期数，“搅出号码”中都至少有两个数字的个位数字是相同的，这是巧合吗？让我们一起来算一下“搅出号码”中出现至少两个个位数字相同的数的概率。首先我们计算，结果中所有的个位数字都不同的概率(为了计算方便，我们假设有 1 至 50，总共 50 个号码)。

1	2	3	4	5	6	7	8	9	10
11	12	13	14	15	16	17	18	19	20
21	22	23	24	25	26	27	28	29	30
31	32	33	34	35	36	37	38	39	40
41	42	43	44	45	46	47	48	49	50

$$q=\frac{50}{50}\times\frac{45}{49}\times\frac{40}{48}\times\frac{35}{47}\times\frac{30}{46}\times\frac{25}{45}=0.2064,$$

那么在“搅出号码”中出现至少两个个位数字相同的数的概率是

$$p=1-0.2064=0.7935\approx 80\%.$$

这也就是为什么大部分“搅出号码”中都会出现有相同的个位数的数。(想一想，在选择六合彩号码的时候，选择两个相同尾数的数字是否可以增加中奖的机会呢？)

2. 随机游走问题

下面让我们一起来玩一个游戏 [2，3]。将 3 的倍数张卡片放在桌上，围成一个圈，并且在每张卡片上随机写上 1，2，3。在这些卡片中任意选取三张连续的卡片，分别标注 A，B，C，如图。

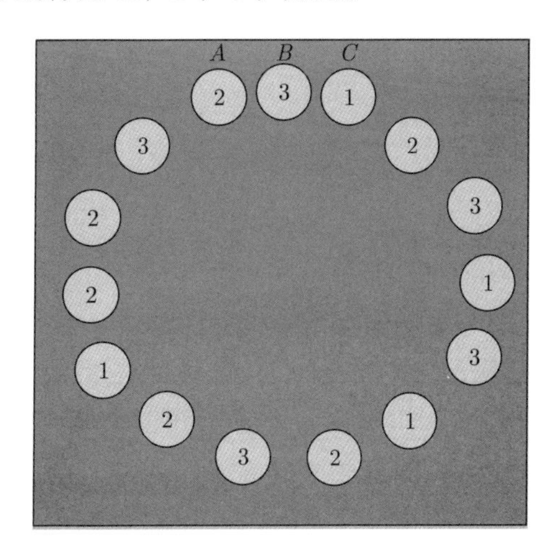

选取 A，B，C 中任意一张卡片作为起点，根据卡片上的数字顺时针行走一至三步至下一张卡片，再根据卡片上的数字继续顺时针行走，至再下一张卡片，以此类推，直到回到 A，B，C 卡片中的任意一张为止，记录下终点的位置（A 或 B 或 C）。重新选取 A，B，C 中的另两张卡片分别作为起点，重复以上的过程，看看你记录下的终点的位置，有什么发现吗?

我们可以发现，绝大部分的情况，无论我们开始选择 A 或 B 或 C，最终的位置总是一样的，我们称这样的现象为具有收敛性。为了解释这个问题，我们先从一个更加简单的例子开始。这一次，我们卡片上的数字只有 1 和 2，并任意选取两张连续的卡片，分别标注 A 和 B，游戏规则还是和上面的例子一样。

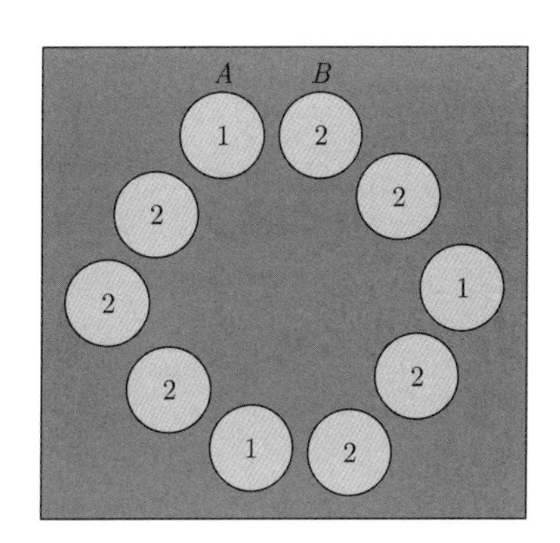

因为每次最多只能顺时针走两步，所以我们把连续的两张卡片看成一个组合，也就是第 1，2 张卡片一组（即卡片 A，B），第 3，4 张卡片一组，以此类推。总共有 4 种可能出现的组合，分别是 $\{1,1\}$，$\{1,2\}$，$\{2,1\}$ 和 $\{2,2\}$。我们可以看到，除了 $\{2,2\}$ 以外，其他三种组合，无论从哪个数字开始，最后都会落在同一个位置上。例如组合 $\{2,1\}$，无论从哪里开始数，都必将落在下一个组合的第一个位置。由此可以看到，除了所有的圈都是 2 (一个非常特殊的情况) 以外，其他的填法都具有收敛性。

再回到三个数字的情况。因为现在每次最多可以顺时针走三步，所以我们把连续的三张卡片看成一个组合，也就是第 1，2，3 张卡片一组，第 4，5，6 张卡片一组，以此类推，一共有 N 个组合。总共有 27 种可能出现的不同的组合方式（见下表）。

111*	112*	121*	221*	212*	132*	211*	113*	232*
213*	321*	311*	222	333	123	331	313	122
133	231	223	332	312	131	323	322	233

不难发现，打 $*$ 的 12 个组合是具有收敛性的。也就是说，在我们划分的 N 个组合里面，只要任意存在一个 $*$ 组合，我们的游戏结果就是收敛的。现在我们来算一下，这个游戏不收敛的概率是 $(1-12/27)^N=(5/9)^N$，显然，随着 N 的增加，不收敛的概率会越来越小。假设 $N=6$，那么 $(5/9)^6\approx 0.029$，也就是说，只有不到 3% 的概率的填法，游戏结果是不收敛的。这也就解释了为什么大部分情况下，我们随手填写的数字，结果很多时候都是收敛的。

我们将上面的结果推广到更为一般的情况。将总共 mN 张卡片放在桌上围成一个圈，每张卡片写上 1 至 m 中任意一个数字，游戏规则不变。我们还是把 m 个数字看成一个组合，一共有 m^m 种不同可能的组合。我们用递推的方式来寻找这 m^m 个组合中，收敛组合个数 $f(m)$ 的下限。显然，在一个有 m 张卡片的收敛的组合前面，增加 1 至 m 中任意一张卡片，这个 $m+1$ 张卡片的组合仍然是收敛的，所以 $f(m+1)\geqslant mf(m)$。在上面的例子里面，我们已经得到 $f(3)=12$, 由此推出

$$f(m+1)\geqslant mf(m)\geqslant m(m-1)f(m-1)\geqslant\cdots\geqslant m(m-1)\cdots 3f(3)=6m!.$$

由上面的结果我们可以得到，当 $m\geqslant 3$ 时，结果不收敛（即所有的组合都不收敛）的概率是

$$P(\text{不收敛})\leqslant\left(1-\frac{6(m-1)!}{m^m}\right)^N.$$

当 N 趋于无穷的时候，这个概率会趋于 0。

3. 掷硬币问题

相信掷硬币的问题大家都不陌生。在提出我们的问题之前，先解释一下什么是数学期望。简单地说，数学期望就是试验中每次可能出现的结果的概率乘以其结果的总和。需要留意的是，期望值并不一定等同于常识中的“期望”，“期望值”也许与每一个结果都不相等，它是该变量输出值的平均数。例如：我们掷一次一个六面的骰子，得到的结果的数学期望是

$$E(x)=1\times\frac{1}{6}+2\times\frac{1}{6}+3\times\frac{1}{6}+4\times\frac{1}{6}+5\times\frac{1}{6}+6\times\frac{1}{6}=3.5.$$

显然，3.5 不属于我们可能掷出的结果。

现在回到掷硬币的问题。掷一次硬币，得到数字或者图案的数学期望都是 1/2。如果我们连续掷 $2n$ 次硬币，得到数字（或者图案）的数学期望是

$$E(x_1+x_2+\cdots+x_{2n})=2n\times\frac{1}{2}=n.$$

我们的问题是：随着 n 的增加，掷 $2n$ 次硬币，刚巧得到 n 次数字，n 次图案的概率 P_n 是会增加还是减少？直觉上似乎应该是不断增加的，让我们通过数学计算来分析一下 [4]。

当 $n=1$ 时，也就是我们掷两次硬币，得到一次数字，一次图案的概率是：

$$P_1=P(\text{数字})P(\text{图案})+P(\text{数字})P(\text{图案})=\frac{1}{2}\times\frac{1}{2}+\frac{1}{2}\times\frac{1}{2}=2C_1\times\left(\frac{1}{2}\right)^2;$$

当 $n=2$ 时，$P_2=4C_2\times\left(\frac{1}{2}\right)^4$。同理可推，

$$P_n=2nC_n\times\left(\frac{1}{2}\right)^{2n};\quad P_{n+1}=2n+2C_{n+1}\times\left(\frac{1}{2}\right)^{2n+2}=\frac{2n+1}{2n+2}P_n<P_n.$$

由此我们可以得出，随着 n 的增加，掷 $2n$ 次硬币，刚巧得到 n 次数字，n 次图案的概率是会下降的，那么，当 n 趋于无穷的时候，它会趋于 0 吗？由

$$P_n=\frac{(2n)!}{n!n!}\times\left(\frac{1}{2}\right)^{2n}$$

和斯特灵公式（Stirling's formula），当 $n\to\infty$ 时，$n!\sim(2\pi n)^{\frac{1}{2}}\times\left(\frac{n}{e}\right)^n$ 得到，当 n 趋于无穷的时候，$P_n\sim\dfrac{1}{\sqrt{\pi n}}\to 0$。

4. 等待时间问题

我们再来看一个和数学期望有关的例子。一个巴士公司运行一个 24 小时服务的巴士路线。他们设定的班次是每隔 1 个小时一班，然后 2 个小时一班（如下图）。

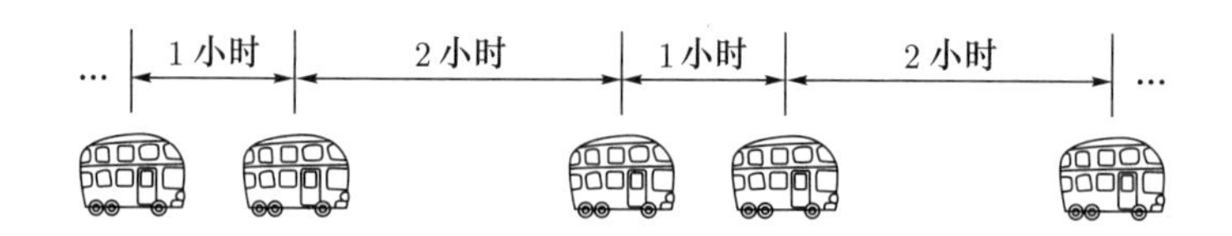

他们宣称，假设乘客到达车站的时间是等可能的，每位乘客的平均等待时间是 45 分钟，理由是在 1 小时间隔区间，乘客的平均等待时间是 30 分钟；在 2 小时间隔区间，乘客的平均等待时间是 60 分钟。所以，总体来看，乘客的平均等待时间是 $\dfrac{30+60}{2}=45$ 分钟。你认为这样的算法对吗？为什么？

上述的算法显然是错误的，问题的关键就是忽略了乘客到达车站的时间，落在 1 小时还是 2 小时间隔区间的概率是不同的。乘客有 1/3 的可能落在 1 小时间隔区间，而有 2/3 的可能落在 2 小时间隔区间。所以乘客的平均等待时间应该是

$$E(x)=30\times\frac{1}{3}+60\times\frac{2}{3}=50\text{ 分钟}.$$

5. 诚实的问题

当你发表一些言论的时候，是否会因为获得他人的支持而开心？那么如果支持你的人是一个不太诚实的人，结果是否还会一样呢？

我们一起来看一个例子：假如甲乙两个人都知道事情的真相，而他们说真话的概率都是 1/3，且彼此的言论相互不受影响。甲说："我没有开车撞人"；乙说："我可以证明甲说的是真话"。那么，甲没有开车撞人的概率是多大呢？

在没有得到乙的证明的情况下，甲没有开车撞人的概率是 1/3，等同于甲说真话的概率。在得到乙的证明的情况下，甲没有开车撞人的概率就要用条件概率来计算。所谓**条件概率**（conditional probability）就是事件 A 在另外一个事件 B 已经发生的条件下的发生概率。条件概率表示为 $P(A|B)$，读作"在 B 条件下 A 的概率"，计算方法是

$$P(A|B)=\frac{AB\text{ 同时发生的概率}}{B\text{ 发生的概率}}.$$

我们先计算乙支持甲的概率，如果甲说的是真话，那么乙支持他的概率是 1/3；如果甲说的是假话，那么乙支持他的概率是 2/3，所以总体来看，乙支持甲的概率是 $\frac{1}{3}\times\frac{1}{3}+\frac{2}{3}\times\frac{2}{3}=\frac{5}{9}$。现在我们来计算在得到乙的支持的情况下，甲没有开车撞人的概率是

$$P(\text{甲说真话}|\text{乙支持甲})=\frac{P\,(\text{甲乙都说的真话})}{P\,(\text{乙支持甲})}=\frac{\frac{1}{3}\times\frac{1}{3}}{\frac{5}{9}}=\frac{1}{5}<\frac{1}{3}.$$

由此我们可以看出，得到一个没有诚信的人的支持，可能比没有人支持的情况更加糟糕。

6. 赌徒必输

我们接着用条件概率来讨论一个赌徒必输的例子 [4]。在一个赌博游戏中，赢 1 元钱的概率和输 1 元钱的概率都是 $1/2$，如果现在手上有 i 元，输光所有的钱或者赢得 N 元 $(N>i)$ 则游戏结束。问题是，输光所有钱的概率是多少？也就是说，我们要计算条件概率 $Q(i)=P$（破产 | 手上有 i 元）。

当 $0<i<N$ 时，我们有以下的递推公式：

$$Q(i)=0.5Q(i+1)+0.5Q(i-1).$$

根据这个递推公式，我们得到

$$\begin{aligned}
&Q(1)=0.5Q(2)+0.5Q(0) \text{ 即 } Q(2)=2Q(1)-1;\\
&Q(2)=0.5Q(3)+0.5Q(1) \text{ 即 } Q(3)=2Q(2)-Q(1)=3Q(1)-2;\\
&Q(3)=0.5Q(4)+0.5Q(2) \text{ 即 } Q(4)=2Q(3)-Q(2)=4Q(1)-3;\\
&\cdots\cdots
\end{aligned}$$

由此可以推出

$$Q(N)=(N+1)Q(1)-N.$$

由于 $Q(N)=0$，所以 $Q(1)=\dfrac{N}{N+1}$。回到前面的递推公式，我们有

$$Q(i)=(i+1)\frac{N}{N+1}-i=\frac{N-i}{N+1}.$$

分析这个式子我们不难发现，当 N 很大的时候，破产的概率 $Q(i)$ 接近于 1，也就是说，贪心的赌徒，很有可能会输光所有的钱。

7. 孰真孰假

老师让学生掷硬币 100 次，并由第一行开始依次向下记录结果。掷到数字面记作“1”，掷到图案面则记作“0”。以下是两位学生交的结果，其中一位是真的掷了硬币，而另一位的结果则是伪造的，你能分辨出来吗 [5]?

我们注意到学生甲的结果里面最多出现了三个连续的 1 或者 0，而学生乙的结果里面出现了连续四个或以上相同的数字，究竟哪一个可能是真实的结果呢？让我们一起来计算一下掷 n 次硬币，出现连续 r 次相同结果的概率 $(r\leqslant n)$。设 (i,j) 表示总共还有 j 次掷硬币的机会，且此刻已有 i 次连续的 1 或 0 出现，但除这 i 次连续的 1 或 0 之外，没有出现连续 r 次相同的结

学生甲

1	0	0	1	1	0	0	1	1	0
1	0	1	1	0	0	1	0	1	1
0	1	0	1	0	0	0	1	1	0
0	1	0	1	1	0	1	1	1	0
0	1	1	0	0	1	0	1	0	0
1	1	0	0	1	1	1	0	0	1
0	1	1	0	0	1	1	1	0	0
1	0	1	0	1	0	0	1	1	0
1	0	0	1	1	1	0	0	1	0
0	0	1	1	0	0	1	1	0	1

学生乙

1	0	0	1	1	0	0	1	1	0
1	0	1	1	0	0	1	0	1	1
0	1	0	1	0	0	0	1	1	0
0	1	1	1	1	0	1	1	1	0
0	1	0	0	0	0	0	1	0	0
1	1	0	0	1	1	1	0	0	1
0	1	0	0	0	0	1	1	0	0
1	0	1	0	1	0	0	1	1	0
1	0	0	1	1	1	1	0	1	0
0	0	0	0	0	1	1	0	0	1

果；假设此刻出现的是连续 i 次 1，那么下次如果掷到 1，就会出现 $i+1$ 个连续的 1，即下一刻的状态是 $(i+1, j-1)$，如果下次掷到 0，那么就只是出现一次 0，状态变为 $(1, j-1)$。设 $u(i,j)$ 表示在 n 次投掷中，出现 r 次连续 0 或 1 的概率，而现在的状态是 (i,j)，即

$$u(i,j) = 0.5u(i+1, j-1) + 0.5u(1, j-1).$$

由以上的递推关系，以及 $u(i,0) = 0\ (i = 1, 2, \cdots, r-1)$ 和 $u(r,j) = 1\ (j = 0, 1, 2, \cdots, n-1)$，我们来计算掷 100 次硬币，出现连续四次 0 或 1 的概率是多少。

$u(i,0)$	$u(1,0) = u(2,0) = u(3,0) = 0$
$u(4,j)$	$u(4,0) = u(4,1) = \cdots = u(4,99) = 1$
$u(i,1)$	$u(3,1) = 0.5u(4,0) + 0.5u(1,0) = 1/2$ $u(2,1) = 0.5u(3,0) + 0.5u(1,0) = 0$ $u(1,0) = 0.5u(2,0) + 0.5u(1,0) = 0$
$u(i,2)$	$u(3,2) = 0.5u(4,1) + 0.5u(1,1) = 2/4$ $u(2,2) = 0.5u(3,1) + 0.5u(1,1) = 1/4$ $u(1,2) = 0.5u(2,1) + 0.5u(1,1) = 0$
$u(i,3)$	$u(3,3) = 0.5u(4,2) + 0.5u(1,2) = 1/2$ $u(2,3) = 0.5u(3,2) + 0.5u(1,2) = 1/4$ $u(1,3) = 0.5u(2,2) + 0.5u(1,2) = 1/8$
$u(i,4)$	……

利用 Excel 等软件，我们可以得出 $u(1,99) = 0.999715$，也就是说，只有不到 0.03% 的概率，连续掷 100 次硬币，不出现连续四个 1 或 0，可见，这是一个很小的概率，也就是说，学生甲的结果作假的可能性很大。（想一想，出现五个相同的 0 或 1 的概率是多少？）

8. 假账克星——本福特定律

世界上成千上万的数据，它们开头的数字是 1 至 9 中的任何一个，我们自然觉得每一个数字打头的概率应该是差不多的。然而，如果你有足够多的统计数据，你会惊讶地发现，在很多情况下，1 打头的数据是最多的。

让我们直观地来看一些例子：假设上证指数从 1000 点开始，每年递增 10%，那么要第 8 年才能到达 2000 点；而从 5000 点到达 6000 点，只需要 2 年的时间；然后从 10000 点到 20000 点，又需要 7 至 8 年的时间。由此可见，指数在比较多的时间，会是以 1 开头的点数。又例如门牌号码，先是 1 至 9，然后 10 至 19 都是 1 开头的，如果门牌号码要编到 90−99，那么必然经过了 2，3，4 等数字开头的号码，并且，接下去 100 开始至 199 都是 1 开头的，由此可见，门牌号码也是 1 开头的概率最大。当然啦，任意获得的，或者受到一定限制的数据通常是不符合本福特定律的，比如，彩票的结果、电话号码等。

1881 年，天文学家西蒙・纽康发现对数表的前面几页比后面的要脏一些，也就是说使用率高一点，他可以说是这个定律最早的发现者。1938 年，物理学家法兰克・本福特重新提出了这个定律，并通过大量的数据来证明这个定律，所以这个定律就叫作本福特定律，也有人称它为第一数字定律。该定律认为，只要样本数据充足，同时，数据没有特定的上限和下限，样本中以 1 开头的数据占到 30.1%，2 开头的数据占到 17.6%。很多文献都使用了大量的数据，对本福特定律进行了验证 [6]。以下是本福特定律得到的数据和近 30 年来香港恒生指数和黄金价格的对比：

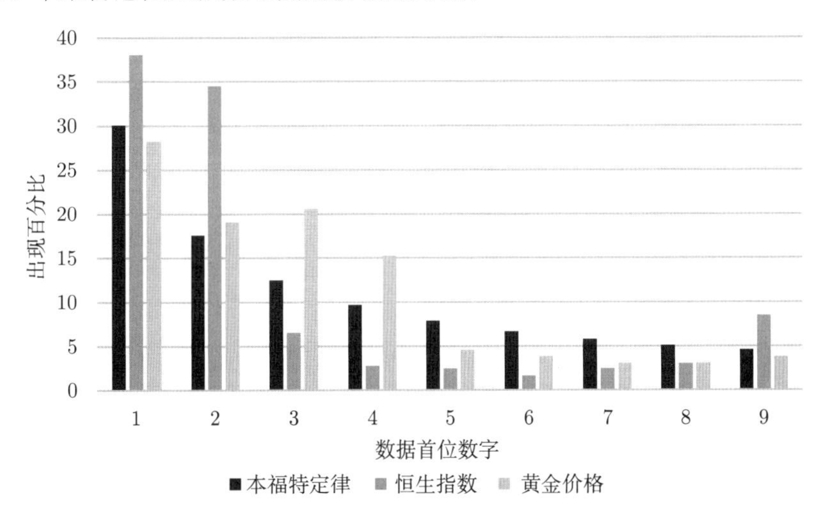

我们可以看到，本福特定律和真实数据的拟合度比较高，而恒生指数以 2 开始的数据比较多的原因是从 2012 年尾到现在，恒生指数大部分时间都在 20000 多点浮动，所以 2 开始的数据自然会比较多；3 至 8 出现的百分比比

本福特定律少是因为恒生指数只有很短的时间在 30000 点以上，而 9 出现的相对多一些的原因是恒生指数曾多次在 10000 点左右遇到阻力，并反复震荡。所以本福特定律特别强调了样本数据必须充足，同时，数据要没有特定的上下限。现在，本福特定律也被广泛地用来验证账目的真假，可谓是假账克星。我们再来看一组数据：

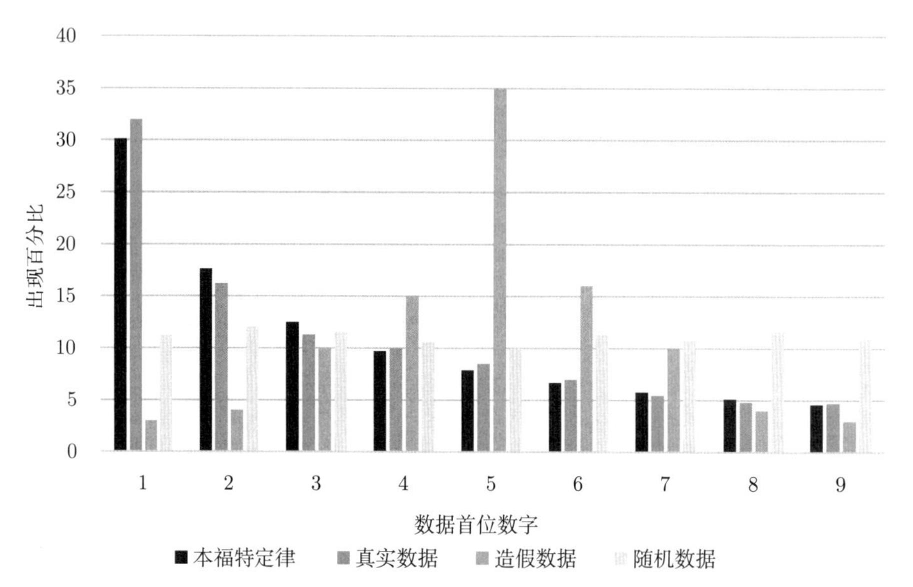

上图中，真实的税收数据和本福特定律非常接近，而造假数据和随机数据就和本福特定律有很大的出入。（试一试，计算著名的斐波那契数列 $0,1,1,2,3,5,\cdots\cdots$ 的前 300 项，看看它是否符合本福特定律呢？）

9. 报童问题

在现实生活中，商家经常会遇到一些季节性强或者保存时间很短的商品，这个时候，进货量的多少就很有讲究。进货量太大，卖不出去，需要减价处理，将耗费很多人力物力；进货量不足，发生缺货现象，又失去了销售的机会，从而降低了利润。把这一现象放到我们讨论的卖报纸的问题上，就是报童问题：报童每天应该订多少份报纸？

我们假设报纸的需求量满足以下的表格：

需求 D（单位：万份）	0	1	2	3	4
概率 $P(D=i)=P_i$	0.05	0.2	0.3	0.4	0.05

并且假设每多出来一份报纸的损失是 C_o，每缺少一份报纸的损失是 C_s，那么最优的订货量 Q 是多少万份呢？显然，Q 应该等于 $0,1,2,3,4$ 中的任意一个数，并且从上表中看出，Q 不可能是 0 或 4。那么 Q 到底是 $1,2$，还是 3

呢？表面上看，3 的可能性最大，下面我们来具体地计算一下。

每天因为缺货带来的损失的数学期望是：

$$S(Q) = C_s(1 \times P_{Q+1} + 2 \times P_{Q+2} + 3 \times P_{Q+3} + \cdots);$$

而因为多出来报纸无法售出带来的损失的数学期望是

$$O(Q) = C_o(Q \times P_0 + (Q-1) \times P_1 + (Q-2) \times P_2 + \cdots + 1 \times P_{Q-1});$$

每天的总损失额即为 $C(Q) = S(Q) + O(Q)$。

定义 $F(Q) = P_0 + P_1 + P_2 + \cdots + P_Q$，则

$$C(Q) - C(Q+1) = C_s - (C_s + C_o)F(Q).$$

由 $C(Q) - C(Q+1) < 0$，我们得到 $F(Q) > \dfrac{C_s}{C_s + C_o}$。假定 q 是符合 $F(Q) > \dfrac{C_s}{C_s + C_o}$ 的最小的整数，显然当 $Q \leqslant q - 1$ 时，$C(Q) > C(Q+1)$；当 $Q \geqslant q$ 时，$C(Q) < C(Q+1)$。由此，q 便是我们这个问题的最优解。如果我们假设 $C_s = C_o$，即 $\dfrac{C_s}{C_s + C_o} = 0.5$，从最初的图表中可以得到 $P_0 + P_1 + P_2 = 0.55$，所以即使 $D = 3$ 出现的可能性最大，$Q = 2$ 才是这个问题的最优解。（想一想，按照这个需求量的分布，每天报纸总量的数学期望是多少？）

进一步讨论这个问题。如果我们假设需求量 D 满足几何分布，也就是

$$P_i = (1-p) \times p^i, \quad i = 0, 1, 2, \cdots; \quad 0 < p < 1;$$

那么这个时候的最优进货量 Q 是多少呢？（想一想，按照现在这个需求量的分布，每天报纸总量的数学期望又是多少呢？）由于

$$F(Q) = (1-p) \times (1 + p + p^2 + \cdots + p^Q) = 1 - p^{Q+1},$$

所以最优的 q 应该满足

$$F(q-1) = 1 - p^q < 0.5 = \frac{C_s}{C_s + C_o} < 1 - p^{q+1} = F(q),$$

即 $p^{q+1} < 0.5 < p^q$，所以最优解 q 应该是 $\log 0.5 / \log p$ 的整数部分。

最后我们将报童问题作一个小小的延伸，来看一个关于机票的问题。香港某航空公司正在做香港到北京航线的推广。票价 1999 港币，但如果未能成行，可获全额退款。每个航班有 100 个座位，为了避免有些旅客不能成行而空出座位，航空公司会超额售出一定数量的机票。购买了机票而最终无法成

行的旅客，会被安排至下一班航班，并获得 250 港币的赔偿。根据航空公司过往的数据显示，未能成行的旅客数目，符合以下分布

$$p_x = (1-p) \times p^x, \quad x = 0, 1, 2, \cdots, 0 < p < 1.$$

按照这样的情况，航空公司每个航班卖出多少张票 (Q) 可以达到利益最大化？设 q 为每个航班超卖的票的数量，即 $Q = 100 + q$；设 x 为每个航班退票的旅客数。如果 $x < q$，此航班盈利为 $1999 \times 100 - 250 \times (q - x)$；如果 $x > q$，此航班盈利为 $1999 \times (100 + q - x)$；所以，每个航班盈利的数学期望是：

$$\begin{aligned} C(q) &= \sum_{x=0}^{q} [1999 \times 100 - 250 \times (q-x)] p_x + \sum_{x=q+1} [1999 \times (100 + q - x)] p_x \\ &= 199900 - \left[\sum_{x=0}^{q} 250 \times (q-x) p_x + \sum_{x=q+1} 1999 \times (q-x) p_x \right]. \end{aligned}$$

要使得利益最大化，即要找到

$$\sum_{x=0}^{q} 250 \times (q-x) p_x + \sum_{x=q+1} 1999 \times (q-x) p_x$$

的最小值，这便刚好符合我们上面讨论的报童问题，其中

$$C_s = 1999, \quad C_o = 250, \quad p_x = (1-p) \times p^x.$$

根据报童问题的计算，我们知道

$$F(q-1) = 1 - p^q < 1999/2249 = C_s/(C_s + C_o) < 1 - p^{q+1} = F(q),$$

即机票问题里面最佳的 q 是 $\log(1999/2249)/\log p$ 的整数部分。（想一想，按照上面的分布，每个航班不能成行的旅客数目的数学期望是多少？和我们找到的最佳的 q 之间有什么关系吗？）

10. 概率与大数据

概率的学习还将引领我们走进一个全新的时代：大数据时代。随着社交媒体、智能手机的普及，全世界的数据正以大约每年 50% 的速度增长着，“大数据”的技术便因应而生，并已经逐步走入了我们的生活。例如，它的产生，为消除全球的语言障碍提供了可能性。从微软的 Skype Translator，到谷歌翻译，再到百度的“小度机器人”，拥有音乐、历史、文学等领域的知识的“博学”的即时翻译软件将帮助我们跨越语言的障碍，拉近人与人之间的距离。还有很多领域的成功都离不开大数据的帮助，例如，我们熟悉的电商、导航软件等。可以说，21 世纪的竞争是数据的竞争，谁拥有了大数据，谁就可以统治整个领域。

三、小结

看了上面有趣的概率问题，你是否感受到了概率论无处不在？这还只是九牛一毛，其实远到卫星发射、宇航员遨游太空，近到气象台每天的天气预报、人口普查等和我们息息相关的事情，都离不开概率论与数理统计。大千世界充满了未知与变数，让我们一起通过概率论来尽可能地发掘她的奥秘吧！

参考文献

[1] http://hkumath.hku.hk/~wkc/MathModel/index.php?area=games&topics=MARKSIX

[2] W. Ching and M. Lee, A Random Walk on a Circular Path, International Journal of Mathematical Education in Science and Technology, 36 (2005) 680–683.

[3] Y. Lee and W. Ching, On Convergent Probability of a Random Walk, International Journal of Mathematical Education in Science and Technology, 37 (2006) 833–838.

[4] R. Ross, Introduction to Probability Models, 7th edition, Academic Press, N.Y., 2000.

[5] H. Tijms, Understanding Probability: Chance Rules in Everyday Life, Cambridge University Press, N.Y., 2004.

[6] T. P. Hill, The First Digit Phenomenon, American Scientist. 86 (4): (July-August 1998), 358.

不可思议的生物形态发生

Thomas Woolley

译者：杨夕歌

Thomas Woolley，牛津大学数学学院的博士后。

1954 年 6 月 7 日，世界失去了最伟大、最富创造力的一个科学家——阿兰·图灵。作为曾经的英国皇家科学院院士，图灵为英国科学界立下过汗马功劳，然而他晚年却因同性恋倾向被这个国家所不齿，甚至惨遭迫害。据报告，不堪受辱的图灵在他生命的最后一刻，食用含有氰化物的苹果自杀，享年只有 42 岁。尽管英年早逝，图灵在他短暂的生命中为逻辑学、计算科学、数学和密码学等众多领域带来了革命性的变化。若上天再让这位奇才多活二三十年，我们很难猜测他会如何进一步颠覆这个世界。

诚然，图灵的离世充斥着悲剧色彩。但若仅仅是像老太婆一般唠唠叨叨地叙说他的生平，或者以报复社会的口吻批判政府、批判国家，却并非这篇文章的宗旨。我希望通过本文来纪念图灵的贡献，并着重介绍他的一套最不为人知的，关于生物复杂性的理论。这套理论在那个年代无疑十分超前，所以直到它发表以后三四十年，才完全被人们所重视。直到今天这套理论仍然在为科学的发展铺路引航。

图灵的想法

图灵对研究自然界中各种图案或结构的形成过程颇有兴趣，主要是因为即使对于同一个系统（生命或非生命系统——译者注），也会伴随不同图案或结构的生成。例如考虑一棵大树，若把树干拦腰截断，我们可以观察到圆形对称的年轮；然而若只是斩断树枝，圆形对称图案就不知所踪了。这种自发性对称缺失（这个概念最初出现于量子力学——译者注）是怎么产生的呢？图灵认为是生长激素的不对称分布在作怪，毕竟生长激素浓度高的地方生长会迅速一些。为了更加严谨地描述这种“不对称”，图灵构思出一种反直觉的巧妙方案。

为了产生图案，图灵把描述两种不同成分（这里成分可以指化学反应物、细胞、粒子等——译者注）的微分方程耦合起来，每一种成分都不会单独产生图案。首先，他考虑包含两种化学物质的稳定系统，如果把化学物质放入一个小容器中（小容器中的化学物质可看作是静止的——译者注），经过一系列反应后，生成物最终在容器中均匀分布，因而此时没有图案生成。然后，他加入了扩散机制，也就是说，化学物质可以在容器中来往自如了。出人意料的是，图灵证明若把化学物质放入大一些的容器，化学物质的扩散运动会使得反应平衡态变得不再稳定，继而产生空间图案。这个过程被称作**扩散诱导的不稳定性**（diffusion-driven instability）。

为了更好理解这个实验的意义，想象在清水中不加搅拌地加入一滴墨水。墨水在清水中逐渐扩散开来，并最终把清水染成同一种颜色，不存在某一块颜色深，某一块颜色浅的现象，然而图灵设计的扩散实验则会产生此深彼浅的图案。当某个系统能产生图案时，该系统被称作**自适应的**（self-organised），产生的图案是一种**意外性质**（emergent property）。就此看来，图灵领先了时代好几年：他证明了理解系统各成分的整体特性，至少和理解每一种成分本身一样重要。

图灵把自己实验中的化学成分命名为**成形素**（morphogens），并且据此猜想如果细胞中的一种成形素浓度达到一定阈值，那么这个细胞日后的命运就会被确定下来。由此说来，成形素生成的空间图案事实上决定了细胞分化的结果。图 1 是一维和二维情形下一些典型图案的例子。

通过图灵关于孤岛上食人族和传教士的比喻，我们能够更形象地理解这一看似不合常理的现象。在图灵的比喻中，假设食人族可以自我繁衍，并且能在没有传教士的情况下人数自然增长；传教士限于教义不能繁衍后代，但可以感化食人族，把食人族转化为传教士。当孤岛足够小时，食人族和传教士的相对数量可以达到稳定。

假设孤岛不那么小，且传教士都会通过骑自行车的方式闯荡四方，也就是说传教士比食人族“扩散”得更快，如此一来两个种群原有的稳定性就可能被破坏。如果一小部分食人族抢先占领一块无人之地，那么这一部分食人族就能在这里繁衍生息。但好景不长，传教士们很快就骑着自行车找到此处，通过感化抑制这一区域食人族的繁衍，并且使得传教士数量壮大，随后传教士们又骑着自行车开始了新的传教之旅。如果所有参数都恰好适当，孤岛上就会形成一个斑点图：如果把传教士涂作绿色，食人族涂作红色，我们可以得到一幅绿色背景红色斑点的图案。

人类在现实生活中的相互交流可没那么简单，但这里之所以会选择用传教士和食人族的例子作为类比，是为了强调图灵的这一理论并不局限于发展

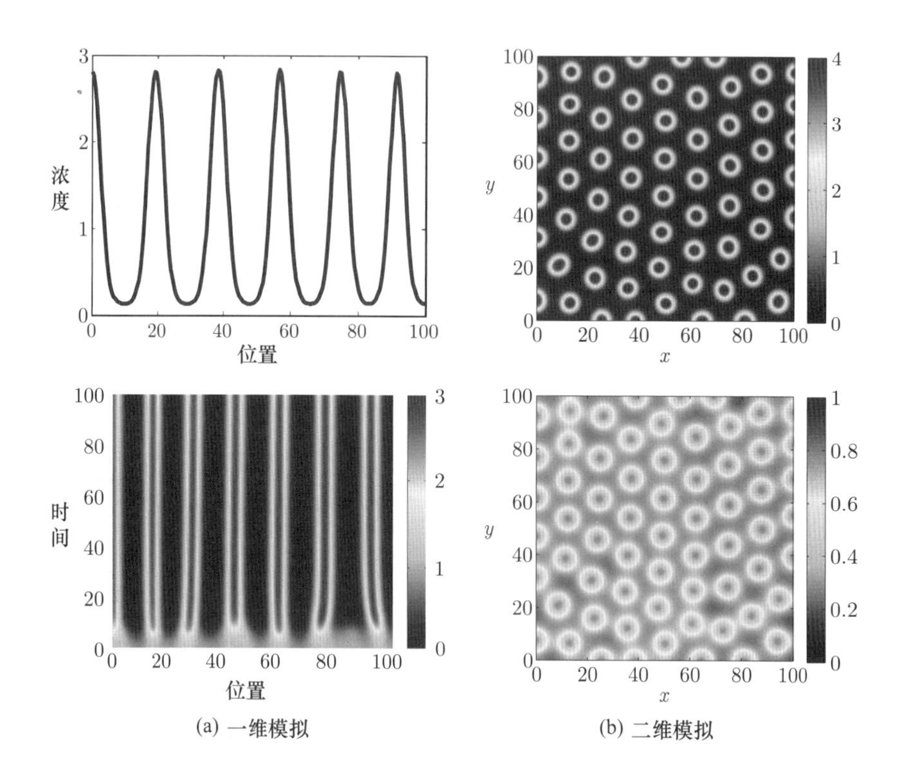

图 1　图灵图案的计算机模拟：(a) 一维模拟（产生条纹），上图表示稳定状态下其中一种化学物质的浓度，下图表示该物质浓度的变化过程；(b) 二维模拟（产生斑点），上图表示稳定状态下其中一种化学物质的浓度，下图是另一种化学物质的浓度

生物学，它也可以被应用到空间生态学及自然科学中的其他不同领域。

图灵说对了吗?

若图灵模型所适用的区域呈逐渐变小的结构，例如动物的尾巴，图灵的这一理论能给出一些重要的结论：这一理论不仅能解释动物主体图案的形成，而且也能预测当区域由大变小时，图案会变得更为简单有序。例如大区域的斑点图在小区域中会转变成条纹图，正好符合实际观察（见图 2）。这意味着有着条纹身斑点尾的动物并不能用简单图灵模型的意外性质来刻画。此外，根据图灵理论，若某动物身体颜色是纯色的，那么它的尾巴也应当是纯色的。在图 2 中，我们注意到猎豹可谓是图灵模型的完美案例，可惜狐猴则不适用于这个数学模型。对于后者的一个可能解释是，狐猴主体和尾巴的图灵模型参数各不相同，从而身体和尾巴产生的图案各不相关。

图灵认为，细胞会根据成形素浓度的不同而产生不同的分化结果，而图案正是产生于细胞分化的差异。尽管成形素就是因此首次被命名的，不过正

(a)

(b)

图 2 不同动物的表面图纹：(a) 猎豹；(b) 狐猴（和作者合照）。图 (a) 来自 https://www.flickr.com/photos/felinest/4394870935/sizes/z/in/photostream/

如图灵所预见的一样，成形素是否能产生最终图案的过渡产物（原作者称之为“pre-pattern”——译者注），还存在强烈的争议。有一些生物学实例能提供图灵成形素存在的微弱证据，但图灵图案是否适用于生物领域尚待考证，不过著名的 CIMA（Chlorite-Iodide-Malonic Acid）化学反应则证明，图灵图案在化学领域的存在。

图灵的影响

在昙花一现的一生中，图灵颠覆了太多人的观念，改变了许多不同领域的发展方向。在这篇文章中，我们所讨论的只是他众多伟大思想的一个，也就是生物复杂性的形成机理。图灵的工作为后来基于不同生物学假设的自适应系统理论、图案形成原理和发展生物学的机制，提供了源源不断的灵感。

尽管影响深远，图灵模型所受到的争议也是巨大的。产生争议的原因多少有些讽刺意味——在图灵模型横空出世的时代，人们习惯于通过列表的方式制定各种计划，这个习惯在数据生成和收集日益重要的今天恐怕需要改头换面了。从定义看来，所有数学模型都是不准确的，因为它们只是对实际现象的简化；不过在生物学领域，如果没有其他更为妥当的办法，那么数学模型或许可以在实验中体现出巨大的价值，并且能反过来指导实验科学家们开展下一步工作。从这一点看来，图灵 1952 年的那篇论文可谓是有史以来，发展生物学中最具影响力的理论性文章。

图 3　在不断有反应物加入的含溶剂的容器中，CIMA 反应所产生的图灵图案。当加入足够碘离子以启动 CIMA 反应时，溶剂里的淀粉会由黄变蓝

扩展阅读

[1] H. Meinhardt. Models of biological pattern formation. Academic Press, 1982.

[2] J. D. Murray. Mathematical biology II: Spatial models and biomedical applications, volume 2. Springer-Verlag, 3rd edition, 2003.

[3] Q. Ouyang and H. L. Swinney. Transition from a uniform state to hexagonal and striped Turing patterns. Nature, 352(6336):610−612, 1991.

[4] C. Teuscher. Alan Turing: Life and legacy of a great thinker. Springer-Verlag, 2004.

算法与人工智能：数据背后的信息

Cédric Villani

译者：吴帆

Cédric Villani，庞加莱研究所所长，2010 年菲尔兹奖得主。

正如古巴比伦泥版书所揭示的那样，数学算法已有超过四千年历史。四千年来数学算法与数学理论一道深化拓广，但正是在 20 世纪才拥有了非同寻常的规模。一方面，一场主要地缘政治事件（二战）的命运史无前例地依赖于复杂算法的开发——在本例中开发者是英国情报部门。另一方面，1950 年代之后，伴随着晶体管的发现与阿兰·图灵、克劳德·香农、约翰·冯·诺依曼、诺伯特·维纳等人的工作，现代计算机科学奠定了基础。

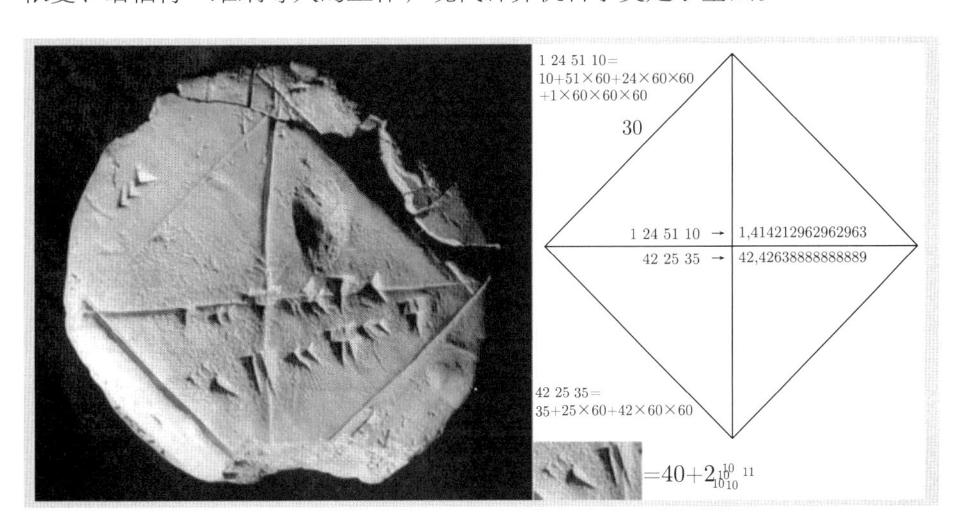

已知最古老的算法之一：根号 2 的计算。由一名将近四千年前的书记员记录在泥版上（图片来源：耶鲁大学巴比伦馆藏第 7289 号）巴比伦人使用 60 进制

此后算法的进展一日千里，造就了如今我们所知的世界，人类活动的许多部门都因算法而发生了天翻地覆的革命。或许在金融部门这场革命最令人目眩神迷。可以在 Alexandre Laumonier 的著作《6/5》（*Zones Sensibles*，2014 年出版）中看到，刹那之间万贯财富灰飞烟灭，一息之间神秘莫测的算

法已经执行了恒河沙数之多的运算，算法与财富之间的碰撞宛如角色扮演中的遭遇战。虽然这场革命是否会扩展到人类活动的方方面面尚且不得而知，但确定无疑的是算法在我们的经济、社会以及生活中将会扮演越来越重要的角色。

统计学家从未面临如此多的要求……

算法的漫长王者之路上重要的一章是人工智能的出现。一方面说来，人工智能只不过是算法的一部分；但是它带来了如此之多的未知变数与如此之巨的潜能，以至于一些人毫不迟疑地誉之为“第四次工业革命”。不过这其实是个相当古老的领域，“人工智能”（俗称 AI）随着阿兰·图灵与克劳德·香农的著作诞生于 1950 年代。在大西洋两岸，这两位数学家的研究兴趣事实上发生了引人注目的合流。

然而人工智能的发展见证了不同阶段的交替：既有过高歌猛进，也有过沉默停滞。高歌猛进的阶段既引起了巨大的希望也引起了巨大的恐慌，正如 Stanley Kubrick 在电影《2001：太空漫游》（华纳兄弟，1968 年）中所展示的那样。当前我们正处于高歌猛进期，这是由于下列因素的合力作用：

- 计算机存储容量与计算性能的提高使我们得以跨越某些关键门槛，使算法效率发生了真正的质变；
- 通信与数据库的普及在全球范围内带来了海量数据与范例的涌现；
- 大数据（Big Data）为通过范例的自动学习方法带来了新的推动力。

如今的人工智能把更重要的位置割让给了范例，可以说，这是以损害对意义与模型的探求为代价的。

近来这个领域在商业界、在技术革新界爆发式增长；出于前景与战略上的需求，与人工智能和机器学习相关联的问题是得到研究最多的。它也推动了统计学跃上最受重视、最受追捧的数学能力巅峰，这对于一个在数学中长久忍受倨傲态度的学科而言真是逆袭了。

关于给“智能”系统下定义的困难

什么是智能系统？这首先是面对问题能够探索“好的”解决方案的系统；接近这一精神的第一个数学分支就是最优化。事实上，AI 算法从最优化技术中借鉴甚多。一般方法往往从一个不那么令人满意的解出发，然后逐步修正，以图改善。确定性工具与随机性方法的高明混搭是非常必要的。做个简单的类比：为了找出一片地形中的最高点，脑中想到的第一个方法是沿着最大的斜率走；可如果这么做，我们很快就会发现自己被困在一个小丘的顶上，而不是在高山之巅。如果我们在再度攀登之前允许有时随机偏移，那么就有更大的机会到达目标。

智能系统也是一个能够学习的系统，能够对情境做出调适的系统。环境变换多端，不能奢望有个在一切情况下都能起作用的绝对可靠的方法：通常是用若干种简单方法找到某个很可能几乎最优的解。

正是因此，自动学习（又称机器学习）成为人工智能的关键部分之一：算法评估可获取的信息并由此改善自身性能的能力。会学习如何走出迷宫的香农的机械老鼠、忒修斯，就是机器学习最早的例子之一。

香农正在迷宫中操纵他的机械老鼠（图片来源：贝尔实验室，1952）

神经网络、深度学习与大数据

智能也意味着学习对事物分门别类，或者更一般地学习再生某个有用的功能。某个现象反复出现，人们就会想赋予它名字或者意义，或者发现潜藏着的简单规则。为了完成这样的分类，机器学习算法利用了许多规则与方法。主流方法与时俱进：如今神经网络无可争议地 C 位出道。其一般原理在于通过优化神经元网络而再生某个观测函数，这些神经元网络彼此连接，每个都收集信号，分配给信号大小不等的权重并组合起来，然后传出一个结果信号。神经网络接收一个输入信号，然后提供一个输出信号；它自我优化，以便与在范例中观测和了解到的函数更加接近。

十年前神经网络方法受到这个方向一流专家彻底的质疑，幸而靠着一批杨乐倪这样的能工巧匠式科学家的坚韧顽强才又回到聚光灯下。所用技术涉及引入巨大数目的神经元"层"，这就解释了这个方向的名称"深度学习"的合理性。

深度学习这整个学科都充满了天文数字：既因为用于校准算法的数据库的庞大数目，又因为所表示现象的极度复杂性，这类复杂性体现为巨大的维数。比如在词义分析中通常要用到 300 维乃至更高维的空间！

1996 年国际象棋冠军卡斯帕罗夫输给了人工智能（图片来源：History.com，1996）

2016 年围棋冠军李世石也屈服于人工智能（图片来源：Lee Jin-man & 美联社，2016）

然而 AI 面临的主要挑战在于假定在这巨大的复杂性背后，实际上只需要有限的几个参数就足以"提取意义"。例如心理学中流行的 OCEAN 模型（开放性（Ouverture）、尽责性（Conscienciosité）、外向性（Extraversion）、亲和性（Agréabilité）、情绪不稳定性（Neuroticisme）这五型人格的缩写）就仅用了 5 个参数来代表多种多样的人类性格！这就表明某些复杂现象比人们原先所认为的更容易预测。另一大挑战在于相信算法可以辨认出相关参数。

希望与恐慌：AI 无处不在

今天 AI 常规地运用于各类活动：模式与图像的自动识别，预测（选举、群众运动、流行病演化），诊断，分类，模仿艺术创作……在教育行业，在改善人际关系方面，在复杂环境管理领域，AI 都点燃了无穷无尽的可能性。

一个标志性应用是偏好决定（序贯资源分配，或称“Netflix 问题”）：基于客户已经购买的商品，眼下可以给他推荐什么？为了商业目的，这类算法早已被用到穷形尽相。

另一个旗舰应用是自动汽车，它能通过范例学习驾驶。

最后不能不提自动翻译。这个领域由于范例与庞大的翻译语料库而取得了前所未闻的进展，远远超过语义与语法方法所能达到的程度。

一些科学进展，特别是在生物学领域，也可类似地达成：物种分类，发生学重构……与此同时，AI 也提出了令人不安的问题！暂且不论那个创造处心积虑消灭我们的超人 AI 的神话：我们不会目睹这个梦想，或者说这个梦魇，在不久的将来成为现实。然而其他威胁已经出现。首先是对可靠性的担忧。机器学习算法已经能够自我优化，我们就永远不可能确切地知道它们要干些什么。假如如此制成的设备性命攸关，怎样才能合法地批准？再者，没有人真正理解究竟是什么使得神经网络这样的方法如此高效地运作，为何它看似这般稳健……另一威胁在于与人类交流的困难。如果我们不理解算法做出选择的理由，那就很难信赖它们（在健康问题上固然如此，在经济抉择中也是一样）。确保算法能够陈述并揭示它们的选择是至关重要的课题。

我们也不能无视不正当应用的可能性。卡西·奥尼尔的著作《数学杀伤性武器：大数据如何加剧不平等并威胁民主制度》（Crown，2016 年）展现了 AI 算法得到有缺陷、不严格或者不道德运用的大量实例，这些例子都带来了灾难性后果，或者因为对算法管控很差而我们又对它过于信任，或者因为算法虽然很有效却被用于邪恶目的。

这还带来了不同的认识论问题：当我们通过一堆范例归纳式地解决某个 AI 问题的时候，我们是否可以说自己理解了这个问题？假使我们自我满足于某个“黑匣子”，无论它是多么有效，这样一来我们岂不是背叛了科学理想？

最后，绝不应该低估经济风险。AI 系统完成众多人类任务的高效不禁让人想到一个可能的危险——由于失业增加而引发大规模经济危机。许多智库严肃对待这种可能性。

人工智能是个火热的领域，它处于科学时闻的核心，也位于我们社会的核心。它动摇了很多一直以来认为理所当然的事情，既带来了希望，也带来了恐慌。只要不在盲目信任、恐惧与排斥上触礁，我们还是应该看到它提供了令人兴奋的研究领域，应该看到最好地了解其能量与影响将是未来社会的主要课题。为此，我们需要数学家。

编者按：本文是 Villani 于 2017 年为“数学游戏国际委员会”（CIJM）会刊 *Math Languages Express* 而作的主题短文。该组织致力于数学传播，办公地点设在庞加莱研究所，官方网站见 http://www.cijm.org/。原载于微信公众号“求诸堂”6 月 26 日。

指南车：来自微分几何学的邀请

Stephen Sawin

译者：刘建新

重点摘要

我们介绍一种有趣的中国古代的装置，指南车，该装置能够在任意的道路上行驶时始终指向一个确定的方向，利用这种功能我们来探讨曲面上的几何学。这个探讨延伸到高斯关于准确绘制地球地图之不可能性的著名结果，从此微分几何学诞生。阅读本文后读者将会知道几何学家怎样思考以及微分几何学早期的一些重要结果，为此只需有扎实的微积分的基础（最好知道多元微积分）。阅读本文依靠的是读者的视觉直观。

1. 一些历史和一些机械发明

黄帝是华夏民族的祖先，传说他曾经驯服了许多真实的和超自然的野兽。他发明了弓矢、历法、早期的天文学、一种扁琴、一种中国式足球，而且汉字书写和谷物播种可能也归功于黄帝。四千年前，他在众多被驯服的野兽的帮助之下，和死对头蚩尤大打一仗。传说蚩尤长着铜头，带领 81 个长有角和四只眼睛的兄弟。蚩尤通过吐出浓雾来对抗黄帝，但是黄帝急中生智，发明了神奇的“指南车”：在车的顶部有个小人儿与车轮相连，小人儿可以一直指向南边。这个奇妙的装置引导他的部队走出大雾，获得胜利。

现代学者并不完全相信这个故事，这并不奇怪。其中最令人怀疑的是，是否这么早就已经有制造这种指南车的技术。中国古代的一些名人也有同样的怀疑，包括公元 3 世纪三国时的常侍高堂隆和将军秦朗。他们同时代的机械发明家马钧尖锐地回应他们的怀疑：“空口争论，又有何用？咱们试制一下，自有分晓。”不久，马钧通过发明制造指南车结束了这场争论。尽管没有设计图和实物的证据留下来，但是学者们一般认为他确实制造了这样的装置。虽然没有确凿的根据，但它仍然非常引人注目。指南车似乎需要齿轮传动装置，而齿轮传动装置直到约公元 1720 年才出现。指南车在中国的历史上反复消失和重现，尽管有关于指南车在军事和航海上用途的记录，但是我们所知道的它的使用仅限于仪式队伍的行进 [NL65]。

图 1　指南车及其差动齿轮

2. 工作原理

如果你在网上搜索“指南车”，你会发现一些有趣的视频可以演示差动齿轮怎样使得指南功能神奇地实现。我们这里将会通过文字和一些图片来解释这件事。首先是差动齿轮。请看图 1 中的图解，我们可以看出如果左边和右边的车轴用大小相等方向相反的速度旋转，那么齿圈和中间的车轴将会不旋转。请相信中间的车轴的旋转速度与左边和右边的车轴的旋转速度线性相关，而且它的旋转速度与左右车轴转速平均值成比例。

当你开车时，*如果你往右转，那么车的左轮比右轮行驶的距离要大*。你的车的差动器允许按照路径的要求，将传动系统的旋转分配给车轮。而马钧的差动器甚至更高明，因为他的指南车不仅会转弯，而且每次转弯的时候车顶上的小人儿（往往是一个指向南边的军官雕像）向着相反的方向转过恰好相同的角度，使得小人儿总是指向相同的方向。下面让我们更仔细地考察当指南车转弯的时候发生了什么。

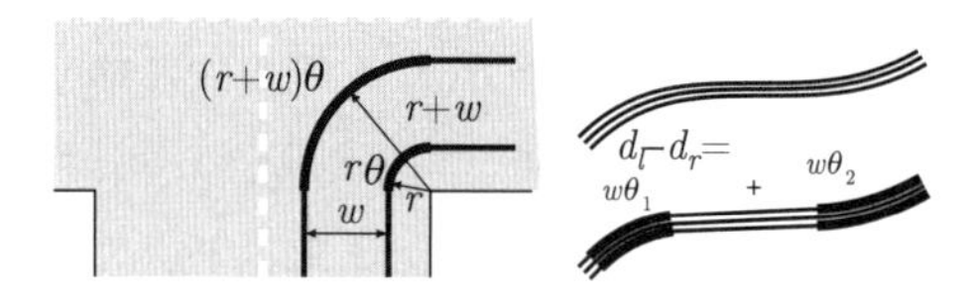

图 2　每个车轮走过的距离与总的旋转角的关系

如图 2 左边所示，指南车的两个车轮间距为 w，车子向右转过一段以 r 为半径，以 θ 为角度的弧（弧度制），则左轮比右轮多走过 $w\theta$ 的距离。如果车走的路径并不是圆弧，而是任意的光滑路径，那么请相信你的直觉：路径可以被一系列直线段和圆弧任意地逼近，如图 2 右边所示。在每一段上左轮走过的路径比右轮多 $w\theta$，可以将它们加起来，于是得到，*如果总的转角为顺时针的 θ 弧度而且车子宽度为 w，那么左轮比右轮多走 $w\theta$，不论路径是什么样的*。

回到我们的朋友马钧，将差动齿轮的左轴与左轮通过奇数个齿轮相连，右轴与右轮通过偶数个齿轮相连，最终再将中央的车轴与军官雕像连接。如果左轮以速度 v_l 行进，那么与它相连的轴的旋转速度与 v_l 成正比。每个齿轮都改变一次旋转方向，所以差动器的左轴的转速 $\frac{d\theta_l}{dt}$ 与 v_l 成正比。同理，右轴的转速 $\frac{d\theta_r}{dt}$ 与 v_r 成正比。这意味着雕像的转速 $\frac{d\theta_s}{dt}$ 与左右轮速度的均值成正比，也就是与 $v_r - v_l$ 成正比。关于时间积分得到，雕像转过的角度 θ_s 与 $d_r - d_l$ 成正比，该值即左右轮行驶过的距离的差。通过调整各个齿轮的大小使得比值为常数 $1/w$，于是雕像转过的角度为

$$\theta_s = \frac{d_r - d_l}{w} = -\theta,$$

即指南车转过的角度的相反数。换句话说，雕像指向一个固定的方向。

这是一个非常漂亮的结果，我们应当将它表示成非常精确和抽象的语言，以从中获取其全部意义。想象一条 x 轴水平地穿过指南车，以指南车中心为原点，使得左右轮分别位于 $x = -w/2$ 和 $x = w/2$。任意选择一条路径让指南车通过，令 $d(x)$ 为 x 轴上位置为 x 的点行驶的距离。那么有 $d(-w/2) = d_l$ 以及 $d(w/2) = d_r$，如图 3 所示。现在把雕像转过的净角度 $[d(w/2) - d(-w/2)]/w$ 当成一个差商。雕像转过的角度是指南车转过的角度的相反数，与 w 独立，于是学过微积分课程的人都可以自然地观察到

$$\theta_s = \lim_{w \to 0} \frac{d(w/2) - d(-w/2)}{w} = \frac{\delta d}{\delta w},$$

也就是说，*雕像旋转的角度等于车轮行驶距离关于两个车轮距离的导数*。其中使用 δ 表示微分主要是为了避免出现 $\frac{dd}{dx}$ 这样的符号混乱，同时也悄悄地涉及了微积分，微积分隐藏在计算当中，希望可以激发你的兴趣 [Wei74, FO]。换个表达方式，如果关注车子转过的角度，走过路径时指南车旋转的顺时针角度等于，位置 x 从右边向左边移动时对应的点走过的路径 $d(x)$ 的变化率。

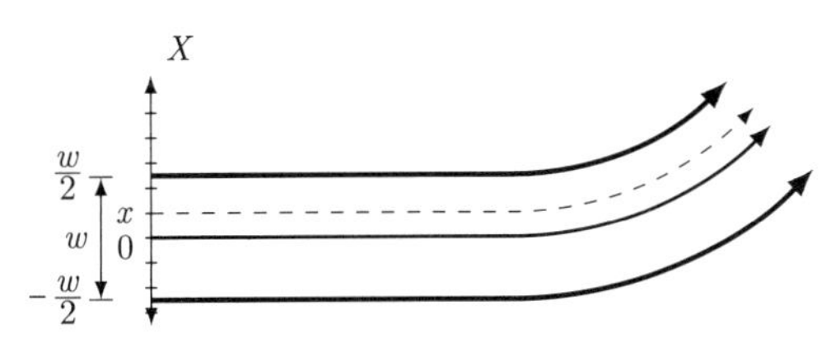

图 3　指南车的旋转角决定当路径轻微地向左移动时路径的长度如何改变

3. 它为什么失效?

如果车轮和齿轮的大小精确而且不会滑动，并且所行驶的曲面是完全平坦的，那么指南车将会一直指向南边，不论它以什么路径行驶。车轮与齿轮的大小不精确与滑动不在数学家的考虑范围内，不过曲面的平坦性却值得重新考虑，而且这将把问题的关注点从历史与机械转向数学工具。

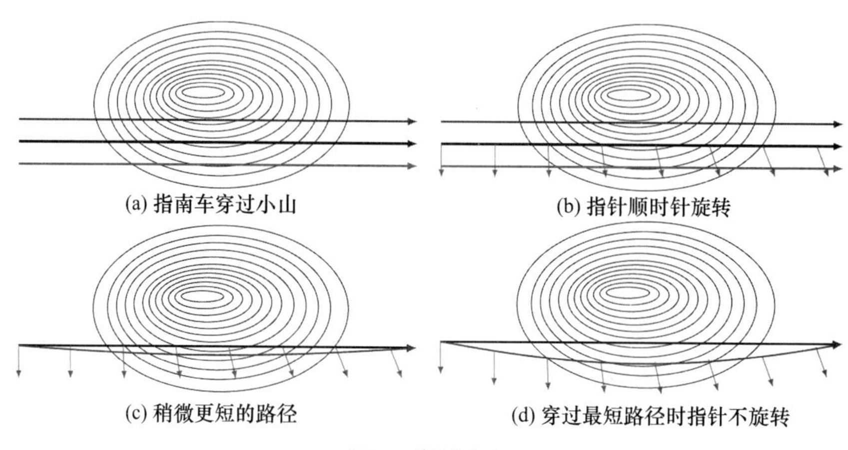

图 4　穿过小山

想象指南车以（鸟瞰图意义的）直线路径穿过一座小山，保持山顶在车的左边，如图 4 所示。注意到左轮在上山的时候和下山的时候都比右轮走得更多一点，所以左轮比右轮稍微走得多一点，指南车上的雕像稍微逆时针旋转。天空中飞过的小鸟将会看到指南车走过了一条直线路径，可是指南车上的驾驶者看到雕像的旋转以后将会认为指南车稍微向右旋转了一点。或许你认同小鸟的看法，这是可以理解的。不过请搁置你的先入之见，重新客观地看待这两种观点。如果重新考虑什么是直线，我们可以怎样定义直线呢？欧几里得有一句著名的话："直线是两点间的最短距离"，这导致一个问题：鸟瞰图的直线是两点间的最短距离吗？

假设它是最短距离，那么路径稍微向左或者向右移动都无法将它变得更短。但是，指南车的旋转角可以测量一条路径向左移动时路径长度的变化率。由于雕像逆时针旋转，所以当路径向左移动时变长，向右移动时变短。如果向右移动使得路径变短，该路径肯定不是最短距离！

好的，我们继续。你可能争论说，我们要寻找的是两个固定的点之间的最短路径，而将路径向右移动不仅缩短了距离，还改变了起始的两个点。可是，这只是一个技术问题。考虑指南车路径的中点向右边 ε 处的一个点。想象指南车仍从相同的点出发，以鸟瞰图意义的直线走到该点，然后以鸟瞰图意义的直线走到终点。一方面，路径向右移动导致路径变短；另一方面，穿过三角形的两边而不是一边使得路径变长。哪个因素占据主导地位呢？不那么挑剔严格性的话，你会发现变短的长度关于 ε 是线性的（系数是 θ），而变长的长度是关于 ε 的二阶小量（由毕达哥拉斯定理）。所以，如果 ε 足够小，变短的因素占据主导地位：向右移动一点将会使得路径变短。

如果指南车穿过新的路径，它的旋转角比之前要小，但是如果调整的幅度很小，它仍将保持旋转的方向。继续调整直到雕像不再旋转。在这一点处，旋转 $\delta d/\delta x = 0$，换句话说向左向右都不能使得路径变短。如果保持起始点不变不再能将路径通过微小调整使路径变得更短，那么这条路径至少在局部是起始点之间的最短路径。换句话说，鸟瞰图意义上的直线并非欧几里得意义上的直线，而指南车行驶时不旋转所确定的路线是欧几里得意义上的直线。欧几里得会称赞指南车的！

几何学家提到指南车穿过路径时雕像不改变方向的这样的路径时，用了一个可爱的术语"测地线"。所以两点之间的最短路线一定是测地线。（提示：并非所有测地线都是最短线。）

其中有几个细节需要澄清。首先，回忆 $\delta d/\delta x$ 等于 $[d(w/2)-d(-w/2)]/w$ 在 w 趋于 0 时的极限，而且在平面上该差商为常数，并等于该极限。常数性在曲面上失效——比如想象指南车很宽以至于跨坐在山上并且使之彻底失去常数性。所以，从此处开始假设指南车足够小，使得与它所行驶的地形相比，差商足够接近极限。第二，为了简单起见，之前提到的仅仅是指南车经过一条路径时总的净旋转。如果雕像在路径的一部分上顺时针旋转，在另一部分上逆时针旋转，那么，为了找到极小值，只需顺时针旋转时向左调整路径而逆时针旋转时向右调整路径。经过调整最终将会得到一条路径，使得雕像完全不旋转，而不仅仅是净旋转为 0。

还有一方面。通过负的导数的方向来寻找最小值，在一元与多元微积分中是常见的。上述论证只是在导数为 0 处取到极小值的类似原理的例子，相比仅有一点区别。你对这个原理一元的情况很熟悉，而且，如果你熟悉多元微积分，你也知道二元、三元或者多元的情况。这里的函数（路径的长度）依赖于路径上的每一个点。由于有无穷多个点，可以说该函数依赖于无穷多个变量。说实话，为了做这个你需要学习泛函分析。

4. 探索地球一

球面是曲面的一个简单而有趣的例子。假设指南车在地球赤道行驶，由于这条路径在关于赤道面的镜面对称变换下保持不变，所以左轮和右轮走的距离相等，而且雕像不转动。赤道就是一个测地线！同理，任何一个把球分割成两个全等的部分的圆都是测地线，如图 5 所示。这样的圆，中心与球心重合，被称为"大圆"。飞行员知道——当他们在地球上遥远的两点之间飞行时，他们走的路径往往是两点间的大圆弧（与直线类比，欧几里得的预见可以被证实），因为他们知道这是最短距离。与图 5 类似，尽管沿着大圆从莫斯科到地中海的达累斯萨拉姆是一条测地线而且给出了两点之间的最短距离，在同一个大圆上沿着相反的方向的路线（与图 5 中右边灰色的路线类似）也是一条测地线但显然不是从达累斯萨拉姆到莫斯科的最短路线。事实上，由于非最短距离的测地线通过向特定的方向扰动可以使得距离变长，在另外一些特定的方向的扰动使得距离变短，它们是多元微积分学中的马鞍点向无穷维推广的类比。

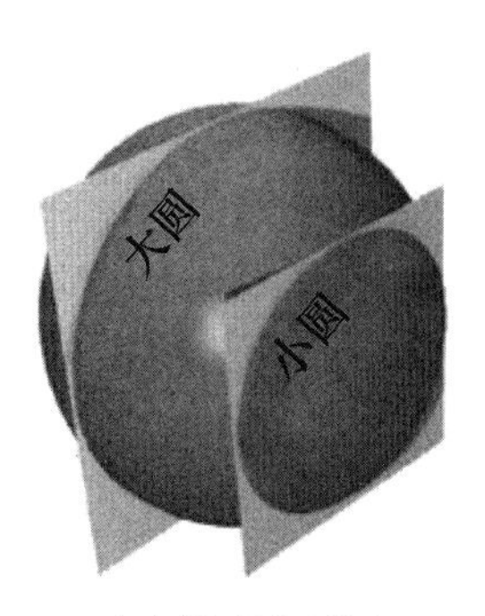

一个大圆（测地线）

一个测地极小值与一个测地鞍点

图 5 球面上的测地线是大圆的弧

通过认真地类比平面上的直线与球面上的大圆，比较欧几里得几何中的三角形和平行线，以及它们在球面上的类比。（有一个细节：球面上的两点只要不是对径点，就能确定一个大圆。球面几何学中，通过把一对对径点看成同一个点来避免这个例外，于是我们可以忽略这个问题 [McC13, Pol]。）例如，指南车在赤道上某个点向正西的方向前进赤道长度的四分之一，然后向北走到北极点，接着转 $\pi/2$ 向南回到起点。由三条测地线组成的闭路径称为测地三角形。这个三角形的三个内角都是直角，这在平面几何中是绝不可能的，平面几何中三角形内角和为 π。在这个例子中，内角和为 $3\pi/2$，比 π 要大得多。欧几里得的三角形内角和定理在球面上不成立——事实上确实如此，因为它依赖于平行公设。

如果雕像刚开始指向南面，它在这个三角形的第一条边指向左面，在第二条边指向后面，在第三条边指向右面，所以它最终指向西面。这再次证实了，指南车不能指南——它不仅在一些特定的情形下失效，而且甚至绕一圈以后不能保持初始的指向。但是，它在绕三角形一圈所旋转的 $\pi/2$，与三角形内角和与 π 的差 $\pi/2$ 是有关系的，这件事或许并不出人意料。

可以在球面上画一些三角形，粗略估计三角形内角和以及指南车绕三角形一周所旋转的角度，得到一些猜想。球面三角形内角和总是超过 π，而且超过的数量似乎与三角形面积成正比。如果你手上没有指南车，你只是粗糙

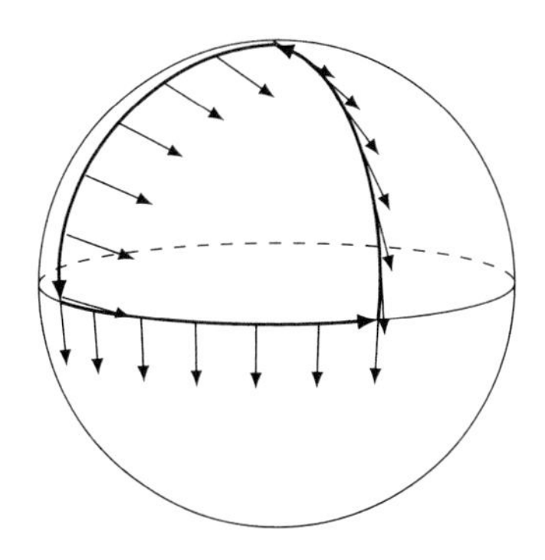

图 6 穿过该三角形时指南车迷失方向

地估计这些量，那么我想你只能观察到“三角形越大，旋转越大”。不过请注意，一个很高很瘦的三角形有两个直角和一个几乎为 0 的角，所以旋转非常之小。这告诉我们，对于三角形的正确的度量方式是它的面积，而不是最长的边长。这种观察并不限于三角形。在平面上有一个一般的陈述，多边形外角和总是 2π。在球面上，多边形（由大圆弧组成的闭曲线）的外角和总是小于 2π，而且比 2π 少的量恰好是指南车走过多边形所旋转的角度，事实上这个量与多边形的面积成正比 [McC13, Pol]。

所有这些经验性的探索启发我们，当指南车走过一个闭路径，它在起点和终点之间的总旋转在某种意义上度量了闭路径所围的内部区域的弯曲。这是正确的，这篇文章余下的部分的目的就是说明这件事是正确的，以及探索这个事实所能导致的重要结论。

5. 绕异性

为了理解这是怎么回事需要一些抽象。对于曲面上的每一个环路 L（起点和终点重合的路径），把指南车在该环路上绕一圈所旋转的角度，称为环路的绕异性，记为 $H(L)$（请确保自己相信指南车旋转过的角度，与起点没有关系）。绕异性是旋转的角度关于所有可能的环路的函数。

这里为了进一步的叙述，需要一些专业术语。角度 2π 与角度 0 是一样的。不过如果你用皮带牵着狗遛狗，你知道，当狗绕着你转 2π 弧度，尽管它还是在同样的位置就像没有动一样，但是你牵着的皮带可以区分出来差异。如果你驾驶指南车，而在旅途中睡着了，你仅仅会知道最终位置的角度和初始角度的旋转角。而如果你一直醒着看雕像旋转（或者在雕像的指头上系一个绳子）你将会知道总的旋转，而且可以区分 0 与 2π 以及 4π。所以，我们把绕异性不仅当成一个角度，还当成一个实数，这样 2π 是有意义的。这个区分仅在最后起作用，忽略这个区分也没有大的问题。

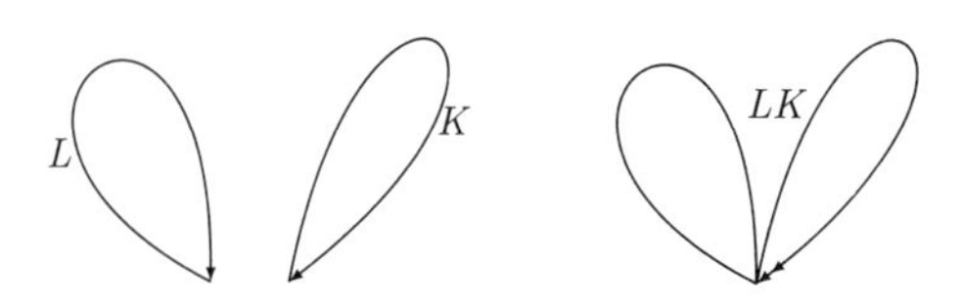

图 7　两个回路的乘积

为了理解一个函数，数学家首先会问定义域上的自然运算如何给函数带来影响。回路集合上的一个自然的运算是所有路径的集合上的一种运算。如果路径 B 的起点是路径 A 的起点，可以自然地定义两个路径的乘积 $B \circ A$ 为先走过路径 A 再走过路径 B。如果两个环路 L_1 和 L_2 有相同的基点（共同的起点和终点），那么 $L_1 \circ L_2$ 也是一个环路（如果你能理解乘积运算不可交换，即对于一些环路 $L_1 \circ L_2 \neq L_2 \circ L_1$，你就可以理解该定义）。

那么，$L_2 \circ L_1$ 的绕异性与 L_1 的绕异性和 L_2 的绕异性有什么关系？如果你是想跳过一部神秘小说的内容直接翻到最后一页，而不想亲自领略过程的那种人，请你控制自己的欲望，在前进之前花一会儿时间来自己想想。画出指南车经过 L_1 时旋转 30°，经过 L_2 时旋转 20°。那么如果先后穿过两条路径，它将旋转……50°。总之，

$$H(L_2 \circ L_1) = H(L_2) + H(L_1).$$

把这个性质当成，绕异性作用在乘法运算上将之变成加法运算。当一个函数将定义域上的自然运算变成值域上的加法运算，它被称作一个同态，这是从数学美学角度来看一个函数可以获得的最美的性质。

第二个性质有点微妙。如图 8 所示，假设指南车经过环路 L，在中间的某处它拐弯离开环路，沿着某条路径到达另外一个目的地，然后沿着相同的路径回到离开环路的地方，再沿着环路接着走完环路余下的路程。记增大后的环路为 L'，提到它时称作绕行道。$H(L)$ 和 $H(L')$ 有什么关系？当指南车拐弯离开它的原始路径时，它旋转的角度为顺时针 θ 角度，因此左轮前进 $w\theta/2$ 的距离，而右轮前进 $-w\theta/2$。接着指南车经过绕行道，左右轮分别行驶了一段距离。在绕行道的终点，指南车旋转弧度 π，不妨设是逆时针旋转，即右轮前进 $w\pi/2$，左轮前进 $-w\pi/2$。通过绕行道以相反的方向返回拐弯的点，注意左轮行驶的距离刚好与右轮在离开拐弯点时候行驶的距离相等，反之亦然。所以两个轮子在这两套方向相反的边上行驶的全部距离完全相等，因此对于雕像的旋转没有影响。最后，回到回路时候，指南车顺时针旋转 $\pi - \theta$ 回到初始方向。将左右轮行驶的距离全部加起来，你发现它们相等，指南车并没有旋转。由此可以知道，

$$H(L) = H(L'), \tag{5.1}$$

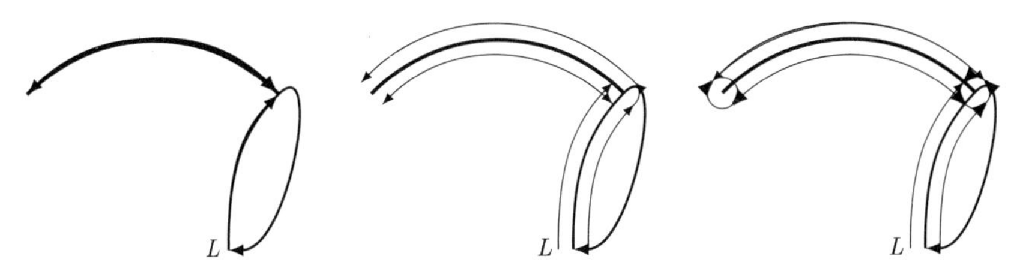

图 8 有绕行道的回路，以及指南车的轨迹

也就是说，增加一个这样意义的绕行道，对于绕异性没有影响。

也许，你在上述论证中注意到了其中的微妙。在绕行道的终点，指南车沿逆时针转向反方向，不过也可以沿顺时针转向反方向。如果是后者的话，细心的计算可以证明雕像将会在绕行道中增加 2π 的旋转。如果仅仅计算绕异性的角度，两者没有区别，但是如果使用数值绕异性的术语，方程（5.1）只有在指南车向后转的顺逆时针方向正确时才成立。特别地，不论指南车进入和离开绕行道时的方向是什么，它必须在绕行道的终点转向相反的方向。

还有关于绕行道的另一个例子。过去美国式的锻炼方式是，先开车行驶到跑道，沿着跑道跑步一圈，然后再开车回家。这里环路 L 是沿着跑道跑步一圈，增长的环路 L' 是在环路 L 的起点和终点上分别增加一个路径及其与之相反的路径。现在，L 与 L' 有不同的起点，但是重复之前的逻辑可以知道 $H(L) = H(L')$ 仍然成立。如果是数值绕异性，需要再次关注旋转的角度。

绕异性为每个环路赋了一个数值或者角度，使得环路的乘积变成加法，而添加绕行道没有影响。从这两个性质已经足以观察到一个关键点。想象指南车走过环绕一个区域的环路。你可能没有想到其他的可能性，但是如果曲面是炸油饼圈，也就是数学家称为圆环面的曲面，环路可以缠绕炸油饼圈，就像一条缎带缠绕一个礼物一样。不过我们仍假设环路围绕区域 R。首先注意，绕异性与环路的起点和终点的选取没有关系，因为起始点改变后相当于走了一条第二类的绕行道。所以定义区域 R 的绕异性为顺时针绕 R 边界一周的任意一条环路 L 的绕异性。这并不能唯一地指定环路，但是可以指定绕异性。

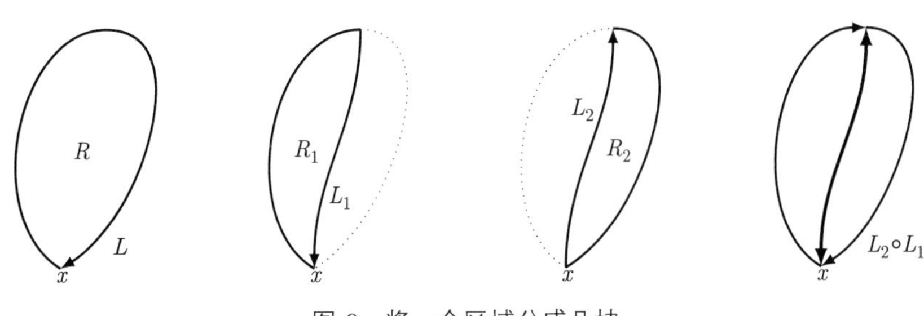

图 9 将一个区域分成几块

现在将区域 R 分成 R_1 和 R_2 两个区域。如图 9 所示，令 x 为它们公共

边界上的一个点，令 L_1 是以 x 为基点顺时针绕 R_1 一周的环路，令 L_2 是以 x 为基点顺时针绕 R_2 一周的环路。注意到 $L_2 \circ L_1$ 是 L 的一条绕行道。因此由 $H(L_2 \circ L_1) = H(L_2) + H(L_1)$ 得到，区域 R 的绕异性为区域 R_1 的绕异性和区域 R_2 的绕异性的和。更一般地，将一个区域分割成若干小区域，则大区域的绕异性等于小区域的绕异性的和。绕异性就像面积一样，整体等于部分的和。

关于绕异性需要你相信的最后一件事情最需要你的视觉直观。大致的想法是绕异性是连续的，环路的微小改变只能导致绕异性的微小改变。确切地说，当你将一个小的环路从平坦的区域移动到陡峭的小山上，如果绕异性发生大的改变你或许不会感到奇怪；而当你将小山上一点附近一个小的环路移动到附近一点处的一个形状类似的环路，两条环路足够靠近使得小山在它们处的弯曲程度改变很小，你可能会期望绕异性改变很小。

现在考虑曲面上四个邻近的点，适当地排列它们使其近似地组成一个矩形，连接它们的相邻测地线的夹角接近直角。令 R 为矩形内部，考虑如下的量

$$\frac{H(R)}{\text{Area}(R)}.$$

通过将对面的两条方向相反的边分成 n 条长度相等的边，另一组对边分成 m 条长度相等的边，我们可以将整个的近似矩形分成 nm 个近似矩形，其中每个矩形有大致相同的形状和大小。所以，可以相信这些小矩形的绕异性基本相等，而且它们的面积基本相等。由于绕异性和面积都有可加性，记其中一个小矩形为 R_1，我们有

$$\frac{H(R)}{\text{Area}(R)} \sim \frac{nmH(R_1)}{nm\text{Area}(R_1)} = \frac{H(R_1)}{\text{Area}(R_1)}.$$

矩形的大小越小，这个近似就越好，于是想象有一个矩形序列 R_n，它们的大小趋于 0 而且包含点 x。这个启发性的论证暗示着，这个序列对应的绕异性与面积的比值的数列收敛，事实确实如此。将曲面上一点 x 处的曲率 $K(x)$ 定义为下面的极限

$$\lim_{n\to\infty} \frac{H(R_n)}{\text{Area}(R_n)} = K(x).$$

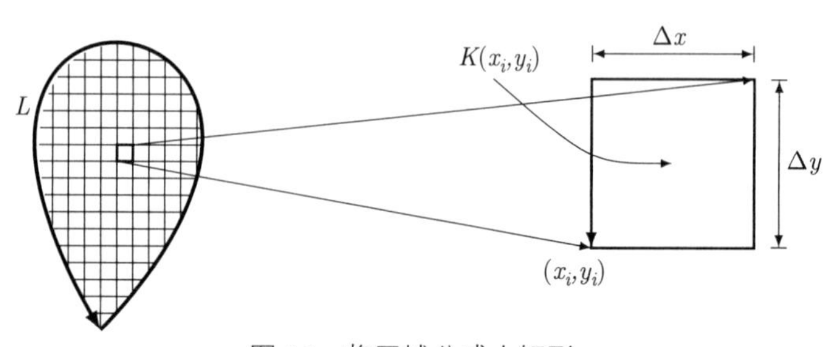

图 10　将区域分成小矩形

事实上，通过改变 m 和 n，可以知道曲率的数值与矩形列的形状无关。

下面将证明定义在曲面上的实值函数 $K(x)$ 可以很好地度量曲面在每一点处的弯曲的直观。不过首先是一个值得注意的事实：这个极限的另一个表述方式是，一个矩形的绕异性大约为其面积乘以其内部某个点处的曲率。考虑一个任意区域，仍然要求它很小，使得我们可以画出一系列的测地线将区域分割成很多小的矩形（边界用锯齿的形状逼近）。对于第 i 个矩形，记其边长为 Δx_i 和 Δy_i，令 $K(x_i, y_i)$ 为矩形内某一点的曲率，使得矩形的绕异性大约为

$$K(x_i, y_i)\Delta x_i \Delta y_i,$$

如图 10 所示。特别地，整个区域的绕异性可以被下式接近

$$\sum_i K(x_i, y_i)\Delta x_i \Delta y_i.$$

当然，当我们说“接近”的时候我们考虑了小矩形逼近区域时的误差，用 $\Delta x_i \Delta y_i$ 逼近矩形的误差，用某一点曲率乘以面积来逼近区域的绕异性的误差。需要你相信，当区域被分得更细微的时候，误差迅速地趋近于 0，即

$$H(R) = \lim_{\Delta x_i, \Delta y_i \to 0} \sum_i K(x_i, y_i)\Delta x_i \Delta y_i.$$

接受这么多需要相信的东西以后，接下来你只需回忆一些微积分中学到的知识。你已经见过这个极限了（如果你已经学过多元微积分的话）。它正是一个函数在一个二维区域上的积分的定义。于是得到结论，区域 R 的边界环路的绕异性是曲率在区域 R 上的积分，或者说

$$H(R) = \iint_R K(x, y)dxdy.$$

首先，这实在是一个绝妙的断言。如果指南车沿着美国亚利桑那州绕一圈，该断言说明，旗子最终的位置依赖于路径内部区域每一点的曲率。如果路径围绕的是大峡谷，我们认为曲率函数在那里剧烈变化，旗子的位置在某种意义上记录了峡谷每一点的弯曲信息的总和，尽管信息来自指南车而我们从未去过大峡谷。其次，这个结果与散度定理和格林公式之类的结果不仅极其相似，而且确实有深刻的联系，它们将一个闭路径上的积分与内部区域上另一个函数的高维积分联系起来（注意第 2 节第 4 段中指针的旋转是通过积分计算的）。

让我们通过一些例子来探索曲率是什么样的。

6. 探索地球二

球面上一点的曲率定义为，这一点旁的矩形的大小收敛到 0 时，矩形的绕异率除以矩形的面积的比率的极限。考虑球面上点 p 处的一个递降矩形列，

假设点 q 是球面上不同于点 p 的一点。可以做球面的一个旋转，将点 p 变换为点 q，将点 p 附近的那个矩形列映射为点 q 附近的一个递降矩形列。因为球面的旋转保持距离、角度和面积不变，所以环路的像仍然为近似的矩形，而且具有相同的面积和绕异性。因此比例收敛到同一个值，于是球面上每一点的曲率相等。该事实有相当漂亮的意义：球面具有最好的对称性，所以对于弯曲的合理度量应当在对称变换下保持不变。

在第 4 节的图 6 中，经过计算环路的绕异性为 $\pi/2$。绕异性等于曲率函数在三角形区域内部的积分，即 $\iint\limits_R K(p)dp$。而曲率为常数 K，所以绕异性为 $K\text{Area}(R)$。该区域的面积为总面积 $4\pi r^2$ 的 $1/8$，由此可知半径为 r 的球面上每一点处的曲率为 $1/r^2$。球面曲率的公式虽简单，但具有直观的含义。一个半径很大的球面，比如地球，几乎是平的，而半径小的球面是非常弯曲的。

类似地，圆柱面上，一组对边平行于旋转轴而另一组对边垂直于旋转轴的一个小矩形，可以沿着轴向上和向下平行移动以及绕轴旋转，得到圆柱面上任意位置的与之全等的矩形。所以，同理可知圆柱面具有常曲率。在这个例子中小矩形由四条测地线组成且夹角为四个直角，也就是说起始角差为 0，因此圆柱面的曲率为 0。如果你愿意，可以把圆柱面当成是平的。这很可能与你关于曲率的直观想法不是那么相符。

事实上，我们试图把关于曲率的不同的直观想法融合在一起。如果你改变一个曲面的形状，使得曲面上的距离保持不变，此时曲率不变。为了使得这个带有技术性的观念稍微具体一点，考虑一块布。在布上画一条线，再使布打褶。你改变了这块布的形状，但是所画的线的长度不变，因为这块布没有伸缩。如果你对这块布所做的事情都没有改变路径的长度，那么指南车沿着路径旋转的角度也不改变，因为它仅仅依赖于两个轮子所行驶的距离。所以，绕异性和曲率在这种变形下保持不变。我们把对一个曲面做出类似于改变一块布的形状而不伸缩的这种变换时，曲面保持不变的那些性质，称作“内蕴几何”。这种变换，即不改变路径长度的变换。

一块平坦的布可以不伸缩地围绕一个圆柱面。所以圆柱面与平面有相同的内蕴几何，特别地，它们有共同的曲率。将平坦的布变成圆柱面的这种弯曲不改变它的内蕴几何，所以考察曲率的时候可以当弯曲没有发生。

7. 绘制地球地图

标准的墨卡托投影（如图 11 所示）并不能准确地表示出距离。它使得加拿大、俄罗斯和南极洲看起来很大，而赤道上基本同样大的区域看起来很小。显然，这对于一个映射来说是一个缺陷。有很多试图解决这个问题的计划，它们可以实现吗？是否可以绘制一个世界地图使得所有的距离保持不变？该问题的另一个形式是，是否可以剥开一个橙子使得橙子的皮在没有伸缩的情况下被摊平。注意，允许你在不同的地方将橙皮割开，就像图 11 那样。但是，答案仍然是不能。从前面的讨论来看，答案是显然的。如果从地球表面到地图的映射保持距离不变，那么由于指南车的旋转仅依赖于距离，所以地球上每一个环路的绕异性与地图上对应的环路的绕异性相等。但是，地球表面上环路的绕异性与环路包围的区域的面积成正比，而平坦的地图上的环路的绕异性一定是 0。所以这种映射是不存在的！

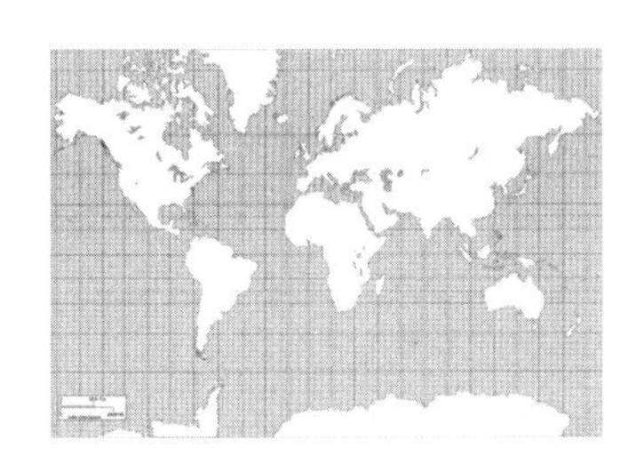
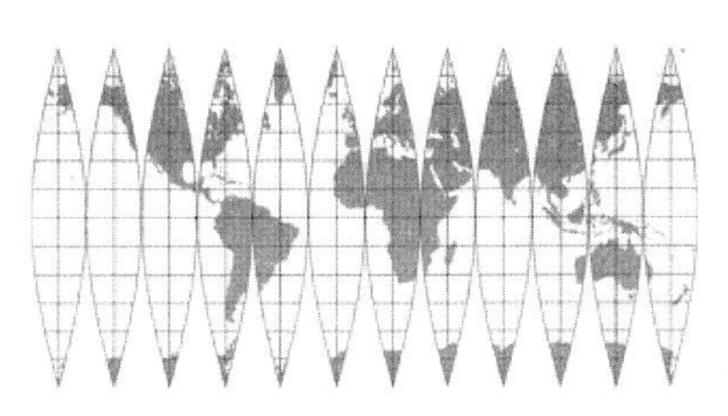

图 11　墨卡托投影以及一个替代性的地球投影

8. 高斯绝妙定理及其他

曲率的概念，以及曲率所告诉我们的很多事情，包括关于绘制地球地图的事实，归功于高斯。高斯并不是用指南车的术语来描述曲率的。高斯给出的曲率定义依赖于曲面是如何嵌入三维欧几里得空间的。粗略地说，高斯通过旋转和平移曲面使得要考察的点落在原点，而且该点的切平面为 xy 平面。至少在原点附近，曲面可以写成 $z = f(x, y)$ 的形式，其中函数 f 的泰勒展开式没有常数项和一次项。再围绕 z 轴旋转可以使得

$$f(x, y) = ax^2 + by^2 + o(x^2 + y^2).$$

高斯曲率就是 $4ab$。高斯接下来能够证明，尽管该定义依赖于曲面是如何嵌入三维空间的，但是曲率不依赖于此，而仅仅依赖于曲面上的距离，也就是依赖于曲面的内蕴几何 [McC13]。高斯感到该结果如此奇妙，所以称之为“绝妙定理”（Theorema Egregium）。即使你仅仅熟悉高斯所做出的几个革命性的结果（它们被简单地称作高斯的引理），你也会理解该定理确实如此绝妙。

我们基于指南车的关于曲率的定义显然是内蕴的，因此看起来似乎避开了绝妙定理的工作。当然，这是因为我们跳过了困难的分析问题，特别依赖的只不过是读者关于曲率定义中极限的存在性和收敛率的信任。

高斯的工作已经在几个方向上被扩展。最重要的是，可以非常小心地把所有这些推广到高维中（将指南车换成一个带着回转仪的火箭），其中曲率的概念和绕异性变得复杂得多（我们需要记录下来给路径沿着不同方向进行微小扰动时，路径长度的改变）。指南车使得，通过局部计算（齿轮和左右轮行驶的距离）记录整体方向（指向南极）的尝试必须使用平行移动 [San92] 的数学工具, 它可以把距离推广到称为联络的数学对象。在为自然界中除了引力以外的所有基本力建模时都需要使用联络（它在为引力建模的时候也有用），而且联络在一些其他的计算中作为模型，例如通货膨胀！这些想法是微分几何学的构件。

参考文献

[FO] José Figueroa-OFarrill. Brief notes on the calculus of variations. http://www.maths.ed.ac.uk/~jmf/Teaching/Lectures/CoV.pdf.

[McC13] John McCleary. Geometry from A Differentiable Viewpoint. Cambridge University Press, Cambridge, 2nd edition, 2013.

[NL65] Joseph Needham and Wang Ling. Science and Civilisation in China, volume 4. Cambridge University Press, 1965.

[Pol] John C. Polking. The geometry of the sphere. http://math.rice.edu/~pcmi/sphere/.

[San92] M. Santander. The Chinese southseeking chariot: A simple mechanical device for visualizing curvature and parallel transport. American Journal of Physics, 60(782), 1992.

[ST67] I. M. Singer and John A. Thorpe. Lecture Notes on Elementary Topology and Geometry. UTM. Springer-Verlag, New York, 1967.

[Wei74] Robert Weinstock. Calculus of Variations. Dover Publications, NewYork, 1974.

编者按：原文题名 South Pointing Chariot: An Invitation to Differential Geometry；载于 https://arxiv.org/abs/1502.07671，February 27, 2015。

4 维流形的已知和未知

Clifford H. Taubes

整理者：王丽萍

译者：赵全庭

Clifford H. Taubes，1954 年出生于美国纽约，哈佛大学 William Petschek 数学讲座教授，美国国家科学院院士，获得 2009 年度邵逸夫奖的数学科学奖。

我的这个演讲是准备告诉大家关于 4 维流形我们所知的和未知的。

1. 流形，维数和坐标

我首先得岔开一下话题，告诉你们我所谓的 4 维空间是什么意思。为此，我将从流形的概念开始。小的尺度上看，这是一个平坦而且毫无特点的空间。想象一个球的表面。小尺度的观察会让你看不出它是弯的。对于一只蚂蚁来说，万物就像桌子的表面一样。下面图 1 画的是一个流形的例子 —— 空间里的一张曲面。其中看上去平坦的一个区域被放大了。

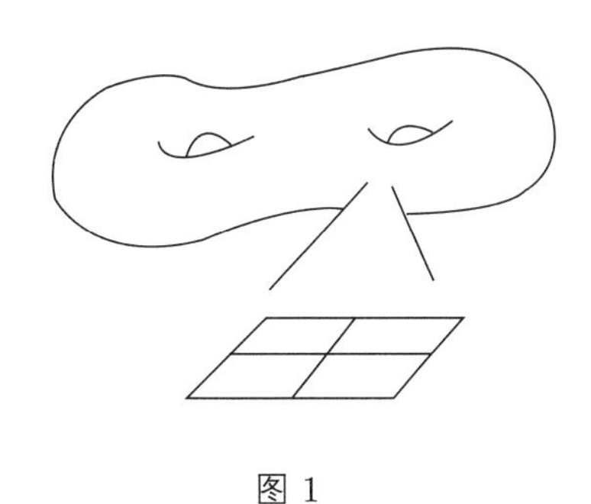

图 1

当我说“毫无特点”时，我是指直线、平面或是欧氏空间没有特点。你无法把一个点和另外一个点区分开来，同样也无法把一个方向和另外一个方向区分开来。图 2 描绘的是直线和平面，两个最小的欧氏空间。

流形有一个技术性的概念，它让流形上的每一点都有一个能与欧氏空间等同起来的领域。

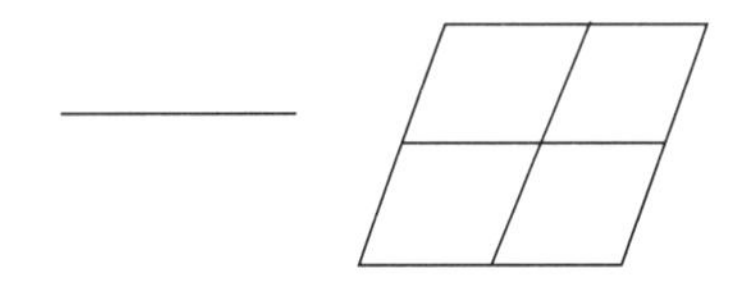

图 2

相应的欧氏空间坐标的个数就是流形的维数。换句话说，给定流形的维数就是，在任意一点的领域内，需要确定你所在位置的局部坐标的个数。比如，你生活在一个圆周上，那你只需要一个坐标就可以确定你的位置。你只要把你的住所关于参考点的角度告诉你的朋友们就可以了。见图 3；房子是在参考点逆时针旋转 138° 的地方。

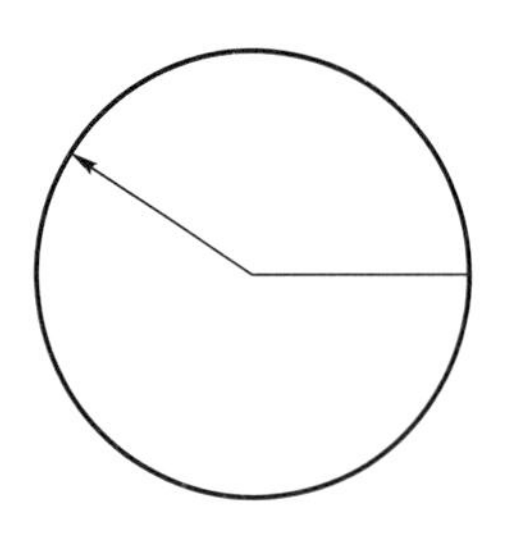

图 3

圆周就是一个 1 维流形的例子。它被记成 S^1；S 这个字母代表球面（而不是圆周），1 代表维数。

地球表面是一个 2 维流形的例子。你只需要局部给出经度和纬度这两个参数就可以完全确定一个点的位置。比如，这座数学论坛中心大楼就是在北纬 18°19′42″，东经 109°24′37″。

如果我想告诉某些人怎样找到这间报告厅，那我就要给他们第三个坐标，就是报告厅距离地面的高度。根据谷歌地图，这间报告厅的海拔是 153 米。所以，我们需要的不是两个而是三个坐标来描述我们的世界，因为我们可以朝三个方向移动，而不是两个。

现在假设某个人想来听我的演讲。如果这样，他们就得知道第四个坐标，那就是报告时间——2013 年 12 月 19 日格林尼治时间 6:30，当地时间是 14:30。这表明一个事实：我们可以观察到的宇宙是 4 维的，需要三个空间坐标和第四个时间坐标来完全确定任意给定点的位置。

大致来说，一个 4 维流形被这样一个性质所刻画：每一点有一个看起来像 4 维欧氏空间的领域。这就意味着这个领域里的每一点完全被四个数确定，而且任意给定这四个数就可以确定一点。这四个数就是点的坐标。然而要注意到一个点的坐标领域可以跟它周围点的坐标领域不一样。如果有一个坐标在流形的每处都适用，那么这个流形要么是整个 4 维欧氏空间，要么是 4 维欧氏空间的一部分。

一个坐标卡也许不能对整个流形起作用，这一事实表明了大范围结构的存在性。任何维数的流形都是如此。圆周可能是最简单的一个例子，它上面由逆时针角度构成的欧氏坐标仅仅是*局部*单值的。沿着圆周走一圈，角度就增加 360°。这表明了一个事实：圆周只在小范围看起来像 1 维欧氏空间。在大范围上，它有非欧结构。作为第二个例子，地球表面的经纬度坐标在南北极点附近起不了局部坐标的作用。你要在这两点附近用一套不同的坐标。这又表明了一个事实：地球表面在大范围上有非欧结构。

2. 地球和宇宙的大范围形状

地球是一个实心的球体并且它的表面就像玩具球的表面一样。不去看相对小的凸起（比如小山丘和大山），我们眼中的地球表面就像一张平坦的曲面，即 2 维的欧氏空间。事实上，祖先们曾经认为地球是*平的*。即便这样，古希腊人已经知道地球是圆的。一位名为 Gemino 的古希腊学者讲授过一门课程的注释提到过这个。注释是由 James Evans 和 J. Lennart Berggren 加的而且它被称为《Gemino 的“自然初解”一份关于古希腊天文学的调查综述的翻译与研究》(2006 年由普林斯顿大学出版社出版）。Gemino 相当于当时的大学教授而他的课程是教学生有关“自然”的事物的，就是天文学和几何学现象。古希腊时期，天文学和几何学是被当作一门课程来教授的。Gemino 在他的课程中列举了三项证据来证明地球是圆的。第一点就是如下的事实：时值夏至，在埃及的亚历山大省，如果你于当地正午在地面上立起一个树桩，然后向北到安纳托利亚中部（现今土耳其境内）做同样的事情，再到北边一点的地方做一次，你会发现指向北边的影子有不同的长度。树桩隔的距离和影子的长度可以来算地球的曲率。见图 4。

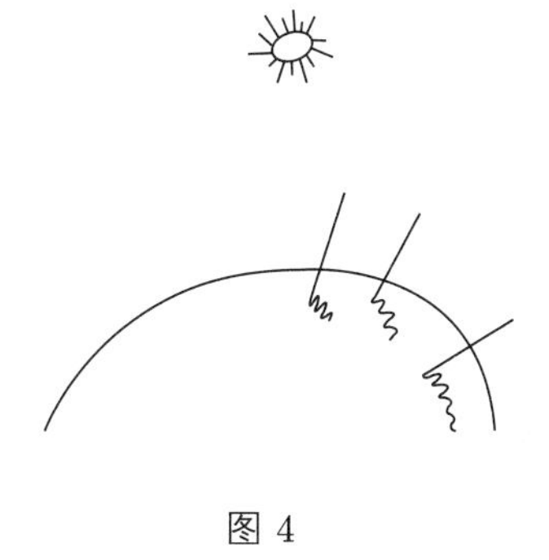

图 4

第二项证据可以在月食的时候观察到。月球上地球的影子是弯的。古希腊人已经知道月食是由于地球运行到了太阳和月亮之间造成的。

第三项证据涉及大象。如果你从亚历山大省沿大西洋向西，首先到达的陆地就有大象。著名的汉尼拔（源于迦太基，现今的利比亚）之师就曾从拥有非洲象群的西班牙穿过阿尔卑斯山进入意大利。同时，如果从亚历山大省向东横穿安纳托利亚到印度，你也会到达有象群的大陆。例如，亚历山大曾经从马其顿国出发抗击拥有印度大象的部队。他的那些军事行动就发生在现今的巴基斯坦境内。如果向西有大象，向东也有而中间没有的话，那么东西方一定*沿着地球的背面*连通着。

Gemino 曾经在他的课程演讲中从地球是圆的这一事实出发，做了一个非常惊人的推测。古希腊时期，欧亚大陆的深入腹地就有很多贸易活动，因此古希腊人知道越往北越寒冷的道理。比如，他们知道在极北之地大都常年覆盖着冰和雪。他们也知道越往南气候变得越热。特别地，撒哈拉大沙漠的气候对旅行构成巨大的障碍，因此鲜为人知。Gemino 得出了一个大胆结论。如果你横穿撒哈拉大沙漠，会再次到达气候温和之地，并且最后会到达常年覆盖着冰和雪的大陆，就像极北之地一样。然后他猜测预期南部气候温和的地方适宜人们居住，那里的人们还不为人（古希腊人）所知。

地球的表面就是一个*流形*的例子，大范围来看是弯曲的，因此拥有跟玩具球壳一样的形状。这就是说它是一个 2 维球面。就像我所说的，我们的宇宙是 4 维流形，这带来了一个问题：大范围上看，它的形状是什么样的？这是天文学家要回答的问题。即便这样，找出所有*可能*的 4 维流形却是一个数学问题。

3. 流形的列表

当谈及列举出的流形时，区分出它们内在的结构和显露出的形状是很重要的，这时一个流形通常被看成某个更大的外围空间的子集。举个例子，圆周可以被描述成平面上标准的圆形，同样也可以左右有很多凸起，就像图 5 画的那样。从内蕴的观点看，两幅画都是在描述同一个圆周，因为两种情况下，任意一点都可以由角度坐标确定。

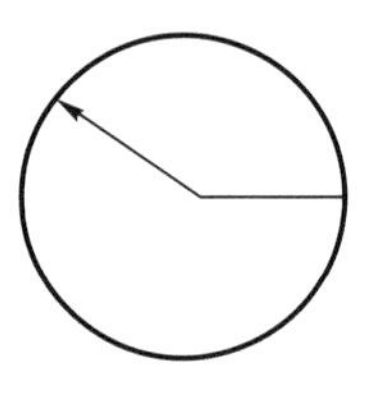 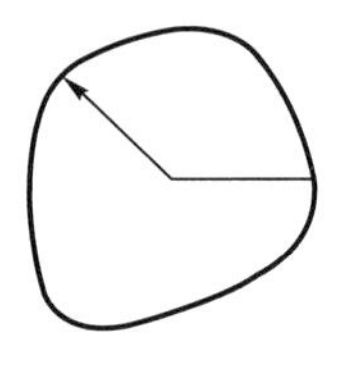

图 5

出于同样的原因，3 维欧氏空间中的标准无扭结的圆周和有一个扭结的圆周都是标准圆周。两者的区别在于作为 3 维欧氏空间的子空间有所不同。见图 6。

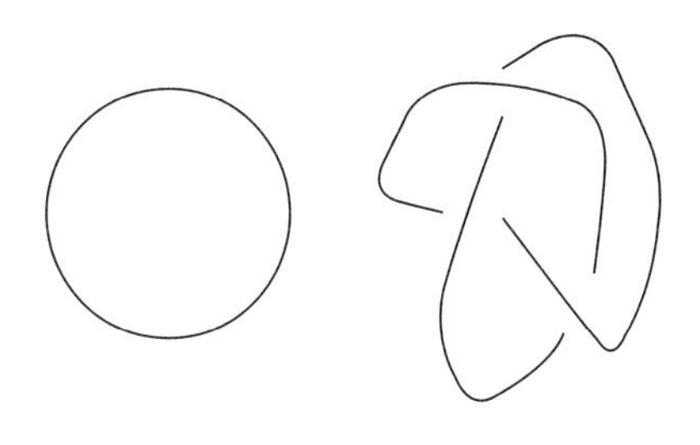

图 6

顺便说一下第二个例子，标准圆球的表面和地球表面都是 2 维球面，尽管后者有山丘和峡谷。山丘和峡谷对球面来说不是本质的；它们表明球面外表是作为更大的 3 维欧氏空间的子空间而言的。

当我马上要提及给定维数的流形列表时，我不会区分源于在某一更高维空间中不同外表所产生的外在特征，这就是关键所在。明白了这一点，现在就要考虑“列举出”给定维数的流形了。

0 维的情形：0 维流形的列表见图 7。

•　••　•••　••••　•---•

1点　2点　3点　4点　n点，⋯

图 7

注意在这里，一点是 0 维的。如果你的宇宙是一点，那你根本不需要用任何数字来确定你的邻居。大家都活在同样的空间。

如图 7 所示，记住由两点构成的流形也是 0 维的，因为局部看来，不需要任何坐标。当然整体看起来并非如此，因为你要说两点之中你住在哪一点之上。这个例子表明了连通流形和流形有多个分支的区别。从此以后，我将限制在连通流形的范畴内。

1 维的情形：1 维流形列表有两个成员，直线和圆周。它们在图 8 中有描述。

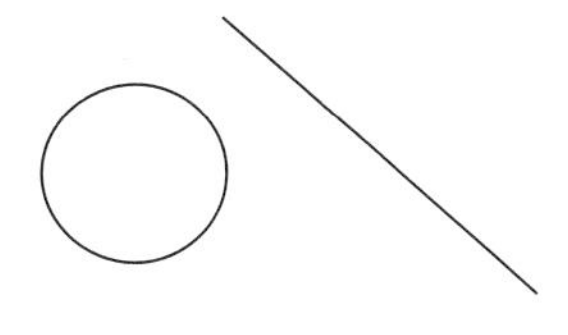

图 8

切记我们只考虑本质的不同。因此，比如一个标准的圆周和一个椭圆，可以被认为是等同的。由于同样的原因，无穷长直线和一个实开区间是一样的。要证明直线和圆周是连通 1 维流形的仅有例子，只是一个微积分的练习题。

直线和圆周的例子也说明了**紧致**流形和**非紧致**流形的不同。圆周是紧致的，而直线不是。如果流形上每个点列都有收敛子列，则流形是紧致的。为了简便起见，从此以后我们只讨论紧致流形。

2 维的情形：2 维（紧致连通）流形的列表有两部分。第一部分的流形是 3 维欧氏空间中，下面图 9 所示的曲面。

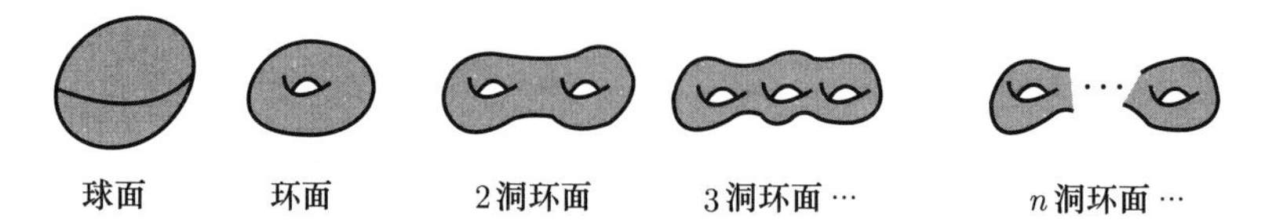

图 9

列表中最左边的曲面是 2 维球面，下一个被称为 2 维环面。它是管状曲面。环面后面一个被称为 2 洞环面。后面有更多洞的环面。

环面可以被描述成圆周上的点对。这就是说，环面上的每一点，就像图 10 所画的那样，由两个角度变量唯一决定。标准的圆周记成 S^1 而环面记成 $S^1 \times S^1$。这说明了一个事实：就像圆周上的点对可以定义 2 维环面一样，通过用低维流形的点对构造高维流形，低维流形就被当成了高维流形的基本组成部分。

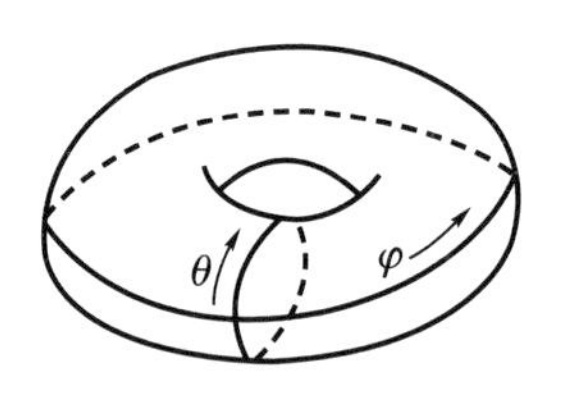

图 10

2 维流形列表的第二部分比较难描述，因为它们不能漂亮地在 3 维空间中画出来。无论怎样，我从 Möbius 纽带开始描述，它在 3 维空间中的样子画在了图 11 中。注意到 Möbius 纽带的边界是一个圆周，尽管不是 3 维欧氏空间中标准圆所展现的那样。见图 12。就像它自身展现的那样，2 维圆盘的边界也是一个圆周。既然这样，圆盘的边界可以被粘成 Möbius 纽带的边界，从而得到一个 2 维紧致连通流形。这个流形被称为**实射影平面**。见图 13。它是 2 维流形列表第二部分的第一个流形。

要得到列表第二部分的第二个流形，我们只要把两个 Möbius 纽带沿着

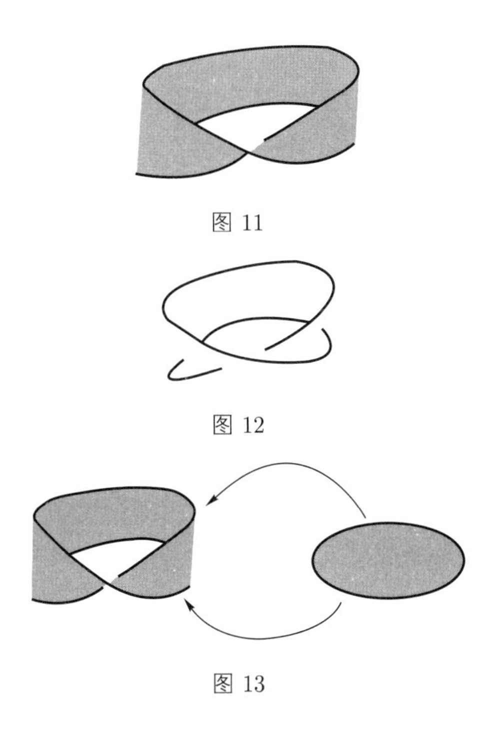

图 11

图 12

图 13

它们各自边界粘合即可。得到的流形叫 Klein 瓶。列表的第三个流形是如下得到的：在 2 维环面上剪掉一个圆盘。这画在了图 14 中。你会注意到结果边界也是一个圆周。既然这样，它也可以被粘成 Möbius 纽带的边界。这样做也能得到流形列表第二部分的第二个流形。列表上其余的流形都是，用同样的操作，从图 9 第一部分列表的图形上剪掉一个圆盘，然后替换成 Möbius 纽带。

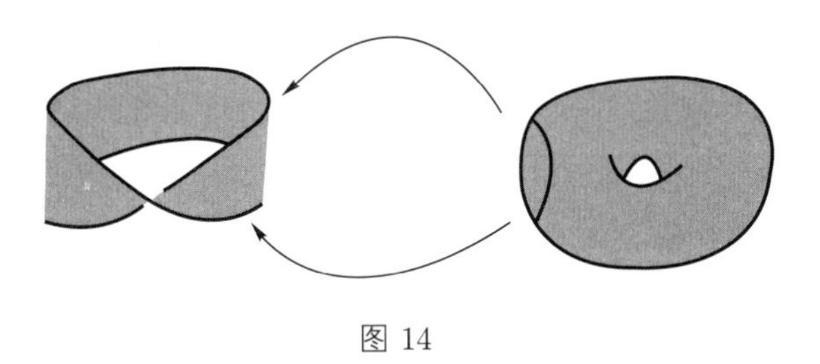

图 14

从旧流形上剪去再粘合来构造新流形的操作称为*手术*。在后面的讨论中，手术操作起了中心作用。证明 2 维流形列表就是我所描述的那样要（部分地）用到复值函数的理论。

3 维的情形： 紧致连通的 3 维流形列表仅是最近才确定的。这是由 Grisha Perelman（[P1–P3]）完成的。1982 年 William Thurston [T] 提出了这个列表的猜想。这个猜想被称为*几何化猜测*。Perelman 运用 Richard Hamilton 的工作证明了这个猜想。所有这些工作的介绍和综述，请参看 [MF]。现在已经证明的几何化猜想肯定了任意紧致可定向 3 维流形本质上可以唯一地，从 8 个基本流形出发，通过部分粘合得到。粘合是沿着某些特定的 2 维边界进行的，或是 2 维球面或是 2 维环面。我就不再提及更多的细节了。

下面我说一说一些比较简单的 3 维流形，就不画出来了。目的是为了给你们一条途径可以看到它们的大尺度结构。此时，切记任何一个这样流形上的一点有一个就像 3 维欧氏空间包含原点的领域。即便这样，这些流形的任何一个都不能放入 3 维欧氏空间。为此，我会通过把这些流形切成小块来描述它们，这些小块确实都可以作为 3 维欧氏空间的子空间。然后我会画出这些小块并指出它们如何拼在一起构成一个 3 维流形的。

3 维球面：取两个如图 15 所示的实心球。每个球的边界是一个 2 维球面。现在把这两个边界粘起来。如图所示，结果呈现在下一张图片里。图 16 显示，左侧球体边界的 2 维球面上有一条道路，但由于粘合，这条道路也会落在右边的球面上。类似地，如果右侧实心球的一条道路穿过它的边界球面，那么也一定会进入左侧实心球。把 3 维球面描述成两个球体沿着它们边界的粘合，类似于，下面图 17 中，2 维球面可以被描述成上半球（一个圆盘）和下半球（另一个圆盘）的边界圆周等同成赤道圆周的粘合。

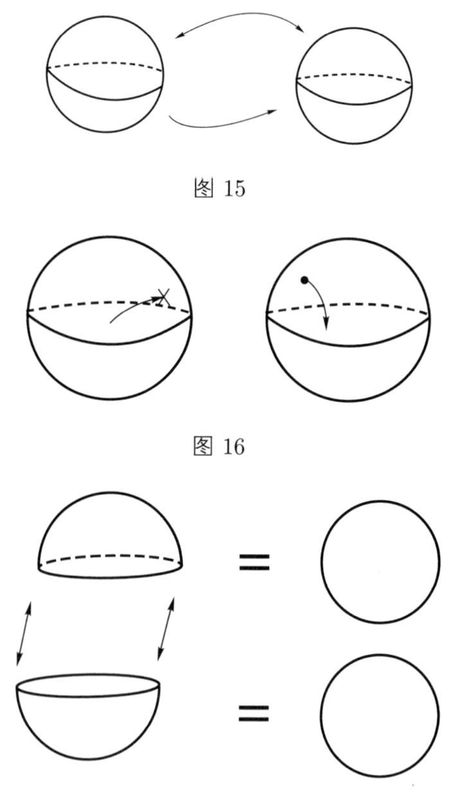

图 15

图 16

图 17

流形 $S^1 \times S^2$：这个流形是图 10 画的 2 维环面的两个 3 维推广之一。它可以被看成这样的点对构成的集合。点对的第一个分量是圆周上的点，第二个分量是 2 维球面上的点。这个流形被画在了图 18 中。图中，内外两个 2 维球面互相粘合，使得一条道路穿越外球面离开两球面之间的区域，会自动地从内球面又进入这个区域。这条道路就画在了图上。同样地，一条道路穿越内球面离开两球面之间的区域，也会自动地从外球面再进入这个区域。

类似地，就像图 19 中右侧空间所描绘的那样，$S^1 \times S^1$ 可以看成圆柱面的两端被粘成一块了。图 19 中的圆柱类似于图 18 中内外两球面之间的区域。

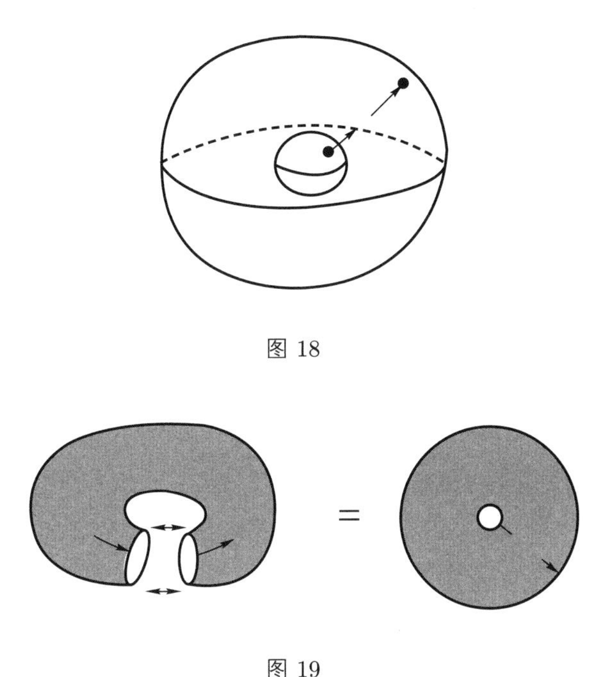

图 18

图 19

流形 $S^1 \times S^1 \times S^1$：这个流形由三点组构成的集合组成，每个分量都是圆周上的一点。它画在了图 20 中，就像 3 维欧氏空间中立方体的两两对面被等同起来。借助这个等同，一条道路从上表面离开立方体的内部，马上从底面再次进入立方体。由于同样的原因，一条道路从右侧面离开立方体，马上就从左侧面再次进入。一条道路从前侧面离开，马上就从后侧面再次进入。图中画出了其中的一条道路。

一个类似的描述由图 21 的左图给出，把 2 维环面 $S^1 \times S^1$ 理解成平面上对边等同的正方形。这个正方形，作为环面的子集，就画在了右图中，此时环面被描绘成 3 维欧氏空间中的一张曲面。

从扭结而来的流形：后面的叙述解释了怎样通过一个手术从两个初始流形得到一个新的 3 维流形。我们以图 15 和图 16 画的 3 维球面来开始构造，

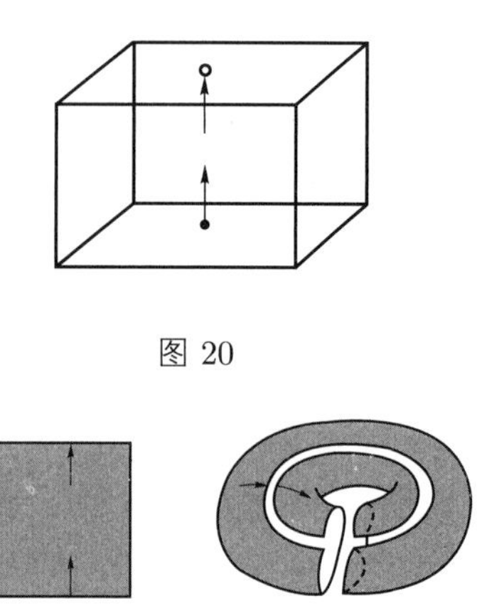

图 20

图 21

它可以看成两个球体把它们的边界等同。在 3 维球面的两个球体分区之一中，选取一条实心的扭结管道。构成 3 维球面的两个球体以及这条实心的扭结管道（右侧）画在了图 22 中。

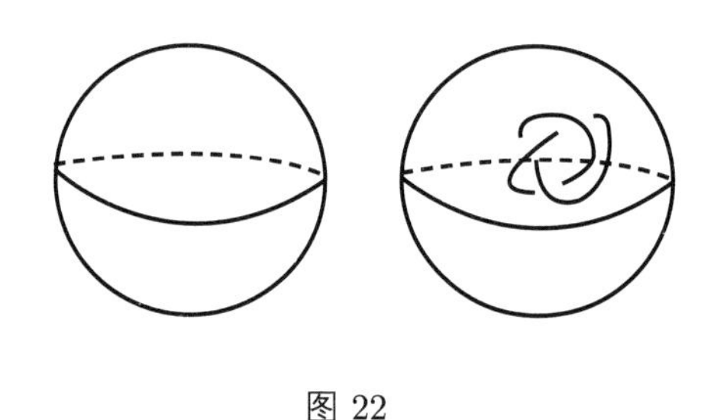

图 22

注意到实心扭结管道的边界是图 10 画的 2 维环面在 3 维欧氏空间中的扭结实现。图 23 展示了扭结的边界带有两个参数，它们可以把扭结边界等同于图 10 所画的标准 2 维环面。

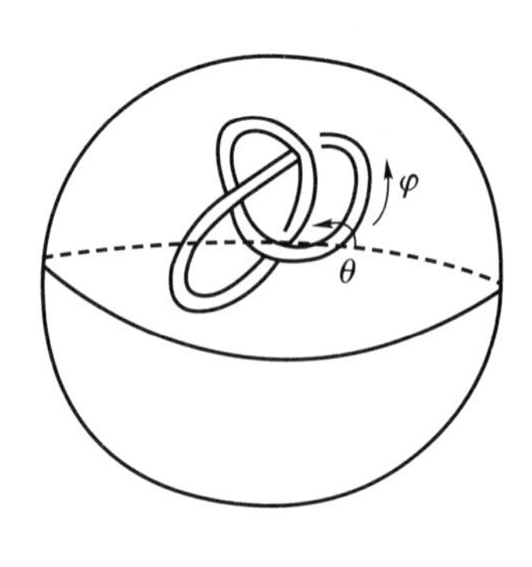

图 23

图 24 再次展示了构成 3 维球面的两个球体带上了另外一种如图所示的实心扭结管道。

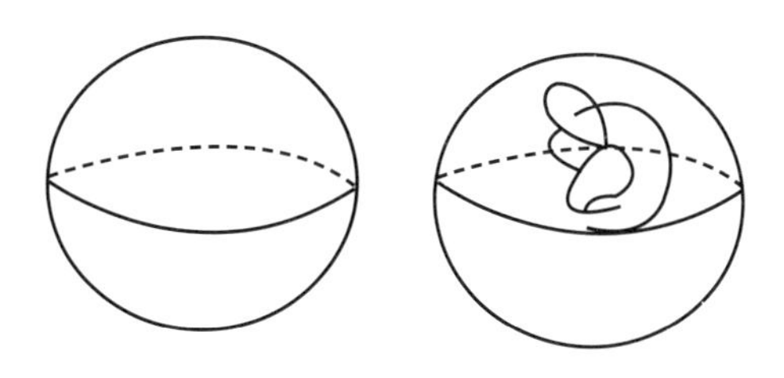

图 24

取出图 24 的实心扭结管道。它的边界是 2 维环面。类似地，取出图 22 中的实心扭结管道。结果它也是以 2 维环面作为边界。把这两个环面边界等同起来并且利用这个等同把它们粘在一起。结果就是紧致连通 3 维流形。

5 维或 5 维以上流形：事实证明，维数大于 4 的流形分类列表问题也已经被解决了。这项工作是在 20 世纪 60 年代由 Smale，Stallings，Milnor，Kirby，Siebenman 和其他的数学家完成的（比如参见 [M] 和 [KS]）。关于维数大于 4 的流形，我不会说得更多了，但作为备注，流形之间的区分会涉及某些微妙的代数基本量。

4 维的情形：我把这种情形留在最后，是因为这是列表问题没有被完全解决的唯一一种情形。现在知道，代数基本量在 4 维的情形是必需的，这类似于维数高于 4 的情形，但也知道，代数基本量是绝对不够的。目前没有令人信服的猜测，表明其他还会涉及什么。

4. 想象 4 维流形

4 维流形难以画出。这个确是如此，即便我们生活在 4 维的宇宙之中。然而，有一些人非常善于想象并因此探索研究了我们的宇宙本质上是 4 维的这一点。魔术师特别擅长这个。很多基本的魔术就是，通过探求宇宙是 4 维的这一事实，来展开的。

简单的一个例子就用到了一个常用的技巧。魔术师从观众中选一位，让他在洗好的一副牌中抽一张。然后，这张牌给观众看一下但是魔术师看不到。观众看过这张牌后，魔术师又将其插进整副牌中，再让另一个观众多洗几次牌。魔术师接过整副牌并奇迹般地抽出了刚才抽出的牌。

这个魔术是这样实施的：早上演出前，魔术师在第四个维度中及时地加速向前行进，以便魔术向观众展示之前，能在表演厅的后台出现片刻。当抽出的牌给观众看的时候，后台魔术师的化身可以看到那张牌。然后，后台魔术师的化身就向后及时地穿越到他准备开始表演之时，并以正常的速度向前走，赶*在这个魔术刚开始之前*，就知道抽出的牌是哪张。

如果你是在魔术表演的现场，并且在抽出的牌给观众看后仔细地听，你会听到后台传来爆裂的声音。这个爆裂声是魔术师的化身，得知抽出的牌后，从未来返回“过去”时，空气重新填充到预留空隙所发出的。这个爆裂声就是暴露的疑点。如果你不仔细听，在台上的嘈杂声和错误引导之中，你不会注意到它。

5. 光滑流形和拓扑流形

要说关于 4 维流形我们的已知和未知，我不得不稍稍转移一下话题，谈一谈*光滑*流形。如果在整个流形上，它上面的函数有或是没有导数有统一的定义，那么这个流形就被称为*光滑的*。这是流形中很特殊的一类。

事实证明，存在对导数没有统一定义的流形。当然，每个点附近，流形看起来都像欧氏空间并且我们从多元微积分知道在欧氏空间求导数意味着什么。一般地，不同点的邻域会有不一样的跟欧氏空间等同，而且函数在一个等同下可微，不一定关于另一个等同可微（反之亦然），所以问题就出现了。在维数是 1，2，3 时，问题没有出现。但对于 4 维和更高维，问题会出现。两个与微分无关的等价流形，被称为相同的*拓扑流形*。

如果不考虑微分，而且我所谓的代数基本量在高维的推广不是很复杂的情况下，4 维流形的列表问题已经被解决了。这是由 Michael Freedman 在 20 世纪 80 年代完成的（见 [FQ]）。Freedman 证明了，作为拓扑流形，代数基本量在这些情形下是确定一个 4 维流形所必需的全部。

如果你考虑微分，故事就非常复杂，并且像我之前说过的，根本解不出。这个可以从 Simon Donaldson 领导性的工作（见 [DK]）中得知。后面，我会对此谈及更多。

无论如何，光滑 4 维流形的概念非常自然，所以这也是把它们都列举出来的一个动机。特别地，微分这个概念对于现代物理学是非常核心的。举个例子，牛顿定律掌控下的经典力学，等价于，力加于粒子之上产生的位移关于时间的二阶*导数*。第二个例子，量子力学中波方程关于时间的演化是由 Schrödinger *方程*决定的。这个方程涉及时间和空间的导数。

明白了这些后，我后面就把注意力集中在光滑 4 维流形之上。

6. 扭结手术

就像我说过的，光滑 4 维流形的列表是得不到的。要明白问题所在，我现在来叙述一个由 Ron Fintushel 和 Ron Stern 得到的构造，可以在一些特定的情况下，把一个给定的光滑 4 维流形变成另外一个不同的光滑流形，而不改变它们作为拓扑流形在列表中的位置。这个 Fintushel-Stern 构造被称成**扭结手术** [FS]。

后面，我用 X 表示给定的光滑 4 维流形。作为输入，扭结手术需要在 X 中有一个 2 维环面的化身。为了把这个 X 中的环面化身说得再仔细些，我引进符号 D，它表示 2 维平面中关于原点半径为 1 的圆盘，还有符号 T，它表示 2 维环面。X 中的这个环面必须有一个可以和 $D \times T$ 等同的领域，其中 $D \times T$ 表示这样的点对 (x, p) 构成的空间，x 是 D 中的一点，而 p 是 T 中的一点。T 在 X 中的领域如图所示画在图 25 中。图形准确地描述了 $D \times T$ 中的圆盘，但环面 T 画成了一个圆周。T 的化身上，还有其他的条件，但是这些我就不讲了。

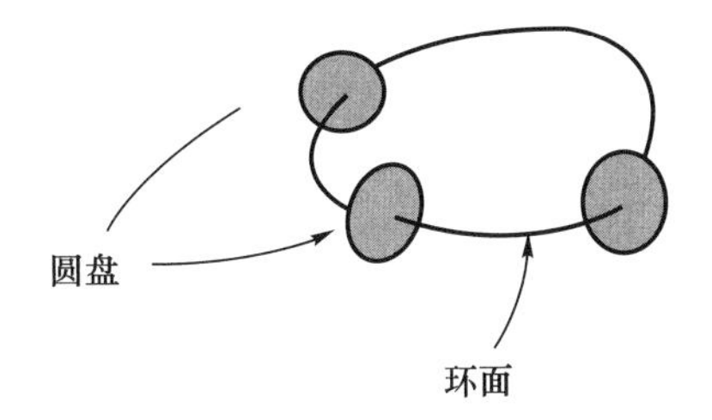

图 25

$D \times T$ 的边界是乘积空间 $S^1 \times T$，它是由形如 (t, p) 的点对构成的空间，t 代表圆周上的一点（D 的边界）并且 p 表示 T 中的一点。如图所示，它画在图 26 中。由于 T 是 $S^1 \times S^1$，$D \times T$ 的边界就是图 20 所画的空间。

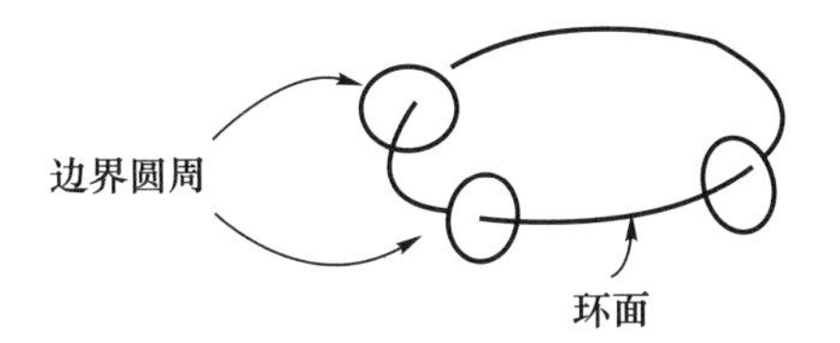

图 26

现在的计划就是从 X 中挖去 $D \times T$ 的化身并且用拥有同样边界的空间代替它。要找到这样一个空间，就如图 15 和图 16 中，把 3 维球面描述成欧氏空间中的两个球体而且它们的边界被等同。在球体的其中之一，选一个打结的圆周，并且把这个圆周加厚成 3 维球面上的一个扭结管道。这两个空间已经画在了图 22 和图 24 中。沿着扭结，取出这个实心的管道就得到带边的 3 维空间。边界就是 T 在 3 维球面中的化身。用 K 表示被选中的扭结，然后我用 M_K 表示得到的 3 维空间，它的边界是 T。空间 $M_K \times S^1$ 就是 4 维的，它是由点对 (z, t) 构成的空间，其中 z 是 M_K 中的一点，t 是圆周上的一点。$M_K \times S^1$ 的边界是 $T \times S^1$ 并且由于 T 是 $S^1 \times S^1$，因此它的边界与

在 X 中去掉 $D \times T^2$ 的化身后的边界相同。

有了前面的观察后，在 X 中挖去 $D \times T$ 的化身并且沿着它们公共边界把 $M_K \times S^1$ 粘上取而代之。这个粘完后的结果就是扭结手术空间。我把它记为 X_K。如果用一种适当的方式来选取这个粘接的边界等同，并且 T 在 X 中的化身有某些特别的性质，那么，看成拓扑流形，X_K 和 X 是一样的。后面马上会解释，扭结 K 可以被选成，使得 X_K 和 X 作为光滑流形是一定不一样的。

7. 4 维流形和 Alexander 多项式

欧氏空间中的两个扭结，如果其中之一可以从另一个通过连续单参数族的形变得到，则被称为等价的，单参数族的每个成员必须是一个真正的扭结。下面图 27 中画了一些不等价的扭结。

图 27

上面图中最左侧的扭结被称为*无结*，因为它是空间中的标准圆周。下面图 28 中的扭结都等同于无结。每个扭结会有一个 Alexander *多项式*。这是一个带有自变量 t 和 t^{-1} 的多项式。Alexander 多项式仅依赖于扭结的等价类。图 27 中扭结的 Alexander 多项式是这样的：无结的 Alexander 多项式是常数 $\Delta_{\text{无结}} = 1$，三叶结有 $\Delta_{\text{三叶}} = t - 1 - t^{-1}$ 的多项式，8 形结有 $\Delta_{8\text{ 形}} = -t + 3 - t^{-1}$ 的多项式。

图 28

如 [K] 中介绍的，一个自变量为 t 和 t^{-1} 的多项式是 Alexander 多项式，当且仅当系数和是 1 或是 -1 并且把 t 和 t^{-1} 互换后是对称的。这意味着，有无限的扭结集合使得任何两个扭结都没有相同的 Alexander 多项式。

Fintushel 和 Stern 证明了以下结论 [FS]:

假设 T 是 X 中的环面，满足需要的性质。如果 K 是一个扭结，那么扭结流形 X_K 作为拓扑流形等价于 X；但是，如果 K 的 Alexander 多项式不是常数 1，它就不会和 X 光滑等价。而且如果 K 和 K' 是两个扭结，那么当 K 与 K' 作为扭结是等价的时候，X_K 和 $X_{K'}$ 作为光滑流形是等价的，但是当 K 与 K' 拥有不同的 Alexander 多项式时，X_K 作为光滑流形不等价于 $X_{K'}$。

Fintushel 和 Stern 也证明了，图 27 中 K 是无结时，X_K 和原始流形 X 是相同的光滑流形。

8. 扭结手术的一个可行方案

我用 $\mathbb{C}^4$ 表示拥有 4 个复数分量的空间并且用 (z_1, z_2, z_3, z_4) 表示该空间中一个给定的点。用 Z 表示 $\mathbb{C}^4$ 中挖去原点后，坐标满足方程

$$z_1^4 - z_2^4 = z_3^4 - z_4^4$$

的轨迹。注意到如果 λ 是一个非零的复数，并且如果 (z_1, z_2, z_3, z_4) 是 Z 中的一点，那么 4-分量 $(\lambda z_1, \lambda z_2, \lambda z_3, \lambda z_4)$ 也在 Z 中。明白了这一点，给定 Z 上两点 (z_1, z_2, z_3, z_4) 和 (z_1', z_2', z_3', z_4')，如果存在非零复数 λ 使得 $(z_1', z_2', z_3', z_4') = (\lambda z_1, \lambda z_2, \lambda z_3, \lambda z_4)$，那么称这两点在 Z 中等价。事实证明，Z 上等价类构成的相应空间是紧致连通光滑的 4 维流形。这个流形被称为 $K3$。$K3$ 中的一个适合做扭结手术的环面是 $\mathbb{C}^4$ 中挖去原点后，满足方程

$$2(z_1^2 - z_2^2) = z_3^2 + z_4^2 \quad 和 \quad z_1^2 + z_2^2 = 2(z_3^2 - z_4^2)$$

的等价类构成的空间。这两个方程的轨迹包含在 Z 中，因为作为 $\mathbb{C}^4$ 的子集，定义 Z 的方程可以写成

$$(z_1^2 + z_2^2)(z_1^2 - z_2^2) = (z_3^2 + z_4^2)(z_3^2 - z_4^2).$$

如果 K 是一个具有非常数的 Alexander 多项式的扭结，那么，用 $K3$ 流形和刚才叙述过的环面做扭结手术得到 $X = K3$ 版本的 X_K，作为拓扑流形等价于 $K3$，但作为光滑流形，不等价于 $K3$。

9. 我们已知的和未知的

如果 K 的 Alexander 多项式不是常数 1，我们所知的是 X_K 和 X 不是同一个光滑流形。但是我们不知道，如果 K 的 Alexander 多项式等于常数 1，X 和 X_K 是否还是相同的光滑流形。如图 29 所示，其中一个最简单而有

趣，并且 Alexander 多项式仍等于 1 的扭结是 Kinoshita-Terasota 扭结。当 K 是 Kinoshita-Terasota 扭结并且 X 是 $K3$ 流形，X_K 和 X 还是同一个光滑流形吗？我认为还没有人知道这个问题的答案。2013 年，这个问题落在被忽视的边缘，介于我们对于 4 维流形的已知和未知之间。

图 29

参考文献

[DK] Simon K. Donaldson and Peter B. Kronheimer, The Geometry of 4-manifolds, 1997.

[FQ] Michael H. Freedman and Frank Quinn, Topology of 4-manifolds, Princeton University Press, 1990.

[FS] Ronald Fintushel and Ronald Stern, Knots, links and 4-manifolds, Inventiones Math. **134** (1998) 363–400.

[K] Aiko Kawauchi, A Survey of Knot Theory, Birkhauser Press, 1996.

[KS] Robion Kirby and Larry Siebenmann, Foundational Essays on Topological Manifolds, Smoothings and Triangulations, Princeton University Press, 1977.

[M] John Milnor, Lectures on the h-cobordism, Princeton University Press, 1965.

[MF] John Morgan and Frederick Tsz-Ho Fong, Ricci Flow and the Geometrization of 3-manifolds, American Mathematical Society, 2010.

[P1] Grigori Perelman, The entropy formula for the Ricci flow and its geometric applications, arXiv: math/0211159.

[P2] Grigori Perelman, Ricci flow with surgery on three-manifold, arXiv: math/0303109.

[P3] Grigori Perelman, Finite extinction time for the solutions to the Ricci flow on certain three-manifolds, arXiv: math/0307245.

[T] William P. Thurston, Three dimensional manifolds, Kleinian groups and hyperbolic geometry, Amer. Math. Soc. Bull. **6** (1982) 357–381.

数学与物理

曲面几何与广义相对论

王慕道

王慕道，美国哥伦比亚大学数学系教授。研究兴趣包括微分几何、离散群、偏微分方程和广义相对论。在台湾大学获数学学士和硕士学位，并在哈佛大学获数学博士学位。取得的奖项和殊荣包括 2007 年陈省身奖、2007 年 Kavli 研究基金奖、2003 年至 2005 年斯隆研究奖学金、2000 年斯坦福大学哈乐德培根纪念教学奖等。

1. 前言

在这个演讲中我要谈谈两个关于三维空间 $\mathbf{R}^3$ 中曲面的古典定理，以及它们在 Minkowski 时空空间 $\mathbf{R}^{3,1}$ 中的推广。这些推广与广义相对论中一些基本的问题紧密相关，例如：重力能量（gravitational energy）以及宇宙监督（cosmic censorship）。所以我们讨论它们不仅是对上面的数学感兴趣，更是因为它们与物理的关联。

本文中我们假设所有的 2 维曲面都和球面有相同的拓扑形态（也就是二者之间有一个可逆的连续映射）。

2. 回顾 $\mathbf{R}^3$ 与 $\mathbf{R}^{3,1}$ 中的曲面几何

考虑一个经由 $X:\Sigma\hookrightarrow\mathbf{R}^3$ 嵌入 $\mathbf{R}^3$ 的曲面 $\Sigma, X=(X^1,X^2,X^3)$ 代表嵌入（embedding）的坐标函数。令 u^a $(a=1,2)$ 代表 Σ 上的局部坐标系统，所以每个 X^i $(i=1,2,3)$ 都看成在局部定义的 u^a 的函数。由此导出此嵌入的度量或其第一基本形式（first fundamental form）如下：

$$\sigma_{ab}=\sum_{i=1}^{3}\frac{\partial X^i}{\partial u^a}\frac{\partial X^i}{\partial u^b}.$$

这是曲面上正定的对称 2-张量，这个度量决定了曲面所有的内在几何。

以 S^2 为例：

取 $u^1 = \theta$, $u^2 = \phi$, $0 < \theta < \pi$, $0 < \phi < 2\pi$, $X^1(\theta,\phi) = \sin\theta\sin\phi$, $X^2(\theta,\phi) = \sin\theta\cos\phi$, $X^3(\theta,\phi) = \cos\theta$，则 $\sigma_{11} = 1$, $\sigma_{12} = \sigma_{21} = 0$, $\sigma_{22} = \sin^2\theta$.

所以是正定的对称 2-张量。

对于 $\mathbf{R}^3$ 里的曲面 Σ，最重要的外在几何量是均曲率 H，它与面积的变动有关。假设 Σ 是一个闭嵌入曲面，$|\Sigma| = \int_\Sigma d\mu$ 代表它的面积，如果沿着这个曲面的向外法线方向，以 s（s 是 Σ 上的函数）为速度将 Σ 变形，面积的变化是

$$\int_\Sigma sH\,d\mu,$$

这里 $d\mu$ 是 Σ 上的度量导出的面积元素。$H = 0$ 对应到最小曲面，$H =$ 常数对应到均曲率曲面（CMC），这是面积泛函的临界点。

对于嵌入 $\mathbf{R}^{3,1}$ Minkowski 时空中的曲面 $X : \Sigma \hookrightarrow \mathbf{R}^{3,1}$, $X = (X^0, X^1, X^2, X^3)$ 由此导出的度量为

$$-\frac{\partial X^0}{\partial u^a}\frac{\partial X^0}{\partial u^b} + \sum_{i=1}^{3}\frac{\partial X^i}{\partial u^a}\frac{\partial X^i}{\partial u^b}.$$

当上面的度量为正定时，我们称 Σ 为类空间（spacelike）曲面。

另外还有均曲率向量场 $\vec{H}$，这是一个法向量场，量度曲面变形时面积的变化。明确地说，对于任意法变分场 $\vec{V}$（normal variational field），均曲率向量场满足第一变分公式（first variational formula）

$$\delta_{\vec{V}}|\Sigma| = -\int_\Sigma < \vec{H}, \quad \vec{V} > d\mu.$$

$\delta_{\vec{V}}|\Sigma|$ 代表曲面沿着方向 $\vec{V}$ 的面积变化，而 $d\mu$ 是 Σ 上的度量导出的面积元素。

在相对论中，光在虚空中行进，从时空中的曲面发射出来的光束可以发散也可以汇聚。在广义时空中存在所谓的陷俘面（trapped surface），所有发出的光束都会收敛，显示在这个曲面附近有很强的重力场。Penrose 奇异点定理 [10, 18, 23] 主张陷俘面的存在可引致未来时空奇异点的形成。

所以科学家们希望可以用均曲率向量场得到好的重力能量的测量。事实上，有数个已知的想法，如 Hawking 能量，Brown-York 能量 [5] 以及 Liu-Yau [13]，Wang-Yau [24] 能量，都是以均曲率向量来定义的准局部能量（quasilocal energy）。

3. 等度量的曲面嵌入

让我们先回顾 $\mathbf{R}^3$ 的 Weyl 等度量嵌入问题：在 2 维球面 Σ 上给定一个正定的对称 2-张量 σ_{ab}，是否存在一个嵌入 $X:\Sigma\to\mathbf{R}^3$ 使其导出的度量 $\sum_{i=1}^{3}\frac{\partial X^i}{\partial u^a}\frac{\partial X^i}{\partial u^b}$ 和 σ_{ab} 一样？这里有三个未知的坐标函数 X^1,X^2,X^3，是 u^1,u^2 的函数，还有对应于 σ_{ab} 分量的三个方程。

$$\begin{bmatrix}\sigma_{11} & \sigma_{12}\\ \sigma_{21} & \sigma_{22}\end{bmatrix},$$

注意 $\sigma_{12}=\sigma_{21}$。

$$\begin{cases}\sigma_{11}=\sum_{i=1}^{3}\frac{\partial X^i}{\partial u^1}\frac{\partial X^i}{\partial u^1},\\ \sigma_{12}=\sigma_{21}=\sum_{i=1}^{3}\frac{\partial X^i}{\partial u^1}\frac{\partial X^i}{\partial u^2},\\ \sigma_{22}=\sum_{i=1}^{3}\frac{\partial X^i}{\partial u^2}\frac{\partial X^i}{\partial u^2}.\end{cases}$$

当 σ_{ab} 的高斯曲率为正时，这是一个非线性椭圆偏微分方程组，由 Nirenberg [17] 和 Pogorelov [21] 解决。解集合在刚体运动的对称之下不变，也就是曲面在 $\mathbf{R}^3$ 中经旋转、反射或平移，其解集合不变。将此方程线性化，对于变量 δX^i 其线性化的方程为

$$\sum_{i=1}^{3}\frac{\partial\delta X^i}{\partial u^a}\frac{\partial X^i}{\partial u^b}+\sum_{i=1}^{3}\frac{\partial X^i}{\partial u^a}\frac{\partial\delta X^i}{\partial u^b}=0.$$

显然，$\delta X^i=\Sigma_{j=1}^{3}a_j^iX^j, a_j^i=-a_i^j$ 是对应于旋转的解。

但当我们试着将曲面经映射等度量嵌入 $\mathbf{R}^{3,1}$ 时，立即面临方程是“不足决定”系统（under-determined system）的问题，有四个未知坐标函数却只有三个方程，要得到任何形式的解的唯一性，必须加上至少一个条件，我们将加上从考虑广义相对论中准局部能量，自然而来的一个条件。

在牛顿重力学中 $\Delta\Phi=4\pi\rho$，其中 Φ 是位势（potential），而 ρ 是质量密度，总质量可以由积分 ρ 得到，即 $\int_\Omega\rho$。但是广义相对论中的重力有个根本的难题，它与其他物理理论不同的是，没有质量或能量密度。想当然地将质量密度积分得到质量，这个式子对广义相对论的重力而言没有意义。另一方面，由散度定理（divergence theorem），牛顿重力中的总质量等于边界曲面 $\partial\Omega$ 上的流量积分。因此推想在类空间的域 Ω 上的重力或能量可以经由边界 $\partial\Omega$，这个二维的曲面上的积分来估算。1982 年 Penrose [20] 将广义相对论中未解决的主要问题列表，第一个问题就是，为广义时空中的曲面 $\Sigma=\partial\Omega$ 恰当地定义出准局部的能量——动量（质量）（quasi-local energy-momentum（mass））。

Einstein-Hilbert 作用的 Hamilton-Jacobi 分析暗示了下面的做法（Brown-York [5], Hawking-Horowitz [11]）：对于广义时空 N 中的 Σ 找一个基地状态（ground state），即最能与 Σ 在 N 中的几何“匹配”将 Σ 嵌入 $\mathbf{R}^{3,1}$ 的等度量嵌入。这个嵌入在 $\mathbf{R}^{3,1}$ 中的像称为参考曲面，目的在于希望能经由等度量嵌入来操控内具的几何，从物理曲面及参考曲面两种外在几何的差异，判读出“重力能量”。

Wang-Yau [24] 的做法是考虑广义时空 N 中的 2 维类空间闭曲面 Σ 上的几何数据，这些数据包括其上由 N 上度量导出的度量 σ_{ab} 以及均曲率向量 $\vec{H}$，针对每一个将 Σ 等度量嵌入 $\mathbf{R}^{3,1}$ 所导出的 σ_{ab} 定义其准局部能量。这个定义满足重要的正质量及刚性的性质，并且与一般为人接受的其他观念一致。

至于准局部质量，我们知道在特殊相对论中，能量取决于观测者，而质量则是所有观测到的能量的最小值。类比于此，在定义准局部质量时，我们对所有等度量嵌入所得的准局部能量取其最小。这个 Euler-Lagrange 方程就是“最佳嵌入方程（optimal embedding equation）”，这是一个对时间坐标的四阶偏微分方程，再加上等度量嵌入的方程，最后我们得到四个方程，四个未知的偏微分方程组。

4. 晚近的应用

我们在这一节讨论广义相对论中守恒量的应用。Penrose 列出来的问题中，第二个问题是：为准局部角动量下一个恰当的定义。在特殊相对论中，守恒量是由 Killing 场导出（Killing 场是黎曼流形或拟黎曼流形上，保持度量的向量场，以德国数学家 Wilhelm Killing（1847 — 1923）命名），这些场对应于 $\mathbf{R}^{3,1}$ 中的连续对称（等度量）。举例来说，旋转 Killing 场 $X^1\frac{\partial}{\partial x^2}-X^2\frac{\partial}{\partial x^1}$ 定出对 X^3 轴的角动量。但是，在广义时空中没有连续对称也没有 Killing 场。

对于物理时空中的曲面 Σ，Chen-Wang-Yau [6] 的想法是借助 Σ 嵌入 $\mathbf{R}^{3,1}$ 的最佳等度量嵌入将 $\mathbf{R}^{3,1}$ 上的 Killing 场带回 Σ 上，所有守恒量如能量、线性动量、角动量和重心都可以如此定义，更重要的是探讨了这些守恒量的动力以及爱因斯坦方程的关系。

爱因斯坦方程是时空中 Lorentz 度量 $g_{\mu\nu}$ $(\mu,\nu=0,1,2,3)$ 的二阶偏微分方程组。最简单的真空爱因斯坦方程为 $R_{\mu\nu}=0, \mu,\nu=0,1,2,3$，其中 $R_{\mu\nu}$ 为 $g_{\mu\nu}$ 的 Ricci 张量。

爱因斯坦方程可以写成双曲偏微分方程组的初始值问题。给定初始值 $(M,g(0),k(0))$，其中 M 为流形，$g(0)$ 代表其上导出的度量，$k(0)$ 表第二基本型（second fundamental form）。对于每一个爱因斯坦方程的解 $(M, g(t), k(t))$，我们赋予守恒量 $e(t), p^i(t), J_i(t)$ 和 $C^i(t)$ 分别对应能量、线性动量、角动量和重心。[6] 中证明在爱因斯坦演化方程的非线性脉络之下，下式成立

$$e(\partial_t C^i(t)) = p^i,$$

以及

$$\partial_t J_i(t) = 0.$$

第一式是熟悉的古典公式 $m\dot{x} = p$ 的相对论版本，就我们所知这是第一次证明出它与爱因斯坦方程一致。

5. Minkowski 不等式和 Penrose 不等式

在下半部的讲演中我要讨论和 Brendle, Hung 合作的 [3, 4] 中的两个不等式：古典微分几何的 Minkowski 不等式以及广义相对论中的 Penrose 不等式。

令 Σ 为嵌入 $\mathbf{R}^3$ 中的闭曲面。前面提到 $\int_\Sigma H d\mu$ 对应面积在单位速度 $(s = 1)$ 之下的改变，对于 $\mathbf{R}^3$ 中的曲面 Minkowski 不等式 [16] 叙述如下：

$$\text{对于 } \mathbf{R}^3 \text{ 中的闭凸曲面 } \Sigma, \quad \int_\Sigma H d\mu \geqslant \sqrt{16\pi|\Sigma|},$$

$|\Sigma|$ 代表 Σ 的面积。这个定理在高维也成立，而且由 Huisken, Guan-Li [9] 推广到均凸、星形的超曲面。对于 $\mathbf{R}^3$ 中以 R 为半径的 2-维球面，上式左手边为

$$\int H d\mu = \frac{d}{dR}(4\pi R^2) = 8\pi R;$$

另一方面，上式右手边为 $\sqrt{16\pi \cdot 4\pi R^2} = 8\pi R$。此时不等式是等式，当且仅当 Σ 是圆球面，不论半径为何。

现在考虑时空中的类空间 2 维曲面，我们曾定义均曲率向量场 $\vec{H}$ 如下：

$$\delta_{\vec{V}}|\Sigma| = -\int_\Sigma < \vec{H}, \quad \vec{V} > d\mu.$$

就如前面提到的，在广义相对论的脉络下，人们感兴趣的是量度从 Σ 上射出的光线发散的程度。我们可以取 Σ 上的两个零法向量场（null normal vector field）L 及 $\underline{L}$，即 $< L, L >= 0$, $< \underline{L}, \underline{L} >= 0$, $< L, \underline{L} >= -2$。我们称 $-\int_\Sigma < \vec{H}, L > d\mu$ 及 $-\int_\Sigma < \vec{H}, \underline{L} > d\mu$ 为 2 维曲面 Σ 在广义时空中的零展开（null expansion）。

举例来说，对于曲面 $\Sigma \subset \mathbf{R}^3 \subset \mathbf{R}^{3,1}$，若 ν 为 Σ 指向外部的单位法向量，可以取 $L = \frac{\partial}{\partial t} + \nu$（向外），$\underline{L} = \frac{\partial}{\partial t} - \nu$（向内），在这个情况一个（向外）展开为正，另一（向内）则为负。对于弯曲时空中的陷俘面，两种展开都是负的。

Penrose 在他原先关于宇宙监督（亦即时空的每一个奇异点都隐身在黑洞之后，因此看不到）的论文中提出下面的猜想：

猜想 1 (Penrose [19]). 对于一个 $\mathbf{R}^{3,1}$ 中“过去零凸的”闭嵌入类空间 2 维曲面 Σ，经过正规化使得 $< \frac{\partial}{\partial t}, \underline{L} >= -1$，则

$$\int_\Sigma < \vec{H}, \quad \underline{L} > d\mu \geqslant \sqrt{16\pi|\Sigma|}. \tag{$*$}$$

在此“过去零凸的”是指 Σ 的过去光锥（past null cone 或 past light cone）可以沿着 $-\underline{L}$ 的方向平滑地延伸到无穷远。而在 Minkowski 时空中的光锥为 $\{(t,x,y,z)| -t^2+x^2+y^2+z^2=0\}$。

Minkowski 不等式给出曲面面积变化率和曲面面积的关系。Penrose 不等式原来是给出黑洞质量和黑洞面积的关系。在特别的 null dust 时空中，黑洞可为 Minkowski 时空中的一般曲面，而黑洞质量可与面积变化率（或均曲率积分）联结，因此有了上面的不等式。

Gibbons [8] 观察到若 $\Sigma \subset \mathbf{R}^3 \subset \mathbf{R}^{3,1}$，且选择上述的 $L, \underline{L}$，那么 $(*)$ 就是古典的 Minkowski 不等式。

黎曼几何中在渐近平坦的情形下有 Penrose 不等式（Huisken-Ilmanen [12], Bray）

$$16\pi(ADMmass) \geqslant \sqrt{16\pi|\Sigma|};$$

的确，在渐近零的情形之下，$(*)$ 对应于上式。

Tod [22] 证明 $(*)$ 对于 $\mathbf{R}^{3,1}$ 中（一点的）光锥上的曲面成立。另外也有些推广，见 Mars [14] 和 Mars-Soria [15]。但是对于 Minkowski 时空中的一般曲面，$(*)$ 仍只是一个猜想。

回到 Minkowski 不等式，微分几何学家对于将不等式推广到其他空间形式（space form）的曲面极感兴趣。其中 Gallego 和 Solanes [7] 研究双曲空间的情形，证明对于 $\mathbf{H}^3$ 中的凸曲面

$$\int_\Sigma H \, d\mu \geqslant 2|\Sigma|.$$

在此，$\mathbf{H}^3$ 代表三维常负曲率 -1 的双曲空间，其黎曼度量为 $dr^2 + \sinh^2 r(d\theta^2 + \sin^2\theta d\phi^2)$。在 $\mathbf{H}^3$ 中，半径为 r 的测地球其面积为 $4\pi\sinh^2 r$，所以 $\int_\Sigma H \, d\mu = \frac{d}{dr}(4\pi\sinh^2 r) = 8\pi\sinh r\cosh r$，而右手边则是 $2|\Sigma| = 8\pi\sinh^2 r$。这是一个漂亮的不等式，但等号永远无法企及。

另一方面，我们可以将双曲空间 $\mathbf{H}^3$ 等度量地嵌入 $\mathbf{R}^{3,1}$ 成为 $\{(t,x,y,z)|t > 0, -t^2+x^2+y^2+z^2=-1\}$。但是对于 $\mathbf{H}^3$ 中的 2 维曲面，甚至连 $\int_\Sigma < \vec{H}, L > d\mu$ 为什么应该为正都不清楚，不过 Penrose 不等式可以为 Σ 预测一个 Minkowski 类型的最佳不等式（sharp inequality）。

更一般以及高维的不等式见 [3]。其证明涉及“反均曲率流（inverse mean curvature flow）”，一个新的在静止真空时空的单调公式（monotonicity formula），Brendle [2] 的一个 Heintze-Karcher 类型的不等式，以及 Beckner [1] 在球面上的最佳 Sobolev 不等式。

这个证明让我们可以将不等式推广到更有物理意涵的时空，并且做出下面的猜测：

猜想 2 ([4]). 对于在 Schwarzschild 时空中的任意类空间过去零凸的 2 维曲面 Σ，下列不等式成立：

$$-\frac{1}{16\pi}\int_\Sigma < \vec{H}, \quad L > d\mu + m \geqslant \sqrt{\frac{|\Sigma|}{16\pi}},$$

这里 m 是 Schwarzschild 时空的总质量。L 则是经过选取使其对偶零法线（dual null normal）$\underline{L}$ 满足 $< \underline{L}, \frac{\partial}{\partial t} >= -1$，$\frac{\partial}{\partial t}$ 是 Killing 场。

Schwarzschild 时空是以德国物理学家及天文学家 Karl Schwarzschild（1873—1916）命名的时空。他在爱因斯坦发表广义相对论后不久，发表现在所称的 Schwarzschild 度量，这是爱因斯坦方程的解，描述在一个球形的质量外部真空状态（即电荷、角动量及宇宙常数均为零）下的重力场。它能用来描述缓慢转动的天文物体，例如许多星球包括地球和太阳。

[4] 里证明了这个猜测在数个重要的情形成立，但是一般的情形仍有待证明。总之，$\mathbf{R}^3$ 的曲面几何与时空中（余维为 2）的曲面关系密切。物理的预测启发了数学上的成果，另一方面，数学的结果又自然地赋予物理新的样貌。

参考文献

[1] W. Beckner, Sharp Sobolev inequalities on the sphere and the Moser-Trudinger inequality, *Ann. of Math.*, 138, 213–242, 1993.

[2] S. Brendle, Constant mean curvature surfaces in warped product manifolds, *Publ. Math. IHÉS*, 117, 247–269, 2013.

[3] S. Brendle, P.-K. Hung, and M.-T. Wang, A Minkowski-type inequality for hypersurfaces in the Anti-deSitter-Schwarzschild manifold, to appear in *Comm. Pure Appl. Math.*

[4] S. Brendle and M.T. Wang, A Gibbons-Penrose inequality for surfaces in Schwarzschild spacetime, *Comm. Math. Phys.*, 330, 33–43, 2014.

[5] J. D. Brown and J. W. York, Quasilocal energy and conserved charges derived from the gravitational action, *Phys. Rev. D* (3), 47, no.4, 1407–1419, 1993.

[6] P.-N. Chen, M.-T. Wang, and S.-T. Yau, Conserved quantities in general relativity: from the quasi-local level to spatial infinity, *Comm. Math. Phys.*, 338, no. 1, 31–80, 2015.

[7] E. Gallego and G. Solanes, Integral geometry and geometric inequalities in hyperbolic space, *Differential Geom. Appl.*, 22, 315–325, 2005.

[8] G. W. Gibbons, Collapsing shells and the isoperimetric inequality for black holes, *Class. Quantum Grav.* 14, 2905–2915, 1997.

[9] P. Guan and J. Li, The quermassintegral inequalities for k-convex starshaped domains, *Adv. Math.*, 221, 1725–1732, 2009.

[10] S. W. Hawking and G. F. R. Ellis, The large scale structure of space-time, *Cambridge Monographs on Mathematical Physics*, No. 1. Cambridge University Press, London-New York, 1973. xi+391 pp.

[11] S. W. Hawking and G. T. Horowitz, The gravitational Hamiltonian, action, entropy and surface terms, *Classical Quantum Gravity*, 13, no.6, 1487–1498, 1996.

[12] G. Huisken and T. Ilmanen, The inverse mean curvature flow and the Riemannian Penrose inequality, *J. Diff. Geom.*, 59, 353–437, 2001.

[13] C. C. Liu and S. T. Yau, Positivity of quasilocal mass, *Phys. Rev. Lett.*, 90, 231102, 2003.

[14] M. Mars, Present status of the Penrose inequality, *Class. Quantum Grav.* 26, 193001, 59 pp., 2009.

[15] M. Mars and A. Soria, On the Penrose inequality for dust null shells in the Minkowski spacetime of arbitrary dimension, *Class. Quantum Grav.*, 29, 135005, 2012.

[16] H. Minkowski, Volumen und Oberfläche, *Math. Ann.* 57, 447–495, 1903.

[17] L. Nirenberg, The Weyl and Minkowski problems in differential geometry in the large, *Comm. Pure Appl. Math.*, 6, 337–394, 1953.

[18] R. Penrose, Gravitational collapse and space-time singularities, *Phys. Rev. Lett.*, 14, 57–59, 1965.

[19] R. Penrose, Naked singularities, *Ann. New York Acad. Sci.*, 224, 125–134, 1973.

[20] R. Penrose, Some unsolved problems in classical general relativity, *Seminar on Differential Geometry*, 631–668, *Ann. of Math. Stud.*, 102, Princeton Univ. Press, Princeton, N.J., 1982.

[21] A. V. Pogorelov, Regularity of a convex surface with given Gaussian curvature, (Russian) *Mat. Sbornik N.S.*, 31 (73), 88–103, 1952.

[22] K. P. Tod, Penrose quasilocal mass and the isoperimetric inequality for static black holes, *Class, Quantum Grav.*, 2, L65–L68, 1985.

[23] R. M. Wald, General relativity, *University of Chicago Press*, Chicago, IL, xiii+491 pp., 1984.

[24] M.-T. Wang and S.-T. Yau, Quasilocal mass in general relativity, *Phys. Rev. Lett.*, 102, no. 2, no. 021101, 2009.

编者按：本文为作者在 2013 数学年会大会演讲“Surface Geometry and General Relativity”的讲稿中译，原载《数学传播》40 卷 3 期，pp. 14–21, 2016。

Maxim Kontsevich 在东京大学 IPMU 研究所的访谈录

采访者：斋藤恭司

译者：何健飞

马克西姆·孔采维奇（Maxim Kontsevich，1964— ），法国俄裔数学物理学家。研究领域是纽结理论、量子化和镜像对称，1998 年菲尔兹奖获得者；1999 年加入法国籍，2002 年当选为法国科学院院士；2008 年获克莱福德奖，2012 年获邵逸夫数学奖，2014 年获数学突破奖。2008 年 10 月 14 日，Kontsevich 应邀在东京大学“数学与物理联合宇宙研究所”（Institute for the Physics and Mathematics of the Universe, IPMU）做学术演讲，并在演讲结束后接受采访。采访者斋藤恭司（Kyoji Saito）是 IPMU 教授，也是京都大学数学研究所的荣誉教授并曾担任所长。以下是采访内容。

斋藤：我非常享受你今天的研讨会。除去这个标题“穿墙”（Wall Crossing，是 Kontsevich 在 IPMU 演讲的题目 —— 编注），你的演讲包括了许多与物理交叉方向的最新数学进展，特别是关于弦理论，非常让人振奋，我很享受你的演讲。但是，让我们等会再提及这些，我们先从一个更普通的故事开始，让我们先从你的背景说起吧。你出生于苏联时期，而之后在你求学时期，国家政体发生了变换，你现在也是在西方国家工作。

Kontsevich：其实，在我求学时期结束后，国家政治体制才发生的变化。

斋藤：你能简单地介绍一下你的教育经历嘛？你是如何成为一个科学家和数学家的？

Kontsevich：早在 20 世纪 60 年代，科尔莫戈罗夫就在俄罗斯建立了一种特殊的数学教学系统。此系统在中学的最后三年，招收有数学天赋的学生，年龄从 14 到 16 岁。莫斯科有三四所这种学校，列宁格勒也有几所。我的兄长也曾在其中一所这类学校中学习，是他让我对数学有了兴趣。我父母不是数学家。我母亲是一个火箭工程师，我父亲是一个朝鲜语言与历史方面的专家。

斋藤：一个学术家庭。

Kontsevich：的确是学术家庭，但只是第一代的。我的祖父来自于一个农民家庭，不过他是一个自学成才的工程师，某种意义上他可以说是一个发明家。

斋藤：苏联时期的吗？

Kontsevich：对，是苏联时期。我的外祖父是会计，不过也不算是做学术的。所以我的父母是学术第一代。事实上，也仅有我父亲是，因为我母亲算不上做学术的，她是做工程的。我在很早就得到了一些很有趣的结果，那时只有十岁。我参加了一些奥赛，给老师留下了印象，所以在学校里跳了一级。之后，也是在十四五岁的时候，我也参加了一个在莫斯科的那种特殊中学。我参加了数学奥赛，然后进入莫斯科大学读书。

不可否认，这段在俄罗斯的生活是很开心的。我得到年长同事的呵护。大学毕业后，我在一所非常好的实验室工作了五年，是研究信息传输的研究所。实验室的研究主题是信息论、编码学、大系统动力学等等。1988 年，在苏联开始改革的时候，我访问法国一个月，时年 24 岁。那次访问，我的身份是统计物理学专家，所以本是去马赛的，但也访问了巴黎的法国高等科学研究所（IHÉS）。之后，在 1990 年，我被邀请访问马克思 · 普朗克研究所三个月。这在某种意义上，是一种兴趣的拓展。在我即将离开马普所的时候，那里举办了一个传统的欧洲数学会议“Mathematische Arbeitstagung”（德语“数学研讨会”之意）。迈克尔 · 阿蒂亚做会议的第一项发言，解释威滕关于矩阵积分和相交理论的猜想。不知道怎么的，我马上得到了一个接近解决这个问题的想法。第二天，我向阿蒂亚解释了自己的想法，人们都感到很惊奇，他们就邀请我再访马克思 · 普朗克研究所。接下来，在 1991 年初，我来到了马克思 · 普朗克研究所。事实上，我在德国取得博士学位。因为种种原因，我没有在莫斯科拿到学位。

斋滕：所以说，苏联体制的变化，并没有影响到你的个人发展？

Kontsevich：没有。在稍早些的时候，我就已经离开了。

斋藤：当然，你在早年就已经对威滕猜想产生兴趣了。那你是怎么进入数学的这一分支的？显然，这一分支里科尔莫戈罗夫和盖尔范德都是数学家中的大人物。

Kontsevich：事实上，我就是盖尔范德的学生。

斋藤：盖尔范德！你可以说他是在研究数学，不过他的研究与数学物理有非常强的交叉，你是如何看待这一点的？

Kontsevich：是的。数学物理于我有非常大的影响。在我大学的最后一年，大约 1984 或者 1985 年，理论物理学有了一个重大的发现——共形场论，最初由在莫斯科工作的贝纳文、玻历雅科夫、扎莫洛契科夫提出。这是在二维系统的临界行为中发现的。它也受到了一些数学家的工作的影响，我不得不提到这点，因为菲戈和富克斯是基于形式推理，解出了维拉索罗代数的特征。在那时，他们的工作还没有与物理产生关联。

斋藤：你从盖尔范德–富克斯上同调开始，然后由点及面 ······

Kontsevich：是的，我也研习了这些，不过盖尔范德的研讨班覆盖了很广的研究对象。所有的数学领域都被覆盖了。每周一研讨班，有两百个参与者前来参加。盖尔范德研讨班从 1942 年或 1943 年就开始了，那是在二战期间，在撤退的期间。他开始的研讨班之后持续了超过五十年。在莫斯科，这曾是最主要的数学研讨会，有约二百或三百的参与者。它耗时也很长，从下午七点开始，持续至午夜，几乎是最后一班地铁发车的时候。那里有很棒的参与者，不可预想的结果。

斋藤：你已经讲述了自己着手研究威滕猜想之前的历史。在此之后，你开始介入很多重要的研究对象。

Kontsevich：甚至在此之前，我的研究已经涵盖不少课题，并且做了很多，只是没有将结果写出来。不得不说我是一个对什么都感兴趣的数学家。

斋藤：是的，我理解你的爱好，但是，你是如何选择这些研究对象的，你有没有一个全局的规划，抑或只是无意的选择？或者，只是选择去攻克摆在你面前的那些难题？

Kontsevich：我不是在攻克难题。只是表述自己所理解的。威滕猜想只是很少的个案，即我真正去解决给定的问题。

斋藤：我能理解。至少在今天的研讨会上，你介绍了一种新的一般性的框架，用来理解许多不同的数学方向。从我的角度来看，这就像研究一些消失环的周期性。当然，你提到的工作，包含太多其他的方面。对我来说，自己有一个关于描述周期映射一些特定初等形式的研究目标，但对于你的情形 ······

Kontsevich：不，不。我没有任何特定的目标。我只是试图去理解物理学中量子场论的数学。过去二十年里，那是巨大启发性的源泉。

斋藤：那非常不错。现在，我们将来到更加核心的话题，世界上的物理和数学研究所。在此意义上，物理学与数学存在相互影响。你怎么看待这种相互影响？

Knotsevich：这非常成功。在四十年代、五十年代和六十年代，理论物理学和数学之间没有多少交叉。不过此后，两个方向上的诸多思想，开始彼此渗透。基本粒子的规范场论，即夸克理论，与之对应的数学概念是丛上的联络。之后，又有了超对称和可积系统。不同时期，有不同研究方向。紧接着，就是威滕的时代。在此之前，还有量子群，共形场论，以及拓扑理论的发轫。着力物理与数学之间的关联，其硕果累累。不过，很多事情不只是单向的。不只是从物理学到数学，也有从数学到物理学的研究。

斋藤：两个方向上的研究都很有影响力，其间的成果也很丰硕，这我同意。但是，你可否描述一下你眼中的前景，这个方向会如何发展？至少对于我，还看不到尽头。

Kontsevich：这好像已经走到了一天的最后时段，这个伟大的结构——基于弦理论而被发现——M-理论，某种意义上就像一个大的解析函数。如果你了解了一点的细节，你就知道了所有点的。物理学中，所有不同维数上的理论，似乎都与这个巨大普适的对象的极限情形相关，这可能要让数学家们花费数百年的时间去研究。[大笑] 可能会短一些，我不知道。但这确实是数学上最主要的事情之一。

斋藤：可否谈一谈，在这个交叉学科，你可能会继续做的工作嘛？

Kontsevich：是的，那很难去预测。不得不说，事实上，我没有任何规划。

斋藤：你没有任何规划嘛？

Kontsevich：是啊，在工作中，我总留有许多许多未完成的计划，所以，我会试着去考虑它们之间是否存在某种关联。

斋藤：那表明你真的是忘身其间，尽管面对问题仍飘忽不定。

Kontsevich：哦，是的。有太多令我感兴趣的研究方向了。

斋藤：你能给出一些明确的例子嘛？

Kontsevich：一个极其博大的理论课题经常出现在我的研究中，那就是非交换几何、非交换代数与弦理论之间的联系。我的很多研究设想，都是关于它们之间的联系，比如说矩阵的乘法（是结合的但非交换的）以及曲面几何。代数直观与几何之间，确实有着数目惊人的联系。从前，我记得是从 1992 年和 1993 年，我通过形式代数类推，提出了同调镜像对称。时间是在弦理论学家引入 D-膜概念好几年前。所以，几年后，他们用物理学语言，再次引出了这一概念。但是，也因为关于同调镜像对称的这一发现，所用来描述它的是三角范畴这样非常抽象的语言，现在也被许多物理学家使用了。这完全出乎意料。是的，这是最抽象的数学理论之一。

斋藤：你没有预料到这会更多地被应用到物理上？

Kontsevich：没有，我研究这一理论，只是因为它看上去，似乎是镜像对称现象的一个终极表述。但是，物理学家们把它放入了一个不同的框架。这提供了用以计算弦理论模型下的物理量的一种方式。

斋藤：这是你工作的一个关键点。但我发现，在你的很多工作中，通过发现一个症结，来抓住整个问题的关键点，之后就给出一些全局性的大框架。这是我对你的工作的总体印象。

Kontsevich：是的，我确实不会去处理这样具体而微层面的特例。

斋藤：你如何做到以此方式从事研究？

Kontsevich：就我自己而言，有时也着力于个别特例，但是 ……

斋藤：你脑中已经有了一些特例，但你只去建立理论。

Kontsevich：是的，一般来说，我会发现特例有时会误导的 [大笑]。因为，特例的性质往往过于特殊，如果总是过于集中注意力在特例上，你就发现不了一般性的性质。

斋藤：我知道一个非常著名的例子，格罗滕迪克。他是一个能构造出很大的框架，却不包括任何特例的人。事实上，一般来说这些框架犹如呓语，而往往是对数学深刻的理解。我发现你在做类似的事情。你给出了大框架，同时抓住了学科的核心内容。这是一个让人惊讶的能力，不是很多数学家能够这么做。所以，我再次重复这个问题，你是怎么做到的？

Kontsevich：不知道，我想只是一种经验吧，不是很特别。我的一个朋友，有点玩笑地称呼我们是“广义问题的专家”。

斋藤：在今天的研讨会上，我已经注意到，你现在在这个新框架下的工作。希望你能继续从事这个方向上的工作，并获得成功。

Kontsevich：我想感谢你们的邀请，能在有如此多活跃的听众和氛围轻松的 IPMU 演讲，是我的荣幸。事实上，这是我第一次到访贵所，我发现，你们有顶尖的研究团队，希望你们的研究所能有光明的未来，我希望能再访柏市（Kashiwa，日本城市名——编注），或许就是明年。

编者按：原文题名“IPMU Interview with Maxim Kontsevich”，载于 *IPMU News*, 2008(4): 14–17。

解开宇宙之谜的钥匙

——微分方程

叶高翔

叶高翔，1994 年在浙江大学物理系获理学博士学位，现任浙江科技学院院长，主要研究方向为凝聚态物理。

一般而言，人类的自然科学事业大致可分为两个阶段：第一阶段是公元前 3000 年到公元 17 纪，我们把它称为经验科学阶段。第二阶段是从 17 世纪至现在，科学发展进入了一个突飞猛进的阶段，称之为精确科学阶段。

一、经验科学

在经验科学阶段，人类的科学事业处于初级发展时期，科学发展主要依靠人的“经验”。经验从实践中来，一般以定性的归纳推理为主要特征，基本不用数学，至多采用初等数学，很少抽象理论概括。

在经验科学阶段，人类在陶瓷、冶炼、火药、造纸、古代医术，几何光学，静磁学，静电学、天文学、声学等方面取得许多重大突破。

在古代中国，中医学的发展带有鲜明的经验科学特征。像战国时期成编的《黄帝内经》，明朝时期成书的《本草纲目》等均为典型的经验科学论著。中医的明显疗效使人们确信此类经验方法的有效性，并在过去几千年的历史长河中不断发展和传承。

中医学用草药治病，但不必知道草药中的具体化学成分。东晋葛洪在《肘后备急方》中记载的“治疟病方”说道：“青蒿一握，以水二升渍，绞取汁，尽服之。”但他并不知道草本植物青蒿内化学成分青蒿素的分子式及精确含量。当老中医将手中的狗皮膏药放在明火上烘烤后贴在病人患处，医治关节炎时，他并不精确知道此时此刻那张狗皮膏药的实际温度，他也不知道此时药分子从皮肤向内扩散的速度和浓度衰减曲线等。

从精确科学角度看，中国古代发明的狗皮膏药对关节炎等疾病的治疗原理是现代物理学中“原子分子扩散原理”的最早应用，而扩散原理偏微分方

程

$$\frac{\partial\phi(\vec{r},t)}{\partial t}=\nabla\cdot(D(\phi,\vec{r})\nabla\phi(\vec{r},t)), \tag{1}$$

的建立和精确求解则是在牛顿和莱布尼茨发明微积分理论之后完成的。

由于经验科学以定性的“经验”为基础，直接导致以下三个问题：

（1）由于定性的“经验”往往带有一定的主观性，故以经验为基础的推理或判断失误概率较大，容易导致错误的结果。例如，夏日炎炎，当我们经太阳暴晒后，来到树荫底下，感到凉快；但当我们从空调房间出来，来到同样的树荫底下，我们会感到很热。因为人对温度的感知不仅仅取决于其绝对值的大小，还要受温度正负变化量的影响。

（2）定性的“经验”导致精确重复实验难度很大，“经验”和相关技术的传承成为难题，导致大量优秀技术失传。

例如在陶瓷的烧制过程中，如果仅仅凭肉眼观察炉火颜色判断炉温，整个烧制过程的升温、保温和降温过程的控制仅仅凭经验控制，那么，即使偶尔获得了少量精美的陶器、瓷器，也很难精确重复，所获产品的成品率不高，其质量重复性和一致性也一定很低。

（3）在经验科学阶段，定性归纳推理成为主要推理范式。由于没有采用精确的高等数学进行抽象概括和演绎推理，要揭示本质性自然规律几乎没有可能。

二、精确科学

17 世纪以后，人类对自然规律的揭示向纵深发展，精确科学研究范式逐渐成形。据记载，在 1590 年，意大利物理学家伽利略曾在比萨斜塔上做自由落体实验，将两个大小不同的铁球从塔顶相同高度同时扔下，结果两个铁球同时着地，由此发现了自由落体运动规律。此外，伽利略还发现了经典力学中的相对性原理、惯性定律和运动合成原理，发明了望远镜、温度计，证明了“日心说”、太阳自转等。尤其是他把数学方法与实验测量相结合，理论与实验相互印证的研究方法，开创了现代精确科学的研究范式：

（a）精确实验，总结实验规律；

（b）提出假说，定量解释实验规律；

（c）根据假说，利用数学演绎和逻辑推理，获得推论或预言；

（d）对推论或预言进行客观、精确定量、任意可重复的实验检验；

（e）修改理论及假说；

（f）实验检验假说和理论；

……

上述精确科学研究范式由伽利略率先倡导，后人不断完善而成，故也称之为“伽利略科学研究范式”，它是现代一切自然科学的一般研究范式。该范式要求对实验和理论进行客观、精确定量、任意可重复地循环对比、修正和提高，从而不断提升理论与实验的精确程度和符合程度，最终揭示宇宙客观规律。

1. 客观、精确定量、任意可重复

在上述精确科学研究范式中，所谓的“客观”是指科学实验结果的客观性，即只要实验条件严格一致，实验结果便唯一确定，与谁做，在何时何地做等均没有关系；“精确定量”要求科学实验必须用数字、函数或微分方程精确定量描述和演绎；“任意可重复”是指在科学家的时间、体力、脑力、资金、仪器设备等允许范围内，任意次重复实验过程。很明显，这里并没有要求无限次可重复！

从“可重复”上升至“任意可重复”，不仅仅代表实验重复次数，更规定科学对实验重复次数的选取法则；从“无限可重复”下降至“任意可重复”，表明科学实验重复次数的有限性和相对性，体现了科学的真实意义所在，也告知了科学的局限性。

在上述精确科学研究范式中，有一个过程十分苛刻：利用数学演绎和逻辑推理，获得推论或预言，并与更精确实验进行客观、精确定量、任意可重复的反复验证。换言之，精确科学不仅要求实验测量越来越精确，而且要求理论越来越能够精确描述、计算、演绎并预言实验规律，揭示实验现象背后的深层宇宙规律。

17 世纪以后，以微积分为代表的现代高等数学开始诞生并不断发展，为精确科学的发展提供了强有力的支持！可以说，几百年来，精确科学紧紧伴随着高等数学的发展而发展！

现代文明创造了一个又一个精确科学的奇迹，如太空飞船与处于某轨道上的太空实验室对接、高超音速导弹拦截、超大规模集成电路制备、原子分子操作、转基因技术等。

现代科学对精确度的追求永无止境。目前，量子力学中普朗克常数的最新测量值为 $h = 6.62606876(52) \times 10^{-34}$ 焦耳 · 秒；电子磁矩的最新测量值为 $\mu_e = 1.001159652193(10)\mu_B$，其中 μ_B 为一个常数；从伽利略开始，人们对光速测量一直抱有浓厚兴趣，现在测得的最高精确度为 $c = 299792458$ 米/秒；目前人类对电压测量精确度约 10^{-17} 伏特，对磁场的测量精确度约

10^{-15} 特斯拉，对空间距离测量精确度约 10^{-18} 米，对时间测量精确度约 10^{-35} 秒，如此等等。人们仍不满足，测量精确度仍在不断提高。

爱因斯坦相对论是精确科学的理论典范，其中采用的现代高等数学包括微积分、矩阵代数、张量分析、黎曼几何等，其所得结论的精确度令世人赞叹不已！迄今为止，诸如“引力红移”“光线弯曲”“引力波”等已得到极高精确实验的验证。

图 1　屹立在德国乌耳姆城中的爱因斯坦诞生纪念碑，碑文：1879 年 3 月 14 日，阿尔伯特·爱因斯坦延生于此地的房屋

人们不仅要问：为什么要花费如此大的代价，任意可重复地进行如此精确的实验，并与精确的理论循环验证呢？事实上，精确的实验测量数据，严密逻辑的高等数学精确演绎，将实验与理论进行客观、精确定量、任意可重复地循环验证；实验数据测量越精确，重复次数越任意，与高等数学精确演绎结果越吻合，越能揭示本质性宇宙客观规律，由此建立的科学理论也越逼近宇宙客观真理。

2. 精确定量的极限

精确是相对的，不精确是绝对的！所谓精确，应该是一个相对的概念，并具有鲜明的时代特征。

数学是精确的，它可无限逼近绝对精确值！然而，当采用数学这一工具计算（包括大型计算机计算）实际科学问题时，必须建立简化模型，必须近似计算，不可能绝对精确；逻辑学是严密的，它可让逻辑漏洞趋向于零！然而，当我们将逻辑学原理应用于实际科学问题时，逻辑漏洞不可避免。

由于受仪器设备精确度极限、周围环境变化、人为因素等影响，人类所从事的一切实际科学实验均存在误差，从来没有绝对精确而无误差的科学实验。科学的任务并不是消除误差，而是减小误差，将误差减小至实际应用的允许范围之内。现在如此，将来也必然如此。当然，随着人类文明不断进步，各种实际应用所允许的误差范围也必将越来越小。因此，物理学、化学、材料科学、地球科学、生命科学等自然科学必然是近似的，是相对真理！

20 世纪 20 年代，量子力学诞生，其中的“海森伯不确定原理”告知我们：对于某一微观粒子，假如其坐标为 x，动量为 p，能量为 E，寿命为 t，它们的不确定范围分别为 $\Delta x, \Delta p, \Delta E$ 和 Δt，则满足不确定关系

$$\Delta x \cdot \Delta p \geqslant h, \quad \Delta t \cdot \Delta E \geqslant h. \tag{2}$$

上式中 h 为普朗克常数。上式的文字表达如下：微观粒子的坐标和相应的动量不可能同时被确定；微观粒子的能量和寿命不可能同时被确定。两个不确定量的乘积要大于一个常数，我们永远无法让其中某一个量的不确定范围等于零。由于在上式中的能量和动量均具有不确定范围，所以在此精确度之下，能量和动量均是不守恒的！当然，由于 h 值很小，这个所谓的“不确定性”是很小的，但这个“不确定性”是客观存在的，无法通过我们提高仪器测量的精确度或提高观察者的素质加以克服。由此我们看到，在不断精确认识客观世界的道路上，人类第一次触及到了宇宙的一个极限，不可逾越的极限！

线性是相对的，非线性是绝对的！20 世纪 70 年代建立的非线性科学理论告知我们：非线性效应可导致结果对原因微小变化的极其敏感性，其敏感程度是目前任何办法（包括高灵敏探测器、超大型高速计算机等）也无法精确预测的。

现代人类终于明白了：生活于天地之间的我们，并不是可以“为所欲为”的，对宇宙客观规律的描述以及对客观真理的揭示，其精确度是有极限的。精确科学中的所谓“精确”是相对的，由此获得的“客观真理”也是相对真理。

3. 解开宇宙之谜的钥匙——微分方程

随着精确科学的不断发展，一个又一个宇宙客观真理相继被揭示。人们发现：在实空间中，宇宙客观真理一般由微分方程描述。

例如，宇宙中一切宏观低速的机械运动均可由牛顿方程

$$\boldsymbol{F} = \frac{d\boldsymbol{p}}{dt} \tag{3}$$

描述。

经典电磁场运动规律由麦克斯韦方程组

$$
\begin{aligned}
&\nabla \times \boldsymbol{E} = -\frac{\partial \boldsymbol{B}}{\partial t}, \\
&\nabla \times \boldsymbol{B} = \mu_0 \boldsymbol{J} + \mu_0 \varepsilon_0 \frac{\partial \boldsymbol{E}}{\partial t}, \\
&\nabla \cdot \boldsymbol{E} = \frac{\rho}{\varepsilon_0}, \\
&\nabla \cdot \boldsymbol{B} = 0
\end{aligned}
\tag{4}
$$

描述，它揭示并统一了宏观电、磁、光的运动规律。

量子力学中的薛定谔方程是描述微观、低速情况下物质运动普遍规律的二阶线性偏微分方程，如下式所示：

$$
i\hbar \frac{\partial}{\partial t}\Psi(\boldsymbol{r},t) = \left[-\frac{\hbar^2}{2m}\left(\frac{\partial^2}{\partial x^2} + \frac{\partial^2}{\partial y^2} + \frac{\partial^2}{\partial z^2}\right) + V(\boldsymbol{r})\right]\Psi(\boldsymbol{r},t), \tag{5}
$$

其中 Ψ 为波函数，$\boldsymbol{r}$ 为空间坐标向量，x、y、z 为三维空间坐标，t 为时间，m 为微观粒子的质量，V 为势能，虚数单位 $i=\sqrt{-1}, \hbar = \frac{h}{2\pi} = 1.05 \times 10^{-34}$ 焦耳 · 秒，称为约化普朗克常数。薛定谔方程在量子力学中的地位如同牛顿方程在经典力学中的地位一样。

图 2　维也纳大学校园内的薛定谔雕像，碑文即著名的薛定谔方程

类似例子很多。如高能物理中描写自旋为零的基本粒子（如 π 介子等）运动规律的克莱因–戈登方程为二阶偏微分方程；描写自旋为 1/2 的基本粒子（如电子、中微子等）运动规律的狄拉克方程为一阶偏微分方程；广义相对论中描述空间物质能量、动量分布与空间弯曲关联的爱因斯坦场方程为二阶张量方程（其实它是一个二阶非线性偏微分方程组）等。

此外，还有一些其他情况：

（a）类似牛顿万有引力定律（$F=G\frac{m_1 m_2}{r^2}$，即两个天体之间的吸引力与它们之间的距离平方成反比，与它们的质量乘积成正比，G 为引力常数）那样的宇宙真理，仅仅是未知函数、变量和常量之间的函数关系式，不能算是偏微分方程。事实上，此类定律只是更精确理论的近似表述。例如牛顿万有引力定律是广义相对论中爱因斯坦场方程在特殊情况（距离较近、引力较弱和速度较慢）下的近似而已。

（b）类似量子力学中德布罗意波粒二象性假说（$\lambda = \frac{h}{p}$，即微观粒子的波长 λ 和动量 p 成反比，h 为普朗克常数）那样的客观真理，似乎也不是微分方程。但事实上，它们是建立相关偏微分方程的基础性假说，已被包含在相应的偏微分方程之中。例如上述薛定谔方程（5）式已将德布罗意波粒二象性假说包含其中。

综上所述，精确描述宇宙客观真理的是一个个不同类型的微分方程！根据不同的边界条件，经过严格且巧妙的数学求解和演绎，便可获得一个又一个科学推论或预言，解决一个又一个科学问题，创造一个又一个人类文明的奇迹。

那么，为什么宇宙间最基本的客观真理一般由如此简洁的微分方程所描述呢？换言之，为什么微分方程可以作为解开宇宙之谜的钥匙呢？根据微分方程变化、联系、精确等诸多特征，其原因可回答如下：

（i）宇宙是不断运动变化的；

（ii）宇宙中的常量、变量以及变化率之间是相互精确联系的；

（iii）宇宙客观真理是简洁、统一和玄妙的。

4. 微分方程的发现过程

应该指出：作为解开宇宙之谜的钥匙, 这些微分方程并不是被严格推导而来，而是由科学巨人们逐个“建立”：首先需要大量前期理论和实验准备，当新实验结果与原理论发生矛盾并日益尖锐化时，原理论的缺陷和局限性不断显露，待时机成熟，由极少数科学巨人根据他们独特的哲学观、敏锐创新的思维方式、扎实的理论功底以及丰富的科研经历，智慧“灵感”突然被触发，提出革命性科学假说，建立全新微分方程，精确、简洁且玄妙，如此“天机”乃宇宙主宰者“事先设定”，人类可揭示但不可更改，更不能创造！

应该承认：提出革命性科学假说，建立全新微分方程，的确带有某些主观“猜测”的成分。不过，科学巨人们对客观真理玄妙、精确和深刻的揭示绝对不是一般意义上的“猜测”。事实上，这种“猜测”带有极其苛刻的前提条件，非天才不能为之。剖析一个个成功“建立”微分方程的事例可以得出如下结论：

(1) 提出革命性科学假说，建立全新微分方程，是伟大科学家智慧“灵感”的具体表述，以当时的非理性思维为特征。

(2) 智慧“灵感”的触发需要扎实的专业基础、完备的知识结构、丰富的科学研究经历以及非凡的睿智与勇气。

(3) 智慧“灵感”的触发还与时代、学科、环境等以及其他偶然因素相关联。

具备了上述三个必要条件，还需要科学家集中智力和体力，长期聚焦在某一科学难题上，使该难题的前因后果、问题关键、难点实质、相互关联等问题清晰可见。然后，经过长期深入的形象和抽象思维，由某些“偶然因素”触发，智慧“灵感”突然闪现。触发“灵感”的形式多样，在思想交流时、在比较及联想时、在长期深入思索后、甚至在梦幻中等。

那么，智慧“灵感”究竟是如何被触发的呢？类似“天才”“天赋”“超感官知觉”“天人感应”“神人下凡”等超力量解释当然可以暂时满足我们的好奇心。事实上，目前我们知道智慧“灵感”的触发与科学家的非凡睿智、思维方式、知识结构、心理素质、长期顽强探索等因素有关；我们还知道智慧“灵感”的触发源自心灵深处，与科学家大脑中的脑细胞、分子、原子、离子、电磁场等运动以及相互作用玄妙关联。遗憾的是，迄今为止，人类尚无法知道触发智慧“灵感”的真正微观机理，或许永远也不可能知道！

编者按：本文是作者应《数学与人文》编辑部之约，在《科学思辨二十四则》一书（2015 年商务印书馆出版）部分内容的基础上改写而成。

科学素养丛书

书号	书名	著译者
9787040295849	数学与人文	丘成桐 等 主编，姚恩瑜 副主编
9787040296235	传奇数学家华罗庚	丘成桐 等 主编，冯克勤 副主编
9787040314908	陈省身与几何学的发展	丘成桐 等 主编，王善平 副主编
9787040322866	女性与数学	丘成桐 等 主编，李文林 副主编
9787040322859	数学与教育	丘成桐 等 主编，张英伯 副主编
9787040345346	数学无处不在	丘成桐 等 主编，李方 副主编
9787040341492	魅力数学	丘成桐 等 主编，李文林 副主编
9787040343045	数学与求学	丘成桐 等 主编，张英伯 副主编
9787040351514	回望数学	丘成桐 等 主编，李方 副主编
9787040380354	数学前沿	丘成桐 等 主编，曲安京 副主编
9787040382303	好的数学	丘成桐 等 主编，曲安京 副主编
9787040294842	百年数学	丘成桐 等 主编，李文林 副主编
9787040391305	数学与对称	丘成桐 等 主编，王善平 副主编
9787040412215	数学与科学	丘成桐 等 主编，张顺燕 副主编
9787040412222	与数学大师面对面	丘成桐 等 主编，徐浩 副主编
9787040422429	数学与生活	丘成桐 等 主编，徐浩 副主编
9787040428124	数学的艺术	丘成桐 等 主编，李方 副主编
9787040428315	数学的应用	丘成桐 等 主编，姚恩瑜 副主编
9787040453652	丘成桐的数学人生	丘成桐 等 主编，徐浩 副主编
9787040449969	数学的教与学	丘成桐 等 主编，张英伯 副主编
9787040465051	数学百草园	丘成桐 等 主编，杨静 副主编
9787040487374	数学竞赛和数学研究	丘成桐 等 主编，熊斌 副主编
9787040495171	数学群星璀璨	丘成桐 等 主编，王善平 副主编
9787040497441	改革开放前后的中外数学交流	丘成桐 等 主编，李方 副主编
9787040504613	百年广义相对论	丘成桐 等 主编，刘润球 副主编
9787040507133	霍金与黑洞探索	丘成桐 等 主编，王善平 副主编
9787040514469	卡拉比与丘成桐	丘成桐 等 主编，王善平 副主编
9787040521542	数学游戏和数学谜题	丘成桐 等 主编，李建华 w 副主编
	数学飞鸟	丘成桐 等 主编，王善平 副主编
	数学随想	丘成桐 等 主编，王善平 副主编
9787040351675	Klein 数学讲座	F. 克莱因 著，陈光还 译，徐佩 校
9787040351828	Littlewood 数学随笔集	J. E. 李特尔伍德 著，李培廉 译
9787040339956	直观几何（上册）	D. 希尔伯特 等著，王联芳 译，江泽涵 校
9787040339949	直观几何（下册）	D. 希尔伯特 等著，王联芳、齐民友译

续表

书号	书名	著译者
9787040367591	惠更斯与巴罗，牛顿与胡克 —— 数学分析与突变理论的起步，从渐伸线到准晶体	В. И. 阿诺尔德 著，李培廉 译
9787040351750	生命 艺术 几何	M. 吉卡 著，盛立人 译
9787040378207	关于概率的哲学随笔	P. S. 拉普拉斯 著，龚光鲁、钱敏平 译
9787040393606	代数基本概念	I. R. 沙法列维奇 著，李福安 译
9787040416756	圆与球	W. 布拉施克著，苏步青 译
9787040432374	数学的世界 I	J. R. 纽曼 编，王善平 李璐 译
9787040446401	数学的世界 II	J. R. 纽曼 编，李文林 等译
9787040436990	数学的世界 III	J. R. 纽曼 编，王耀东 等译
9787040498011	数学的世界 IV	J. R. 纽曼 编，王作勤 陈光还 译
9787040493641	数学的世界 V	J. R. 纽曼 编，李培廉 译
9787040499698	数学的世界 VI	J. R. 纽曼 编，涂泓 译 冯承天 译校
9787040450705	对称的观念在 19 世纪的演变：Klein 和 Lie	I. M. 亚格洛姆 著，赵振江 译
9787040454949	泛函分析史	J. 迪厄多内 著，曲安京、李亚亚 等译
9787040467468	Milnor 眼中的数学和数学家	J. 米尔诺 著，赵学志、熊金城 译
9787040502367	数学简史（第四版）	D. J. 斯特洛伊克 著，胡滨 译
9787040477764	数学欣赏（论数与形）	H. 拉德马赫、O. 特普利茨 著，左平 译
9787040488074	数学杂谈	高木贞治 著，高明芝 译
9787040499292	Langlands 纲领和他的数学世界	R. 朗兰兹 著，季理真 选文 黎景辉 等译
9787040312089	数学及其历史	John Stillwell 著，袁向东、冯绪宁 译
9787040444094	数学天书中的证明（第五版）	Martin Aigner 等著，冯荣权 等译
9787040305302	解码者：数学探秘之旅	Jean F. Dars 等著，李锋 译
9787040292138	数论：从汉穆拉比到勒让德的历史导引	A. Weil 著，胥鸣伟 译
9787040288865	数学在 19 世纪的发展（第一卷）	F. Kelin 著，齐民友 译
9787040322842	数学在 19 世纪的发展（第二卷）	F. Kelin 著，李培廉 译
9787040173895	初等几何的著名问题	F. Kelin 著，沈一兵 译
9787040253825	著名几何问题及其解法：尺规作图的历史	B. Bold 著，郑元禄 译
9787040253832	趣味密码术与密写术	M. Gardner 著，王善平 译
9787040262308	莫斯科智力游戏：359 道数学趣味题	B. A. Kordemsky 著，叶其孝 译
9787040368932	数学之英文写作	汤涛、丁玖 著
9787040351484	智者的困惑 —— 混沌分形漫谈	丁玖 著
9787040479515	计数之乐	T. W. Körner 著，涂泓 译，冯承天 校译
9787040471748	来自德国的数学盛宴	Ehrhard Behrends 等著，邱予嘉 译
9787040483697	妙思统计（第四版）	Uri Bram 著，彭英之 译

图书在版编目（CIP）数据

数学随想 / 丘成桐等主编. -- 北京: 高等教育出版社, 2020.1
（数学与人文）
ISBN 978-7-04-052908-1

Ⅰ. ①数… Ⅱ. ①丘… Ⅲ. ①数学-普及读物 Ⅳ. ①O1-49

中国版本图书馆CIP数据核字（2019）第235328号

策划编辑　李　鹏
责任编辑　李　鹏　李华英　和　静
封面设计　王凌波
版式设计　童　丹
责任校对　陈　杨
责任印制　尤　静

出版发行　高等教育出版社
社　　址　北京市西城区德外大街 4 号
邮政编码　100120
购书热线　010-58581118
咨询电话　400-810-0598
网　　址　http://www.hep.edu.cn
　　　　　http://www.hep.com.cn
网上订购　http://www.hepmall.com.cn
　　　　　http://www.hepmall.com
　　　　　http://www.hepmall.cn
印　　刷　涿州市星河印刷有限公司
开　　本　787mm × 1092mm　1/16
印　　张　15
字　　数　280 千字
版　　次　2020 年 1 月第 1 版
印　　次　2020 年 1 月第 1 次印刷
定　　价　29.00 元

本书如有缺页、倒页、脱页等质量问题，请到所购图书销售部门联系调换

物 料 号　52908-00